国家出版基金项目
NATIONAL PUBLICATION FOUNDATION

「十三五」国家重点图书出版规划项目

建筑
名山

大美中国系列丛书
The Magnificent China Series

王贵祥　陈薇　主编
Edited by
WANG Guixiang, CHEN Wei

Building on
Great Mountains

张剑葳　等　著
Written by
ZHANG Jianwei et al.

中国建筑工业出版社
中国城市出版社

序

古罗马建筑师维特鲁威在 2000 年前曾提出了著名的"建筑三原则",即建筑应该满足"坚固、实用、美观"这三个基本要素。维特鲁威笔下的"建筑",其实是一个具有宽泛含义的建筑学范畴,其中包括了城市、建筑与园林景观。显然,在世界经典建筑学话语体系中,美观是一个不可或缺的重要价值标准。

由中国建筑工业出版社和城市出版社策划并组织出版的这套"大美中国系列丛书",正是从中国古代建筑史的视角,对中国古代传统建筑、城市与景观所做的一个具有审美意象的鸟瞰式综览。也就是说,这套丛书的策划者,希望跳出既往将注意力主要集中在"结构—匠作—装饰"等纯学术性的中国建筑史研究思路,从建筑学的重要原则之一,即"美观"原则出发,对中国古代建筑作一次较为系统的梳理与分析。显然,从这一角度所做的观察,或从这一具有审美视角的系列研究,同样具有某种建筑学意义上的学术性价值。

这套丛书包括的内容,恰恰是涉及了中国传统建筑之城市、建筑与园林景观等多个层面的分析与叙述。例如,其中有探索中国古代城市之美的《古都梦华》(王南)、《城市意匠》(覃力);有分析古代建筑之美的《名山建筑》(张剑葳)、《古刹美寺》(王贵祥);也有鉴赏园林、村落等景观之美的《园景圆境》(陈薇、顾凯)、《水乡美境》(周俭)。尽管这 6 本书,还不足以覆盖中国古代城市、建筑与景观的方方面面,但也堪称是一次从艺术与审美视角对中国古代建筑的全新阐释,同时,也是一个透过历史时空,从艺术风格史的角度,对中国古代建筑的发展所做的全景式叙述。

在西方建筑史上,对于建筑审美与艺术风格的关注,由来已久。因而,欧洲建筑史,在很大程度上,就是一部艺术风格演变史。所以,欧洲人往往是从风格的角度观察建筑,将建筑分为古代的希腊、罗马风格;中世纪的罗马风、哥特风格;其后又有文艺复兴风格,以及随之而来的巴洛克、洛可可和古典主义、折中主义等风格。而中国建筑史上的观察,更多集中在时代的差异与结构做法、装饰细节等的变迁上。即使是对城市变化的研究,也多是从里坊与街市变迁的角度加以分析。故而,在中国建筑史研究中,从艺术与审美角度出发展开的分析,多少显得有一点不够充分。这套丛书可以说是透过这一世界建筑史经典视角对中国古代建筑的一个新观察。

尽管古代中国人，并没有像欧洲人那样，将"美观"作为建筑学之理论意义上的一个基本原则，而将主要注意力集中在对统治者的宫室建筑之具有道德意义的"正德"、"卑宫室"等限制性概念上，但中国人却从来不乏对于建筑之美的创造性热情。例如，早在先秦时期的文献中，就记录了一段称赞居室建筑之美的文字："晋献文子成室，晋大夫发焉。张老曰：'美哉，轮焉！美哉，奂焉！歌于斯，哭于斯，聚国族于斯！'文子曰：'武也，得歌于斯，哭于斯，聚国族于斯，是全要领以从先大夫于九京也！'北面再拜稽首。君子谓之善颂、善祷。"①其意大概是说，在晋国献文子的新居落成之时，晋国的大夫们都去致贺。致贺之人极力称赞献文子新建居室的美轮美奂。文子自己也称自己的居室，可以与人歌舞，与人哭泣，与人聚会，如此也可以看出其居室的空间之宏敞与优雅。

　　虽然孔子强调统治者的宫室建筑，应该遵循"卑宫室"原则，但他也对建筑之美，提出过自己的见解："子谓卫公子荆：'善居室。始有，曰：苟合矣。少有，曰：苟完矣。富有，曰：苟美矣。'"②尽管在孔子看来，建筑之美，是会受到某种经济因素的影响的，但是，在可能的条件下，追求建筑之美，却是一个理所当然的目标。

　　可以肯定地说，在有着数千年历史的传统中国文化中，我们的先辈在古代城市、建筑与园林景观之美的创造上，做出了无数次努力尝试，才为我们创造、传承与保存了如此秀美的城乡与山河。也就是说，具有传统意味的中国古城、名山、宫殿、寺观、园林、村落，凝聚了历代文人与工匠们，对于美的追求与探索。探索这些文化遗存中的传统之美，并将这种美，加以细心的呵护与发扬，正是传承与发扬中国优秀传统文化的必由之路。

　　希望这套略具探讨性质的建筑丛书，对于人们了解中国传统建筑文化中的审美理念，理解古代中国人在城市、建筑与园林方面的审美意象增加一点有益的知识，并能够在游历这些古城、古山、古寺、古园中，亲身感受到某种酣畅淋漓的大美意趣。若能达此目标，则是这套丛书之策划者、写作者与编辑者们的共同愿望。

王其钧

2019 年 12 月 1 日

---

① （清）吴楚材，吴调侯. 古文观止·卷 3·周文. 晋献文子成室（檀弓下《礼记》）.
② 论语. 子路第十三.

目录

一、山与观念

中国的名山不胜枚举，景致各有千秋。

谢凝高先生早就提出"山岳空间综合体"，以此概念纵论名山的自然与文化景观，引学术之先。然而在大众心中，中国的名山仍然难以选出毫无争议的最美代表。[①]但如果从文化的角度来看，出于对山的某些观念，人们登览、诗咏、绘画和建筑，留下人类在大自然中的印迹，也形成了一些惯常认知：如"五岳"虽然不是最高的山，却无疑是最有中国文化代表性的山；道教最爱名山胜地，求仙修行必要入山，汉晋以来所涉之名山越来越多，"三十六洞天、七十二福地"都有不止一种版本；佛教不仅四大菩萨各有一座山作为应化道场，许多名山与大寺常常紧密结合，甚至以山作为寺的代称。

五岳代表了古代我国所倚仗的最重要的大山。中国古代九州，各地都有自己的"太山"。例如华山就又称"华大（太）山""太华山"，霍山本也称"霍太山"。李零先生在《岳镇海渎考——中国古代的山川祭祀》中谈过，"太"字写成"泰"，是秦国文字的特点，汉代文字承袭之，常把"太"字写成"泰"。"泰山"就是"太山"，就是"大山"的意思。[②]

宗教学家伊利亚德（Mircea Eliade）阐述过山的"圣化"，认为山是人文世界中人赋予周边环境秩序与意义的媒介。[③]五岳作为各个区域

---

① 谢凝高. 中国的名山[M]. 上海：上海教育出版社，1987：45.

② 李零. 思想地图：中国地理的大视野[M]. 北京：生活·读书·新知三联书店，2016：112.

③ Mircea Eliade. The Sacred and the Profane: The Nature of Religion[M]. translated by Willard R. Trask, New York: Harper Torchbooks, 1961: 36–37.

人们心中的大山，代表了王朝疆域中各个方向的重要空间节点，这样的观念早在秦帝国统一疆域之前就形成了。帝王对疆土神山大川的巡狩封禅具有重大礼制意义。泰山、嵩山等山岳，这些在礼制上意义重大的地点被视为宇宙中的关键位置，甚至被当作世界的轴心，是自然与神界的交汇之处。对这些神圣山川的巡狩封禅，就是宣告对建立王朝和创造世界掌控的象征。这深深影响着中国历史上的君权观念。

五岳在历史上有过变化，与帝国疆域的变化有关。例如秦就以吴山为西岳，以华山为中岳，以衡山为南岳；而到了汉代，就以嵩山为中岳，华山成为西岳（图0-1），以霍山为南岳（即安徽的天柱山，不是山西的霍山）。疆域变了，东西南

图0-1　华山
来源：张剑葳摄

北中的位置自然也会有所变化。与五岳相关的建筑，早期与帝王"封禅"有关，后来逐渐固定为规模宏大的岳庙，历代遣官致祭。或许是为了方便较大规模的祭祀，岳庙并不在山上。

镇山是比岳山次一等的大山，也在官方规定的祭祀系统中。五镇虽然重要，如今名气却远不如五岳，多数人不能说全：东镇山东沂山、南镇浙江会稽山、西镇陕西吴山、北镇辽宁医巫闾山、中镇山西霍山。相应地，镇山也有镇庙。镇庙与山的关系，似乎常常比岳庙与山还要更近一些。

天下名山雄奇险峻、幽深秀美者多矣，但像这样在历史上起到天下四至与中央坐标作用的，唯有五岳。

道教被认为是与自然山川最为亲近的中国本土宗教，求仙、隐修都需要入山。陶弘景的名句"山中何所有，岭上多白云。只可自怡悦，不堪持寄君"作于南朝齐梁之际，此时，江南的山岳文化景观正蓬勃发展。魏斌先生研究指出，江南名山的兴起，起初有中原政权南迁而权宜的原因，如葛洪所说的"中国名山不可得至"，之后随着山中修道的普遍化，逐渐产生出山中神仙洞府的构想，带来山岳空间的神圣化。山中寺馆的兴起，使得"山中"成为一种特殊文化场所。宗教信仰与政治权力两种力量共同塑造了这种景观差异和文化变动，"'山中'呈现出独特的文化面貌和地理格局，并成为与六朝历史关系密切的内容"。①

道教对世界的整体观念显然也与山紧密相关。喀斯特地貌是一种自然景观，会在地下形成溶洞，在地表则形成一座座平地突起的石山。但同时它又是中国文化地图中重要的组成部分。中国思想史上重要的"洞天"观念与想象的生成，以及随之而来的世界观、宗教空间的建构，文学作品、审美话语的沉积，以至建筑与理景中建成环境的塑造，均可回溯到这样一种大地与空间的形态上去。德国汉学家鲍吾刚（Wolfgang Bauer）在观察中国人对幸福观（Happiness）的追求时认为，魏晋以降，山中"仙窟"开始替代东海、昆仑仙境成为中国的"乐土之地"，伴随着地理甚至地质探索的旅行活动大量增加，从晋宋时代的游记、地记中可见一斑。

随着人们对喀斯特地区的开发建设和溶洞的发现，人们对世界形成了奇妙的想象："多孔的，如同海绵般的构造，自各个方向以裂罅、门户、竖坑和通道与诸界相

---

① 魏斌. "山中"的六朝史[J]. 文史哲, 2017（4）：115-129, 167-168.

图 0-2 武隆天龙天坑与重建的天福官驿
来源：张剑葳摄

图 0-3 武隆天生三桥之一的天龙桥
来源：张剑葳摄

重庆武隆是世界自然遗产"中国南方喀斯特"的组成部分，有极为壮观的天生桥群。天福官驿始建于唐代，是古代涪州和黔州传递信息的重要驿站。虽然是2005年重建的仿古建筑，却为天坑景观增加了人的痕迹。

联。"① 道教则将"洞天福地"这一概念发挥到极致。道馆的建设，也常常依傍于洞天（图0-2、图0-3）。

　　佛教名山中，人们喜欢将佛教经典中传说的山名与中国的山名相对应，津津乐道，安排出普贤、文殊、观世音、地藏四大菩萨应化道场，还有鸡足山这样的佛弟子迦叶道场。不少大刹设于山中，山寺一体，天台宗就因创始人智顗常住浙江台州的天台山而得名（图0-4）。当提到山中建筑的时候，许多人的第一反应都会不假思索地认为就是佛寺，可见佛教名山与建筑的关系密切。甚至南宋皇帝钦定的最高等级的

---

① Wolfgang Bauer, trans. Michael Shaw, China and the Search for Happiness: Recurring Themes in Four Thousand Years of Chinese Cultural History[M]. New York: Seabury Press, 1976: 189–195.

图 0-4　天台山著名的石梁飞瀑
来源：张剑葳摄

十五座禅寺，就称为"五山十刹"，或"五岳十山"——山就是寺、寺就是山。南宋时，日本僧人彻通义介入宋巡礼五山十刹禅宗寺院，回国后作《五山十刹图》，对日本的佛教寺院也产生了很大影响。

文殊菩萨是最早拥有自己应化道场的菩萨，唐代以来，《华严经》中的文殊道场清凉山被确认到华北的五台山。由于《华严经》文殊和普贤并尊，唐以来普贤道场峨眉山也开始与文殊道场五台山并称，澄观法师曾于唐大历十一年（776年）同时朝拜五台山与峨眉山。宋太宗也将五台、峨眉并称为名山："敕太原、成都铸铜钟，赐五台、峨眉名山"①。

实际上到了很晚近的时候，四大菩萨与四大名山才最终完成对应，距今不过百余年。从明万历三十一年至三十六年（1603—1608年）开始酝酿，还经过文殊、普贤、观音"三大士"对应三座名山的过程，历经近三百年，到1878年才明确完成——"今之奉供圣像，并依智行为定位，则先文殊，而后普贤也。是故域中四大名山，第一五台，文殊居之；第二峨眉，普贤居之；第三普陀，观音居之；第四九华，地藏居之。"②

民国19至26年（1930—1937年）印光大师在五台山、峨眉山、普陀山和九华山等旧志的基础上修了《四大名山志》，这在中国佛教史上尚属首次，对四大名山概念的推广起到了重要作用。此后，由五台山、峨眉山、普陀山和九华山组成的四大名山体系就深入民心，广为人知了。

在四大菩萨与四大名山信仰形成的长时段过程中，文殊之智、普贤之行、观音之悲、地藏之愿的菩萨内在精神一步步融合发展③。正如圣凯法师所言："佛教'四大名山'的形成，是中国佛教信仰具有标志性的现象，是佛教信仰中国化的最具有代表性的结果。"④

以上，是本书将要分类展开的三组中国名山：五岳、道教名山、佛教名山。它们与中国历史上的思想观念密切相关。

---

① （宋）志磐《佛祖统纪》卷43，见：《大正藏》第49册，第398页。
② （清）仪润编，乾陀校正《百丈清规证义记》卷3. 卍新纂续藏经第63册，第400页。转引自景天星. 汉传佛教四大菩萨及其应化道场演变考述[J]. 世界宗教研究，2019（4）：60-70.
③ 景天星. 汉传佛教四大菩萨及其应化道场演变考述[J]. 世界宗教研究，2019（4）：60-70.
④ 圣凯. 明清佛教"四大名山"信仰的形成[J]. 宗教学研究，2011（3）：80-82.

二、山与建筑

山由自然的伟力造就，建筑则是人类特有的行为。

山与建筑常常有所关联。世界上多个文明都有关于圣山的传说和论述，人类学和宗教学对建筑与山的关系非常重视，常常上升到历史宇宙观的高度。伊利亚德在论述山时就认为：所有建筑的前身都是山，因为所有的建筑都是世界的中心，就如同山是世界的中心一样。[①]如果我们亲手搭建过房屋，就能对此有所体会——人类运用双手和自然材料来营造栖居住所，从而在自然的秩序中建立了一套新空间、新秩序——这种改变世界的行为近乎通神，无怪世界各地的人们在完成房屋建造之时总要举办仪式酬神。

具体到山和建筑的关系，人类学家对此有敏锐观察，认为是否在山顶盖庙，事关重大。正如王铭铭教授曾谈及对山上建筑的印象：

"在民族志的定点研究与区域研究中，我有了一些对山的印象：在中国，在汉人之所在地，人们想在山上盖庙，而一旦进入'他者之地'，比如穿行到藏地，我们就能发现，人们大概不会在山上盖庙。这印象含义是什么，我并不确定，我只是猜想一个企图在山顶盖庙的民族，与那些以山为'庙'的民族之间，有着不同，这一不同中，存在着巨大的理论思考空间。"[②]

人类学家有着敏锐的观察，其中可思考与论说的空间很大，不可一概而论，而需要放在历史维度中具体来看。例如，根据汉地传统的"藏风聚气"风水理论，山顶实际上并非理想的建筑场所。并且，企图在山顶盖庙的民族，未必就不认为山和山顶的庙是一体的，甚至会用山顶上金色的建筑屋顶来概括指代整座山（例如"金顶"），此时，庙就可被视为山的延伸。

建筑是人类干预自然的痕迹，人们在山的各种地方——包括山前、山脚、山坡、山洞、山顶——都留下了营建的建筑或景观的痕迹。在不同的选址中，可以不断去体味古人理解的建筑与山的关系（图0-5）。

五岳山下，都有专门的岳庙以致祭，岳庙的规模都很大。岳庙有些在城里，例如东岳庙在泰安府城内西北、北岳庙在曲阳城内西部；有些却是城庙分离，例如

---

① Mircea Eliade. The Sacred and the Profane: The Nature of Religion[M]. translated by Willard R. Trask, New York: Harper Torchbooks, 1961: 36-37.
② 王铭铭，文玉杓，大贯惠美子. 东亚文明中的山[J]. 西北民族研究. 2013（2）：69-78.

图 0-5　芦芽山太子殿
来源：张剑葳摄
上图远处是芦芽山主峰卢芽峰，海拔2736m，建有一座明代的小型石殿。近处高山草甸上的红色石
块，则是北齐长城的遗迹——如此人迹罕至的高处，也留下了人的痕迹。

中岳庙就不在嵩山太室山南麓的登封县故城内，西岳庙也不在华山北麓的华阴古城内。岳庙与城的关系或许不是本质，关键在于庙与山的对位关系。古人善于在山水形胜的大尺度上去把握和选择岳庙或相关建筑的营建选址，常常安排了长轴线对位。登泰山的起点从城内的岱庙门前开始，通过岱庙，古人其实也谋划了泰安城与泰山的关系（表0-1）。

岳庙与相关城市的关系　　　　　　　　　　表0-1

岳庙	庙始建年代	相关城市	城始建年代	时间关系	空间关系
中岳庙	至迟东汉 [①]	登封县故城	唐代	庙早于城	庙城分离
西岳庙	至迟北魏 [②]	华阴县故城	隋代	庙早于城	庙城分离
南岳庙	推测隋代	衡山县故城	唐代	庙早于城	庙城分离
东岳庙	唐代	泰安府城	金代	庙早于城	庙在城中
北岳庙	北魏 [③]	曲阳县城 [④]	北魏	城早于庙	庙在城中

均州古城与武当山，也是通过设置与山有关的建筑，将城与山建立起联系的代表性案例。武当山空间序列的起点不在山下，而在60里外的均州古城（今丹江口市）。根据真武降生于净乐国为太子的故事，明永乐十七年（1419年）在均州古城修建了占地10万m²的大型道宫净乐宫，特别设有"紫云亭"，附会传说中太子降生时"有紫云弥罗"，让这里成为展现真武大帝传说故事的第一站。净乐宫外以一条长达30km的石板官道，直通武当山麓。人们从这里出发，就将循着净乐国太子的神迹，逐渐脱离尘俗进入神山仙境。通过净乐宫建筑，城被纳入了山的叙事。

从建筑技术史上看，在山顶建造房屋，难度显然高于山麓与山坡，对设计水平、建筑材料、施工技术的要求尤其高；而在山地建筑，难度又高于平地。古人投入巨大人力物力在山上建筑，这样艰难的事，背后常常有政治、宗教等巨大的推动力，否则实在难以完成（图0-6、图0-7）。因此，对其思想根源、象征意义以及相

---

① 按中岳庙前身是太室祠，至迟形成于东汉时期。
② 陕西省考古研究所. 西岳庙[M]. 西安：三秦出版社，2007：509-520.
③ 对于曲阳北岳庙今址所在位置尚存争议：若以文献为据则认为北魏宣武帝时随着曲阳县城的迁徙在城内创建北岳庙，但据考古材料显示北岳庙遗址原在城外，今曲阳北岳庙于宋朝迁至今址，由此形成了延续至今的城庙关系。
④ 曲阳县城，始建于魏，唐代郭子仪、李光弼重修。据《曲阳县志》载："按《一统志》，后魏始移今治，至唐已数百年，岂能无城池，李郭盖重修耳，城周五里十三步，高三丈，阔一丈五尺，池深一丈，阔二丈，外有堤并墙。按城北、东两面近河，故有堤。"

图 0-6　陕西清涧辛庄商代建筑遗址
来源：张剑葳摄

图 0-7　峁顶上的夯土建筑与石砌小庙遗址
来源：张剑葳摄

爬到这座峁顶，用洛阳铲勘探，很明确可以判断这里曾有商代大型夯土建筑，而在峁顶略低处还叠压有更早的龙山时代石砌工程。峁顶一间荒废的石砌小庙基址，则来自清末。这是绵延四千年的山顶建筑传统。

关建筑表现手法开展考古学和建筑学研究，一定能获得古代政权、信仰、礼制等方面的重要信息。

在山顶建造房屋这件事起源很早，陕北的黄土高原上，有的梁峁顶就曾有商代的大型夯土建筑。经过考古调查，还发现这些商代山顶建筑之下，有的还叠压有新石器时代晚期龙山时代的建筑，用石块垒砌。石峁遗址的发现，以规模宏大的史前石城震惊了世人，其实也属于山上的大型建筑工程，考古学家从文明探源的角度正在对它做深入研究。其实这种在山上建筑的传统，是从史前到近代，长时段地贯穿在中国历史中的，长期以来没有得到重视，值得从工程科学、营造思想、文化传统层面再做挖掘和思考。

三、山与山势

百尺为形，千尺为势。山的形态各异，美感各不相同，山势地形也必然影响山上建筑的形态。与山的尺度相比，建筑实在小太多，但这并不意味着建筑对山的整体形象没有影响。相反，山间的重要建筑，常常是帮助人们对山的形象形成记忆的关键点。当然，人们来到山前，首先感受到的还是山势。

选址理论之"形势宗"首重"觅龙"，观察山势地脉，对山的形象有很具体的分类评判。这里不从这个角度展开，而从建筑与山的空间模式来看，可归纳出名山中常见的四种类型：

（一）全山耸立式

全山呈现相对完整的山峰形态，整体形势明确，山顶山脚呈现出的相对落差大，在历史景观中通常以全山或单独主峰的形态出现。登山阶梯从山脚向山顶蔓延，是构图的重要组成部分（图0-8、图0-9）。对天梯的形象予以强调，在历史过程中逐渐形成比较丰富的建筑空间序列。

全山耸立式的名山，其山前的城市与建筑常常会把山纳入空间规划的格局。例如山东峄山，就是典型的全山耸立式的神圣景观。峄山现在并不出名，但曾经却是秦始皇东巡准备封禅的前站，也是邹鲁之地著名的圣山。[①] 峄山南麓的纪王城遗址，春秋

---

① 《史记·秦始皇本纪》："二十八年，始皇东行郡县，上邹峄山。立石，与鲁诸儒生议，刻石颂秦德，议封禅望祭山川之事。乃遂上泰山，立石，封，祠祀。"见：（汉）司马迁. 史记[M]. 北京：中华书局，1982：242.

图 0-8　泰安城与泰山地形图
来源：国家地理信息公共服务平台 天地图网站
图中标记处为岱庙。

图 0-9　泰山南天门
来源：张剑葳摄

时曾经是鲁国附庸邾国的都城。根据李旻先生运用美国科罗娜卫星图片所做之考察，邾国官殿基址与峄山主峰连成一线（图0-10、图0-11），纪王城"东、西城墙则分别朝向石山展开，仿佛在象征性地把神山纳入城市的轮廓之中。整个城市的平面图围

图0-10　峄山与周代邾国纪王城的位置关系
来源：（清）娄一均. 邹县志 [M].　清康熙 55 年 (1716 年) 刻本，图考第七页.
明、清方志图中均已绘出峄山与纪王城的关系。卫星图片另请参见：李旻，王艺. 中国考古学景观与卫星图片的利用 [J]. 形象史学研究,2013(00):256-264.

图0-11　峄山地理模型图
来源：国家地理信息公共服务平台 天地图网站

绕着峰山已经被确立的神圣景观发展起来，而峰山最终也成为统一王朝神圣景观的一部分"①。

全山耸立式的大山，气势撼人。全山耸立的小山则很常见，乡野中的小山小丘立小庙，多属于这一型（图0-12）。

（二）拱卫主峰式

在群山或群峰环抱拱卫中，有一座主峰占统摄地位，武当山天柱峰是典型代表。这样的山势，在历史景观中通常以主峰大顶立神殿或神坛的形象出现。全山或主峰孤立的景观固然震撼，群峰拱卫则显得主峰大顶更加尊崇。武当山天柱峰大顶立金殿，是此类山势景观在中国古代后期达到的一个高峰（图0-13~图0-18）。

图0-12　丫髻山
来源：张剑葳摄
丫髻山位于北京平谷，是京东名山。整体形势全山耸立，但在山顶分出两个顶峰，就像分开的两个发髻，因此得名。

---

① 李旻，王艺. 中国考古学景观与卫星图片的利用[J]. 形象史学研究，2013（00）：256-264.

图 0-13　武当山地形

来源：国家地理信息公共服务平台　天地图网站

本图为由北向南看，标记处为天柱峰金顶。

图 0-14　明代"太和山瑞图"中的天柱峰

来源：原图藏于北京白云观，武当山博物馆展出了复制品。张剑葳摄

此时天柱峰上的金殿尚未安放，仅建好了石砌平台。

图 0-15　武当山天柱峰
来源：张剑葳摄

明代以来，由于明成祖的崇奉，武当山成为"大岳""太岳"，地位甚至在五岳之上。八百里武当，群峰拱卫之中的主峰天柱峰顶立金殿，代表了神仙金阙的完美图式。

图 0-16　云台山茱萸峰地形
来源：国家地理信息公共服务平台 天地图网站

图 0-17　云台山茱萸峰
来源：张剑葳摄

图 0-18　茱萸峰真武庙鸟瞰
来源：张剑葳摄

云台山位于河南省焦作市修武县和山西省晋城市陵川县交界处，是太行山脉的南端。茱萸峰海拔1308m，峰顶有真武庙。虽然峰顶建筑已经近年重修，但形势仍延续了旧貌，有明代御制碑记。

（三）山脊绵延式

相比全山耸立和一峰突起的山势，其实连绵的山势是更寻常可见的。山峰形态不凸显，有连续的小峰或小平台，以山脊相连；或是连相对较高的小峰也不明显，而仅有连续的山脊。这时，建筑在选址时除了尽量寻找山间平缓处，在高处就得沿山脊绵延建设。因此技术要点和难点在于处理山顶的基座平台。基座稳固了，平台上就能有良好的建设条件，这是古人的智慧。

其实早在新石器晚期至商时期，山顶的建筑就已经使用石块或夯土来帮砌基座平台了。晚近的就更多，如京西妙峰山（图0-19、图0-20）、汾西姑射山（图0-21）、洪洞青龙山（图0-22）等。

（四）群峰并立式

群山中主峰的高度优势并不明显，没有特别突出地占统摄地位，或是有三五个主要山峰几乎同样突出。一般来说，建筑就会分布在这几座主要的山顶及其谷地中。结合这种群峰的空间形式，其历史景观也会以关联的方式形成解说模式。例如：章嘉·若必多吉在编写藏文五台山志时，就将五台山"坛城化"（图0-23），五座山峰分别对应于五方佛："中峰为身，东峰为意，南峰为功德，西峰为语，北峰为业。五

图0-19 妙峰山金顶地形
来源：国家地理信息公共服务平台 天地图网站

图 0-20　妙峰山金顶鸟瞰
来源：张剑葳摄

峰依次是毗卢遮那佛、阿閦佛、宝生佛、阿弥陀佛、不空成就佛。"①

　　茅山的三座主要山峰大茅峰、中茅峰、小茅峰，则被认为依次代表了大茅真君、二茅真君、三茅真君（图0-24）。

　　宋代画家郭熙在《林泉高致》中就对五岳的形势有总结："嵩山多好溪，华山多好峰，衡山多好别岫，常山多好列岫，泰山特好主峰。"——华山适合描绘的山峰多，衡山别致的峰洞多，常山（恒山）峰洞成列队之势，泰山就是以主峰为特别突出。

　　本书归纳山的形势，并不为了入画，而在于探讨建筑模式与山势的关系。

① Rol pa'i rdo rje, Lcang skya. Zhing mchog ri bo dwangs bsil gyi gnas bshad dad pa'i pad + mo rgyas byed nog mtshar nyi ma'i snang ba[M]. Lhasa: bod ljongs bod yig dpe rnying dpe skrun khang gis bskrun, 1992. 转引自：张帆.非人间、曼陀罗与我圣朝：18世纪五台山的多重空间想象和身份表达[J]. 社会，2019，39（6）：149-186.

图 0-21　汾西姑射山真武庙
来源：张剑葳摄、制图

图 0-22　洪洞青龙山真武庙
来源：张剑葳摄、制图

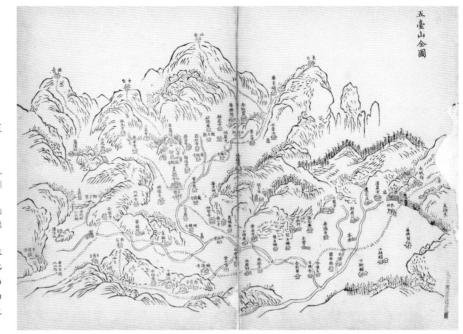

图 0-23 清光绪《五台山行宫坐落全图》中的《五台山全图》

来源：饶权，李孝聪. 中国国家图书馆藏山川名胜舆图集成·第四卷：山图·五岳、佛教名山 [M]. 上海：上海书画出版社，2021：816.

画面上方从左至右依次是西台、中台、北台、东台，南台在画面下部左侧。五座山峰环抱的部分，就是台怀镇。

图 0-24 茅山的大茅峰、中茅峰、小茅峰

来源：陶金摄

三座茅峰，依次分布于画面前端、中部和远处。

四、山与山图

画家作画，必然要观察山势山形。而山图与山水画又不同：山图是一种地图，将地形、地貌、地物（建筑、桥梁、城市）等信息以尽量准确的相对关系呈现出来，其工具属性使其与山水画相区别；山图又不完全是地图，而常常还有一些想象与艺术的成分，讲究者还会以青绿或金碧渲染。

地图是抽象的，重在记录和传达地理信息。山图要传达山的地理信息，现代均以等高线在平面图中来表达，有时配合高程或地貌分色。中国传统的山图是立面与平面结合的，对于想强调的关键建筑，常常放大表达，而不重要的可能就简化或省略，表达方式接近现代的名山风景区旅游图，有的还会画上著名景致、风物特产。讲究的地图，甚至从山脚到山顶，随着海拔的升高，还会把植被景观的变化表达清晰，例如《四川大峨眉山全图》（图0-25）；至于壁画中的巨幅山图，信息与意象就更加丰富细腻，能令人遨游沉醉其中，最著名者，当属敦煌莫高窟第61窟的《五台山图》。

本书收集的峨眉、五台、普陀、九华竖向长卷山图，是此类山图中的佼佼者。即便身不能至名山，跟随古人游览山图，也能乐得不能自拔（图0-26）。

图 0-25 《四川大峨眉山全图》
来源：饶权，李孝聪. 中国国家图书馆藏山川名胜舆图集成·第四卷：山图·五岳、佛教名山[M]. 上海：上海书画出版社，2021：870.

图 0-26　五岳真形图

来源：饶权，李孝聪．中国国家图书馆藏山川名胜舆图集成·第四卷：山图·五岳、佛教名山 [M]．上海：上海书画出版社，2021：1049．

每个图形都非常神秘，颇令人摸不着头脑。有学者坚信，五岳真形图是从每座山岳的等高线图抽象变体而来。古代入山求仙的道士佩戴真形图，名义上是"避山中鬼魅精灵虫虎妖怪"，其实是带着一张山岳的地形图，保其不迷路。

五、山与地方

在五岳、道教名山、佛教名山之外，其实还有一类普遍存在的山，或许并不那么著名，辐射范围比不上前三类大山，却也分别在各自的区域深入人心——这就是各个地方区域性的名山。它们常常以山顶的神庙作为信仰中心。有的区域性名山历史悠久，如山西的霍山（图0-27）、姑射山，北京的妙峰山，河南焦作的云台山，但今日所见之建筑景观并不能早至其山成名时，即便如此，它们仍在建筑史和社会史上具有重要意义。"山不在高，有仙则灵"，当我们具体而微地去看地方的一些山头，它们也许并不都如五岳那样高大雄奇，也不像五台山、武当山那样有全国甚至国际影响而成为朝山进香目的地，但在被它们辐射的信仰区域的人们来看，山和山上的神庙、祠寺建筑，正是人心所向，庇护、影响着人们的生业与精神。

信仰人群、香会的来源地分布及其组织，反映了民间社会的权力运作。各座圣山

图0-27　在霍山脚下远眺主峰中镇峰
来源：张剑葳摄

作为不同层级的信仰中心，辐射范围各不相同，在不同的历史截面中交织成共时的网状结构。这反映的是山与地方社会，本书暂没有对地方区域性的名山展开论述，留待下一步研讨了。

段义孚先生在论述地理学的浪漫主义时说："地球这颗行星孕育了奇迹，催生了无数非功利的、崇高的以及浪漫的阐述性文字。这些文字也囊括了对地球上那面积庞大、不适宜人类居住的自然区域——比如高山、海洋、雨林、沙漠和冰原——的描述。由于不可居住或者不宜居住，这些地带使人们的思维从如何在其中居住的定式中解放出来，转而倾向于满足他们对愉悦和智慧的需求。"[①]

山是自然力量的见证，山上的建筑则体现了人的智慧。"认识自然山水之审美价值并进行正面书写是中国文学传统可以引为骄傲的一项成就"。[②]而认识山，在山上郑重地建筑，或许也可以成为中国建筑传统中一项引以为傲的成就。名山建筑，本身常常就是浪漫地理学所追寻的崇高景观。

本书作者近年乐于登览，巡礼名山，寻访建筑。当我们看到一组前案后靠形势合宜的山居，看到一脉在山脊绵延的庙宇，看到一座群峰拱卫之中的金殿，我们知道，这是一处先民选中并为之奉献的地方。

而当我们追寻崇高景观，来到一座山顶，发现那里却从来没有建筑痕迹，甚至连人工筑打的坛也没有。山顶的罡风萧瑟中，与大地尽头落日相映的，将只有里尔克的诗句：

谁这时没有房屋，就不必建筑，
谁这时孤独，就永远孤独，
就醒着，读着，写着长信，
在林荫道上来回
不安地游荡，
当着落叶纷飞。

---

① （美）段义孚. 浪漫地理学：追寻崇高景观[M]. 陆小璇，译. 南京：译林出版社，2021：30.
② 萧驰. 诗与它的山河：中古山水美感的生长[M]. 北京：生活·读书·新知三联书店，2018：16.

第一节　东岳泰山

一、泰山："五岳独尊"

（一）"山莫大于泰山"

"孔子登东山而小鲁，登泰山而小天下"（《孟子·尽心上》）。泰山主峰海拔1532.7m，是齐鲁一带最高的山。这在中国并不算高山，就是在五岳中，泰山也不如华山和恒山高。即便如此，正如阮元在《泰山志序》中所写到的："山莫大于泰山，史亦莫古于泰山，泰山之必当有志，重于天下山经地志远矣。"[①] 泰山以巍峨壮观的自然形象和深厚的历史文化底蕴，成为中国山岳信仰和名山文化的代表（图1-1）。

"盖名山大川，两者物形之最巨者，巨则气之所钟也巨，而神必依之"（《明孝宗御制重修东岳庙碑记》）。在古人心中，泰山被认为是万物相生相代之地，作为五岳之首，成为天子祭祀天地的最佳场所。

帝王封禅是为了表示受命于天，昭示国家统一、天下太平，帝王对天地佑护之功表示答谢。《史记·封禅书》就说"自古受命帝王，曷尝不封禅"，七十二位古代帝王神农氏、炎帝、黄帝、尧、舜、禹等，无不来泰山封禅。《史记·封禅书》张守节《正义》解释："此泰山上筑土为坛以祭天，报天之功，故曰封。此泰山下小山上除地，报地之功，故曰

---

① （清）金棨. 泰山志[M].（清）嘉庆十三年刊本.

图 1-1　传（明）文徵明所作《泰山图》

来源：阴山工作室＿新浪博客 . http://blog.sina.com.cn/s/blog_14b3d4d590102x0x7.html

明吏部尚书、文渊阁大学士石珤在明嘉靖元年（1522年）受命遣祀阙里及东岳回朝，朝中同官贺其功德，请人绘《泰山图》以赠。传为文徵明所作。画外上方为资政大夫实录副总裁、前翰林学士毛澄序；两侧为阁臣杨廷和、毛纪、蒋冕和费宏题诗；下部是36位同僚诗跋。画面右侧为泰山主峰，山下建筑影绰，或为泰安城内建筑。

图 1-2　宋真宗封禅玉册
来源：https://www.zhihu.com/question/22638720/answer/819417896

禅。"[1] 秦始皇是历史上有明确记载的第一位在泰山举行封禅仪式的皇帝，此后历代帝王都拜泰山，来封禅的帝王还有汉武帝、汉光武帝、唐高宗、唐玄宗、宋真宗。

帝王在封禅之时所用的祭祀告天的册书称为"玉册"。皇帝在泰山封禅时宣读玉册上所刻写的文字，然后将玉册放入金箧之中，再埋入祭坛之下。1930年代在泰山出土了唐玄宗李隆基和宋真宗赵恒的封禅泰山玉册。宋真宗被迫签订"澶渊之盟"后，决定到泰山封禅来提振赵宋皇室的影响力，巩固统治地位。宋真宗在封禅时，仿照唐玄宗的"玉册天书"设计了自己的封禅"玉册"，并将发现的唐玄宗玉册重新埋在泰山祭坛下，再将自己的玉册放在唐玄宗玉册之上（图1-2）。

除了封禅时所用的玉册，有的帝王还会通过一种道教仪式来向神灵求愿祈福，这种仪式称为"投龙"。祈愿者将其心愿刻在一枚长方形石板上，这就是投龙简，有时再配一个小金龙，请它通报神灵。道教的投龙活动源于古时对山川土地神灵的自然崇拜，有山简、土简、水简之分，分别投向大山、大地、大湖。投龙简的形式如《无上秘要》引《黄箓简文经》所说："投金龙一枚，丹书玉札，青丝缠之，以关灵山五帝升度之信，封于绝岩之中，一依旧法。"[2] 即把文简和玉璧、金龙用青丝捆扎起来，投入山岳或水潭之中。帝王通过这种活动来祈求神灵保护江山社稷平安，百

---

① （汉）司马迁. 史记[M]. 北京：中华书局，1982：1355.

② 周作明点校. 无上秘要[M]. 北京：中华书局，2016：861–862.

姓安居乐业。

泰山信仰的产生与政治文化息息相关，帝王的封禅仪式昭示着君权神授。帝王封禅也促进了山岳崇拜、神仙学说与道家思想的融合，为道教思想的系统化创造条件。从东汉开始，包括泰山在内的各大名山，都有方士活动的足迹。唐、宋、元时期给泰山的加封，都是道教系统的封号。

道教传入泰山两百年后，佛教也传入泰山，前秦时期佛图澄弟子僧朗，为逃避冉闵之乱迁居泰山，在泰山西北创建朗公寺，传授弟子百余人。此后泰山范围内还有灵岩、光化、神宝等大量寺院。著名的北齐《泰山经石峪金刚经》就是佛教艺术的杰作。

泰山的宗教信仰体现出广泛的影响力，深刻介入了中国的文化结构，在不同历史时期都有着强大的生命力。

（二）作为民间信仰的东岳泰山

在泰山封禅是天子的专利，天子之下，寻常百姓也有自己祭祀泰山神灵的传统。汉魏以来，人们对于泰山的信仰和祭祀对象由儒家经典中的天地神灵转变为统摄鬼神的幽冥阎君，泰山的文化影响力渗透到社会各阶层，"主管"的事务也越来越多。

根据阴阳五行，东岳泰山原是主管生的，到了东汉变成了司阴之神，掌管民众的生死轮回之事，如《后汉书·乌桓传》："中国人死者魂神归岱山。"[1]

据《文献通考》，唐代泰山被封为"天齐王"，到了宋真宗时则被加封为"天齐仁圣帝"，民间开始了更频繁的朝拜泰山神的活动。宋金以来，不仅众多士民登泰山祭祀祈福，在全国各地也兴起建东岳庙祭祀泰山神灵的风气。例如《大宋国忻州定襄县蒙山乡东霍社新建东岳庙碑铭》："越以东岳地遥……难得躬祈介福，今敕下从民所欲，任建祠祀。"[2]今天在山西地区仍能见到不少金代的东岳庙、岱庙。

元代，泰山被加封为"天齐大生仁圣帝"。历代加封使得泰山在民间的地位进一步被神话。

但是到了明初，朱元璋加强了对民间信仰的控制，下诏去除了包括东岳大帝在内的一众神仙封号，严禁民间"非礼之渎"。受此影响，明代民众另寻祭祀对象，其中最重要的就是形成了碧霞元君的信仰。正如清人孔贞瑄《泰山纪胜》所云："东岳非小民所得祀，故假借碧霞云尔。"[3]

① （宋）范晔. 后汉书[M]. 北京：中华书局，1965：2980.
② （清）胡聘之. 山右石刻丛编[M]. 卷十二，二十一至二十四页，清光绪二十七年刻本. 太原：山西人民出版社，1988.
③ （清）孔贞瑄. 泰山纪胜[M]. 上海：商务印书馆，1936.

文献记载，碧霞元君信仰肇始于北宋。传说宋真宗上泰山时，在玉女池中浮起一座石像，"像颇摧折"，宋真宗下令易为玉雕，奉置旧所。元代《新编连相搜神广记》中称她为金顶玉女大仙、玉仙娘娘，确定了她与东岳大帝的父女关系，成为道教信徒祈福和求子的女神。

道教认为，碧霞元君具有"统岳府神兵"之威，具"掌人间善恶"之明，有"护国庇民"之职，担"普济保生"之任，小至护民，大至护国，是一位无所不护佑的女神。正如明万历续道藏所收之《碧霞元君护国庇民普济保生妙经》对碧霞元君的总结：

"天仙碧霞宝诰：泰山上顶，东岳内宫，曩时现玉女之身，根本即帝真之质，膺九炁而垂慈示相，冠百灵而智慧圆融。行满十方，功周亿劫。位证天仙之号，册显碧霞之封。统岳府之神兵，掌人间之善恶。寻声赴感，护国安民。大圣大慈，至孝至仁。天仙玉女，广灵慈惠，恭顺溥济，保生真人，护国庇民，宏德碧霞元君。"[①]

碧霞元君在华北被称为"泰山老奶奶"，明万历以后，全国的许多山顶都新建了奶奶庙、娘娘庙，基本都是碧霞元君庙。明神宗朱翊钧也专门敕修泰山顶碧霞元君碧霞祠，为他的生母祈福。可见，碧霞元君得到了社会的广泛认可，从泰山向全国传播，成为全国的重要民俗信仰。

二、泰山的建筑景观

（一）历代发展

1987年，泰山被联合国教科文组织列入世界文化与自然双重遗产。世界遗产委员会对泰山的评价是：庄严神圣的泰山，两千年来一直是帝王朝拜的对象，其山中的人文杰作与自然景观完美和谐地融合在一起。泰山一直是中国艺术家和学者的精神源泉，是古代中国文明和信仰的象征。

封禅、祭祀等活动给泰山留下了无数宝贵的文物古迹。《周易·说卦》："圣人南面听天下，向明而治，盖取诸此也。"[②] 泰山山势北陡南缓，且南坡延伸至城内广袤的平地，这都使得泰山古建筑多建设在南侧的缓坡之上。从泰安城通天街到泰山玉皇顶，这条长达十几公里的南北中轴线，从山下到山上，经过上千年的营造形成了一系列古建筑群（图1-3、图1-4）。宫观、祠庙、牌坊、楼阁、塔、桥、摩崖石刻等古建

---

① （明）道藏：第34册.
② （魏）王弼，（晋）韩康伯注，（唐）孔颖达疏. 周易正义[M]. 卷九：说卦，北京：中华书局，1980.

Fig. 1.

Plan du T'ai chan.

图 1-3 泰山图

来 源：Émmanuel-Édouard
Chavannes. Le T'ai Chan:
Essai de Monographie D'un
Culte Chinois. Paris:
Ernest Leroux Éditeur,
1910. Fig.1

法国汉学泰斗沙畹
（Émmanuel-Édouard
Chavannes, 1865—
1918）在其著作《泰
山》中选用的泰山图。
从泰安城到泰山玉皇
顶，所有的重要建筑
都在图上徐徐展开。
从城南的唐、宋封祀
坛开始，到泰安城内
的遥参亭、岱庙，出
城北门、入岱宗坊、
登泰山，这是攀登、
阅读泰山的正确展开
方式。

图 1-4 泰山建筑图
来源：（清）聂鈫．泰山道里记 [M]．台北：成文出版社，1968：3．

筑、文物与山体一起，整体形成了泰山这个大尺度人文与自然景观的综合体。儒家文化、道家文化、道教延伸的民间民俗信仰及地狱神魔文化等内容在此交融。

汉代是泰山地区建筑发展的第一个高峰期，汉武帝为了封禅在泰山修建明堂。《汉书·郊祀志》记录了建造明堂的情况："初，天子封泰山，泰山东北址古时有明堂处，处险不敞。上欲治明堂奉高旁，未晓其制度。济南人公玉带上黄帝时明堂图。四面无壁，以茅盖，通水，水圜宫垣，为复道，上有楼，从西南入，名曰昆仑，天子从之入，以拜祀上帝焉。于是上令奉高作明堂汶上，如带图。"[①]

汉武帝八次封禅泰山，多次到达明堂祭拜，这是泰山中有记载的较早的宗教和祭祀性建筑。

对于泰山神的祭祀，据《岱史》："三代之前，不过为坛而祭之……秦汉以来有

---

① （汉）班固．汉书[M]．北京：中华书局，2007：1243．

神仙封禅之事，于是有祠庙之设。"①岱庙中的古柏相传就是汉武帝所植，自汉代开始，岱庙所在地可能已经成为皇家祭祀泰山神的场所。

魏晋南北朝时期，随着道教与佛教的相继传入，泰山上的宫观寺院建筑开始兴建。虽然现今保存的古寺庙遗址很少，但是通过史料可以知道当时的泰山有神通寺、灵岩寺、普照寺、谷山寺等佛教寺院，也有王母池、仙人堂等道教建筑。

隋唐至金代是泰山建筑的第二个辉煌时期，儒、释、道三教的建筑均进入了快速发展期。泰安文庙建在泰安城迎喧门内府署东。除了文庙，泰山书院在北宋时期也是山东地区最为著名的书院之一。这一时期佛教在泰山上的主要寺庙有泰山山阴的灵岩寺等著名寺庙。道教也兴建了诸多宫观，岱庙在这一时期的规模得到进一步扩展，形成了岱庙建筑群。

现存的泰山建筑多为元明清以来的建筑。明万历以来，民众对碧霞元君的信仰甚至超过了原本的泰山神，现在泰山上保留下来的祠观更多是民间信仰的产物。正如明王世贞所论：

"今天下所最崇重者太岳太和山真武及岱岳碧霞元君。当永乐中建真武庙于太和，几竭天子之府，设大珰及藩司守之。而二庙岁入香银亦以万计。每至春时，中国焚香者倾动郡邑。"②

（二）规划设计特点

泰山建筑群的早期布局主要是根据帝王封禅的需求按照地形特点来安排的。随着泰山封禅活动的减少，它在民间的地位加强，民众朝天览胜、宗教活动繁荣。但是泰山的规划建设始终在宏观上体现出"朝天"的总体构思。

《中国古代地图集（清代）》一书中收录了一幅《泰山寺庙图》（图1-5）。王南教授在讨论泰山古建筑群布局时指出，这幅《泰山寺庙图》呈现了泰山古建筑群布局"三重空间——一条轴线"的总体构思。所谓"三重空间"，一是以泰安城为中心的"人间闹市"，二是泰安古城西南郊过漆河桥至蒿里山的"阴曹地府"，三是南天门以上岱顶的"天府仙界"。"一条轴线"是指联系"人间"至"天堂"的登山主轴线，其主要部分是多达6300余级号称7000级石阶构成的"天衢"。③从泰安城到岱顶，建筑依次展开。

---

① （明）查志隆，孟昭水点校.岱史[M].济南：山东人民出版社，2019.

② （明）王世贞.弇州四部稿·卷174：说部[M].

③ 王南.泰山古建筑群布局初探——从一幅清代泰山地图谈起[J].建筑史，2006（00）：148-163.

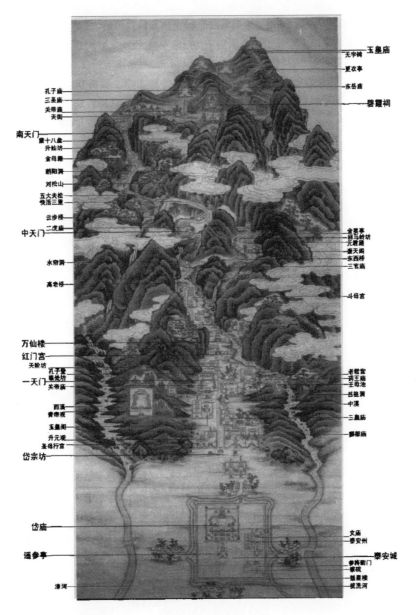

图1-5 泰山寺庙图

来源：王南.泰山古建筑群布局初探——从一幅清代泰山地图谈起[J].建筑史，2006（00）：148-163.

　　泰安城内的遥参亭是祭拜泰山的起点，初建于唐，时称"草参门"。遥参亭的参拜是正式入岱庙祭祀前的仪式，由此拉开泰山祭祀的序幕。从遥参亭进入岱庙是朝天的序曲，出了岱庙穿过岱宗坊开始登山，经过一天门、中天门到达南天门是朝天的主要历程；入南天门后，经过碧霞元君祠到达玉皇顶，依次进入朝天的高潮和尾声。随着空间主题的转换，实现精神飞跃，"一览众山小"。

在朝天登山的路程中，泰山建筑的布置巧妙利用了相应的地形，随着登山的进行可以看到建筑与山谷、溪水等有机结合。从岱宗坊到岱顶这一条长长的游览路线中还需要一些可以静观的游览点，就出现了牌坊（图1-6）、道路、桥梁、亭台等建筑小品。泰山的建筑风格比较朴素粗犷，多以石制建筑，体现厚重之感，没有烦琐的雕饰，与山体浑然一体（图1-7）。

图 1-6　泰山中路牌坊位置示意图
来源：张萌．泰山中路牌坊景观及其空间特色分析研究[D]．泰安：山东农业大学，2018．

图 1-7　泰山图
来源．金玉清．泰山游记 [J].
交通丛报，1923．

三、泰安岱庙

（一）历史沿革

岱庙位于泰山南麓、泰安城内，在各版泰安古地图中都占据着重心位置（图1-3、图1-5、图1-8）。岱庙始建于秦汉，扩建于唐宋，金元明清多次重修，是泰山上下延续时间最长、规模最大、保存最完整的一处古建筑群（图1-9、图1-10）。

汉武帝元封二年（前109年）四月，武帝巡东莱，过祀泰山，于泰山庙中植柏千株，夹庙之两阶，是为岱庙汉柏之由来。东魏兴和三年（541年），兖州刺史李仲璇重修岱岳祠，并"虔修岱像"，为岳庙设立泰山神像之始。

唐武德七年（624年），唐廷立制：东岳泰山祭于兖州，年行一祭，立春举行。武周时期（690—705年），武则天命将岱岳庙由汉址升元观前（今岱宗坊西南）移建于今址。天宝十一年（752年），朝廷遣朝议郎、行掖令孙惠仙诸人修整岱岳庙告成，立题名碑柱于庙庭。

宋太祖开宝三年（970年），遣太子右赞善大夫袁仁甫等重修岳渎祠庙，此为东岳

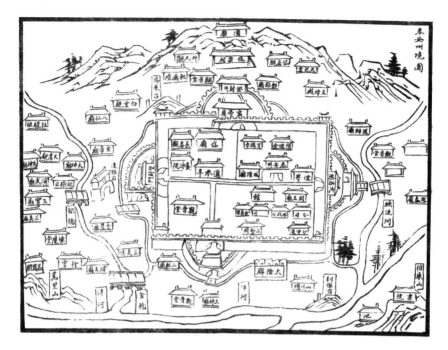

图 1-8 泰安州境图

来源:（明）任弘烈修.（清）邹文郁续.泰安州志 [M]. 台北：成文出版社，1968：5.

图 1-9 岱庙图

来源:（清）金棨编.（嘉庆）泰山志.清嘉庆十三年（1808 年）刊本，第 113 页.

庙入宋后首次重修。宋真宗大中祥符元年（1008年）七月，创建天贶殿。十月，诏封泰山神为"仁圣天齐王"。宋徽宗嗣位后，屡降诏命，增葺岳庙。

金元时期东岳庙屡被战火焚毁，至明成祖永乐元年（1403年）十二月，下诏修泰安州东岳庙。明世宗嘉靖元年（1522年），山东参政吕经改泰安东岳庙前草参亭为遥参亭。遥参亭原为岱庙之第一门，明代奉祀元君像于其中，遂与岱庙分隔。清康熙十六年（1677年）五月，重修泰安东岳庙竣工。此前东岳庙建筑多因康熙七年（1668年）地震而毁，山东布政使施天裔委张所存督工营缮，全部工程历时十年。中华人民共和国成立后，岱庙也得到了新的修复。

（二）岱庙建筑

据刘慧《岱庙考》，岱庙"在汉代即有规模较大的宫殿建筑，宋代成就其'王者之居'的宫城规模，金、元、明、清诸代虽时有重修，也有所增减，但就其整体而言，仍沿袭其旧制"。[①]岱庙建筑按照帝王宫城的形制营造，周辟八门，四角有楼，前殿后寝，廊庑环绕。庙内的建筑可分中、东、西三路。中轴线上由南向北依次为遥参亭、岱庙坊、

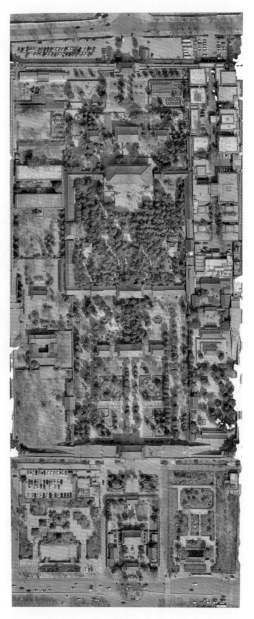

图1-10　岱庙平面正射影像
来源：王卓制图

正阳门、配天门、仁安门、天贶殿（峻极殿）、中寝宫、厚载门；东路为钟楼、汉柏院、东御座；西路为鼓楼、唐槐院、道舍院。遥参亭作为前导置于岱庙前，其体量衬

---

① 刘慧. 泰山岱庙考[M]. 济南：齐鲁书社，2003：60.

图 1-11　岱庙正阳门
来源：张剑葳摄

　　托得正阳门更加宏丽。中轴线上的门重重相对，透过岱庙坊可直视岱庙的正阳门。

　　岱庙五进院落，长达400m的南北中轴贯穿了正阳门、配天门、仁安门、天贶殿、后寝宫、鲁瞻门（厚载门），随着地面标高的逐渐升高，建筑体量的逐渐加大，其中穿插着尺度、空间各异的院落，组成有深度的多层次的空间。正阳门是岱庙的正门，正阳门上为五凤楼，远远望去，门楼雄伟壮观，气势磅礴（图1-11）。岱庙在东西横轴上以天贶殿为中心分为前后两大部分，前为"泰山神"处理政务的大殿，殿前建筑为"办公"之所，后为供休息起居的后寝之宫。可见，岱庙在建筑布局上遵循了人间宫殿。正如《泰山述记》岱庙图上的题记："宏阔壮丽，俨然帝居。"（图1-12）

　　岱庙的主体建筑天贶殿建在三层崇台之上，面阔九间，进深五间，重檐庑殿顶，黄琉璃瓦，上下层均为重昂七踩斗栱（图1-13、图1-14）。殿祀东岳泰山之神，其内有大型壁画"泰山神启跸回銮图"。实际上，天贶殿为宋真宗大中祥符元年（1008年）封泰山后，答谢上天降天书而创建，它与岱庙的主殿并不是同一座建筑。岱庙的

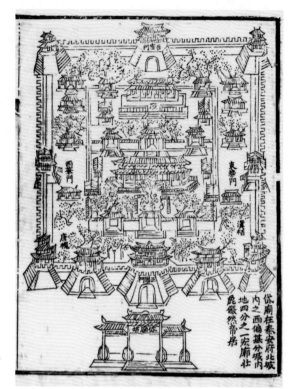

图 1-12　岱庙图
来源:（清）宋思仁纂.（乾隆）泰山述记.清乾隆五十五年（1790年）刻本，第27页.

图 1-13　岱庙天贶殿
来源：张剑葳摄

图 1-14　岱庙天贶殿立面正视图
来源：赵小雯、方远炀，拍摄、制作

主殿在元代称仁安殿，在清代称峻极殿，现"天贶殿"牌匾为民国时所题。[①]

　　在泰山岱庙的碑廊内，有一通碑刻上刻着道教的"五岳真形图"（图1-15）。五岳真形图是道教中神秘的符箓，晋葛洪《抱朴子》提到五岳真形图的作用是："凡修道之士栖隐山谷，须得五岳真形图佩之。其山中鬼魅精灵、虫虎妖怪，一切毒物，莫能近矣"。[②]它们是道士入山的护身符。近代有学者认为五岳真形图是五座山岳的等高线平面图，道士可以借此规划入山路线而不至于在山间迷路，后来逐渐抽象衍化成道教符箓。

　　运用轴线是中国古代建筑规划设计的重要手法，岱庙的中轴线自然地融入整座泰山的轴线之中，并且成为其重要的起点，可见其规划的大手笔。身在岱庙之中，可远眺泰山，岱庙的空间仿佛由此一直延伸至南天门，人文与自然的和谐相融在此得到充分的体现。

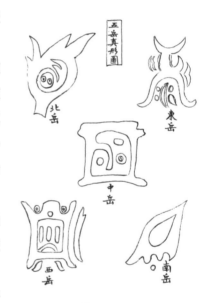

图 1-15　五岳真形图
来源：（明）任弘烈修．段廷选纂．（万历）泰安州志．明万历三十一年（1603年）刻本，第16页．

———————————

① 有地方文献认为"峻极殿即宋之天贶殿"，实际并无确凿证据。天贶殿为天书而建，与岱庙主殿的功能不同。现岱庙主殿题额"宋天贶殿"并不准确，今按习称仍称为"天贶殿"。
② （晋）葛洪．抱朴子内篇[M]．北京：燕山出版社，1995．

四、泰山代表性建筑

（一）三座天门

泰山的一天门、中天门、南天门分布在上山的道路之中，为登山路途提供了节奏感和"升入天界"的提示。

登上盘山路第一眼就能看到一天门，除一天门之外，这里有"天阶""孔子登临处"石坊；路东是红门宫，路西为弥勒院。一天门始建于明代，清康熙年间重建，这里是朝天之路的开端。二天门就是中天门，这是泰山东西两路会合之处。中天门石坊旁边有虎埠石，傍石建有二虎庙。《岱览》记载："（二虎庙）其南有坊，额二天门，则登岱之半也。"[①] 回顾来路，峰回路转；仰观岱顶，尚在云边（图1-16）。

图 1-16　遥望南天门
来源：张剑葳摄

---

① （清）唐仲冕辑. 岱览[M]. 清嘉庆十二年刻本.

图 1-17　南天门图
来源：（清）朱孝纯．郑澎点校．泰山图志［M］．济南：山东人民出版社，2019：20.

图 1-18　十八盘图
来源：（清）宋思仁纂．（乾隆）泰山述记．清乾隆五十五年（1790年）刻本，第20页.

　　《泰山小史》描写南天门"在十八盘上，高插霄汉，两山对峙，万初中鸟道百折，危级千盘。松声云气，迷离耳目衣袂之间。俯视下界则山伏若丘，河环如绷，天地空阔，无可名状"[1]（图1-17）。

　　《泰山纪胜·十八盘》："过大龙峪，分路西北。两山壁立，中通一线。仰窥天门如镜，险峭不可登。联锁为栏，缘云傍雾，跻天门返顾，凛然动登高临深之悔。虽自谓贲育，亦复气夺。"[2]民间传说泰山有三个"十八盘"，自关帝庙登山盘道的起始点至龙门为"慢十八"，龙门至升仙坊为"不紧不慢又十八"，升仙坊至南天门为"紧十八"（图1-18）。"紧十八"即泰山登山盘道中最险要的一段，紧十八盘的尽头就是南天门。因为南天门的地形地势特点，它在人们登山的路线中时隐时现，随着登山路线的逐步接近，南天门的形象越来越清晰高大。如此一来，地势的主导作用凸显了南天门作为"人间与天界"最后一道分界线的显赫地位。

　　经历了陡峻的紧十八盘，终于到达南天门（图1-19）。这一设置营造了极强的神

---

① （明）萧协中著，赵新儒校勘注释. 新刻泰山小史[M]. 民国21年版.

② （清）孔贞瑄. 泰山纪胜[M]. 上海：商务印书馆，1936.

图 1-19 南天门
来源：王卓摄

圣氛围：在云气中，人们来到了人间和仙界的入口节点；穿过南天门，景观骤然开朗，门内盘踞着泰山极顶的建筑群。

（二）碧霞元君祠

1. 布局与铜铁瓦

明《泰山小史》记载，碧霞元君庙"在岱顶西南下三里，宋真宗东封所建。至明累朝修葺藻丽，而制不大，悉铁瓦铜砖，恐刚风易损也"。

"碧霞元君祠，古岱岳上庙也。宋称昭真祠，金称昭贞观，明洪武中号碧霞元君成宏，嘉靖间额碧霞灵佑宫"。[①]

碧霞祠以照壁、火池、南神门、大山门、香亭、大殿为中轴线，左右分列东西神门、钟鼓楼、御碑亭、东西配殿等建筑，结构严谨，布局紧凑（图1-20～图1-22）。虽占地面积不大，但设计上仍主次分明、法度严谨、层层递进，展现出"天宫金阙"的气魄。

---

① （明）萧协中著，赵新儒校勘注释. 新刻泰山小史[M]. 民国21年（1932年）. 第十二页，泰山：泰山赵氏校刊.

图 1-20 泰山岱顶碧霞祠西面

来源：张剑葳. 泰山"天仙金阙"铜殿——中国古代铜殿案例研究 [J]. 文物建筑，2008（1）：53-66.

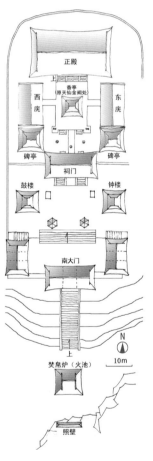

图 1-21 泰山碧霞祠总平面示意图

来源：张剑葳. 中国古代金属建筑研究 [M].
南京：东南大学出版社，2015.

图 1-22 碧霞祠平面图

来源：（清）朱孝纯. 郑澎点校. 泰山图志 [M]. 济南：山东人民出版社，2019：22.

据乾隆五十五年（1790年）《泰山述记》：

（碧霞祠）"北为正殿，南向，五间。盖瓦、鸱吻、檐铃皆范铜为之。中间肖像金妆辉丽。栏其东一间曰东宝库，西一间曰西宝库，储诸所捐施，即汉武帝时所谓梨枣钱也。殿前香亭一间，即万历时建金阙处。东翼眼光殿三间，右翼子孙殿三间，瓦皆铁制。东鼓楼、西鼓楼，中为露台、为甬路。甬路南门五间，门外绰楔三，中曰敕建碧霞坊，东安民坊，西济世坊。碧霞坊之前为火池，四方祇谒者焚币之所。"①

（嘉靖）《泰山志》亦有详细记载，内容相似。经现场踏查，文献描述与现状基本相符。铜殿从大殿前搬走后，原址建有清同治年间的香亭一座。

碧霞祠大殿面阔五间，进深两间，歇山顶建筑，前后廊五架抬梁式结构。最有特色的是屋面为铸铜筒瓦和铸铁底瓦，显出优雅的铜绿色。

铜瓦、铁瓦经常用在山顶建筑中，用以对抗极端环境中的恶劣条件，依靠自重起到防止被风吹落的作用，并且也比一般的陶瓦、琉璃瓦抗冻。古人对此有明确认识，明《泰山小史》就具体说明了碧霞元君祠使用金属屋面是为了防风吹落：

"碧霞元君庙在岱顶西南下三里，宋真宗东封所建。至明累朝修葺藻丽，而制不大，悉铁瓦铜砖，恐刚风易损也。一岁之内，四方祈禳，捐施者不胜数。"②

现代研究者如李约瑟也认识到铜瓦的抗风作用。③然而屋瓦材质的配置也是体现建筑形制高低、表现象征意义的重要手段。碧霞祠使用了铜瓦和铁瓦，根据建筑形制的高低不同，正殿的正吻、正脊筒、垂脊兽、戗脊兽、翼角小兽、筒瓦、瓦当、滴水瓦均为铜质，板瓦为铁质（图1-23）；东西配殿则全部使用的是铁瓦件（图1-24）。④

相比正殿的铜瓦、铜脊，配殿的铁瓦、铁脊显得粗糙了许多。铜、铁材料在材质的美观程度上体现出明显的差距，等级高下立见。

---

① （清）宋思仁. 泰山述记.卷二[M]. 泰安：泰安衙署藏版, 乾隆五十五年（1790年）. 第二十五页.
② （明）萧协中著, 赵新儒校勘注释. 新刻泰山小史[M]. 民国21年（1932年）. 第十二页, 泰山：泰山赵氏校刊.（嘉庆）泰山志相关记载为："[刘定之记略]泰山绝顶旧有神祠，碧霞元君以其最高。云蒸雨降栋材木易朽，飙风刚劲，瓦多飘毁，祠不能久。今副都御史原杰降巡抚山东谒祠，见其堕坠，谋新之铜梁铁瓦琉璃砖甓之坚固，丹腹青堊藻绘涂饰之，辉焕高广深邃，规制增旧。"见（清）金棨.（嘉庆）泰山志. 卷十[M]. 嘉庆十三年（1808年）. 第十七页.
③ "The tiles on the roof of the further hall are of bronze（some accounts say brass or copper, but more improbably）, but whatever the metal used, its weight gives great protection against wind damage." Joseph Needham, The Development of Iron and Steel Technology in China[M]. London: Published for the Newcomen Society by W. Heffer, 1964: 71.
④ 据清嘉庆《泰山志》，这些铜瓦、铁瓦可能是明代开始使用的。"碧霞元君祠在北斗台东，元君上庙也，旧名昭贞观，宋真宗东封时，明洪武时重修。刘定之记成化间改曹碧霞灵应宫，万历三十六年重修。邢侗记祠南向，正殿五间，像设及盖瓦、鸱吻、檐铃之类皆范铜为之。""殿东一间曰东宝库，西一间曰西宝库，储诸所捐施，即汉武帝时所谓梨枣钱也。东西两庑祀眼光送生二母，瓦皆铁冶。"见：（清）金棨.（嘉庆）泰山志. 卷十[M]. 嘉庆十三年（1808年）. 第十五页.

图 1-23　碧霞祠正殿屋顶铜瓦件、脊件
来源：张剑葳摄

图 1-24　碧霞祠配殿屋顶铁脊件、瓦件
来源：张剑葳摄

正殿内吊顶做方格彩绘天花，明间做藻井，中悬高浮雕盘龙。内顶悬挂清雍正、乾隆御赐"福绥海宇""赞化教皇"巨匾。殿内正中设覆莲须弥座神台三座，上装木雕神龛，中祀碧霞元君，东祀眼光娘娘，西祀送子娘娘，均为碧霞元君专门功能的分身，各像皆铜铸鎏金（图1-25）。

2."天仙金阙"铜殿

碧霞祠大殿前院落中心的"天仙金阙"铜殿规模虽小，但无论从平面还是剖面上看，都处于整个碧霞祠建筑群中轴线发展的高潮位置，可见其建筑地位尊崇。

碧霞元君祠内有天启年"钦修泰岳大工告成赐灵佑宫金碑"、万历年"敕建泰山天仙金阙铜碑"，分别记载了万历年间敕修岱顶碧霞祠、万寿宫之事与敕建铜殿事宜。据《敕建泰山天仙金阙铜碑记》：

图1-25 从碧霞祠院落望玉皇顶

来源：张剑葳摄

画面右侧是"敕建泰山天仙金阙"铜碑，左侧双层黄琉璃瓦顶建筑是香亭，中景是碧霞祠大殿，远景高处就是泰山极顶玉皇顶。

　　"圣母目青，朕心靡宁，夙夜冰竞露祷于昊天上帝。复命内臣持节以祀东岳泰山之神、天仙碧霞元君。祀事孔明，慈颜以豫，目青遂蠲则是。泰山元君既赫厥灵绥我，圣母以及朕躬贶莫大焉。朕闻无言不酬，无德不报……出内帑金钱若干，镀金为像，范铜为殿，筑石为台，奉元君奠居焉。爰锡嘉名曰天仙金阙。为门四，东曰苍华，南曰丹凤，西曰昊灵，北曰玄通，其泰山后门曰北天。命内监官太监崔登等往董其役，经始于万历四十一年（1613年）四月二十六日，越明年（1614年）四月初四日巳。……万历四十三年岁在乙卯孟春之吉。"①

　　可知泰山"天仙金阙"铜殿于万历四十一年（1613年）始建，万历四十二年（1614

---

① 笔者录自《敕建泰山天仙金阙铜碑记》，2006年10月1日。还可参见明《泰山小史》："碧霞元君庙在岱顶西南下三里，宋真宗东封所建。至明累朝修葺藻丽，而制不大，悉铁瓦铜砖，恐刚风易损也"。"[注]：碧霞元君祠，古岱岳上庙也。宋称昭真祠，金称昭贞观，明洪武中号碧霞元君。成宏、嘉靖间额碧霞灵佑宫。"见：（明）萧协中著，赵新儒校勘注释. 新刻泰山小史[M]. 泰山：泰山赵氏校刊，民国21年（1932年）. 第十二页.

图 1-26 碧霞元君祠"天仙金阙"铜殿（现位于岱庙内）
来源：张剑葳摄
泰山铜殿移置的灵应宫是碧霞祠的下寺。为了安置铜殿，灵应宫曾专门于中轴线上造崇台以承之，体现了铜殿地位的尊崇。贝克（D.C. Baker）在1924年出版的《泰山》中，用插图表现了灵应宫中的铜殿，位于崇台上。

图 1-27 位于灵应宫时的泰山铜殿
来源：D.C. Baker: T'aishan: an account of the sacred eastern peak of China[M]（reprinted by Cheng Wen Publishing Company, Taipei 1971），originally, 1924.

年）竣工（图1-26）。缘由是万历皇帝为慈圣皇太后所患之眼疾向天仙碧霞元君祈福。"天仙金阙"铜殿于万历四十二年四月竣工，慈圣皇太后却已于该年二月早一步去世了。

　　泰山碧霞祠铜殿大约在明末清初先移置岱庙外的遥参亭，后又移置泰安城内的灵应宫内（图1-27）。据乾隆三十八年（1773年）《泰山道里记》：

　　"灵应宫……中为崇台，四门上起铜楼，号金阙。殿宇栏楯、像设皆范铜镀金为之。旧在岱巅，其后移遥参亭，复置于此。"[1]

　　《泰山小史》作者萧协中于崇祯甲申之变（1644年）时自杀殉国，其文中泰山铜殿仍在碧霞元君祠内：

　　"金殿：在元君殿墀中，创于明万历间。中官董事，制仿武当。突兀凌霄，辉煌映日。"[2]

---

① （清）聂剑光. 泰山道里记[M]. 聂氏杏雨山堂，乾隆三十八年（1773年）. 第五十一页. 清《泰山图志》亦有记载："灵应宫在社首山东。明万历中敕建。有张邦纪碑记。前后殿各五间，南有崇台，上为金阙，俗名铜楼。栋宇栏楯以及像设皆范铜镀金为之。万历时钦造，旧在岱顶碧霞祠内，后移置于此。"见：[清]朱孝纯. 泰山图志. 卷四下[M]. 乾隆三十九年（1774年）. 第八页.

② （明）萧协中著，赵新儒校勘注释. 新刻泰山小史[M] .民国21年，泰山：泰山赵氏校刊. 第十二页.

因此，泰山铜殿移置灵应宫的年代应在清初，早于乾隆三十八年（1773年）。但两次迁移的原因和具体时间不详，有待进一步考证。1972年，为文物保护的需要，又将铜殿移存于岱庙北门内至今。

泰山铜殿共四柱，面阔、进深各面均由抱框分成三小间（图1-28）。铜殿四面的装修均已不存，仅余下槛。从东、北、西三面下槛上所开的1.5cm宽槽可知铜殿这三面原有隔扇，正立面两次间亦为隔扇，仅明间开四扇门。

铜殿下檐从剖面上看，由下至上依次是下槛、抱框、上槛、垫板、额枋、平板枋。柱头施角云承正心檩，角云伸出外拽的部分做成角昂形象，其上原有宝瓶承角梁，现宝瓶均不存。平板枋与正心檩间为垫板，于外皮用浅浮雕刻一斗三升斗栱形象。重檐结构通过抹角梁坐童柱的形式实现；上檐歇山构造通过趴梁法实现（图1-29、图1-30）。

泰山铜殿为重檐歇山顶，戗脊端各饰骑凤仙人一个、走兽三个。屋面下檐为瓦当坐中，上檐为滴水坐中。正吻（剑把现已不存）、垂脊兽、戗脊兽、博脊兽均表现为较标准的明官式做法（图1-31）。山花板为素面，原来应有悬鱼，但现已不存。

泰山铜殿整体表现出较为明显的明官式建筑做法，这与铜碑所记铜殿为"发内帑"（皇室内府的库金）所建相符。但同时简于雕饰，滴水、瓦当、梁枋表面均为素

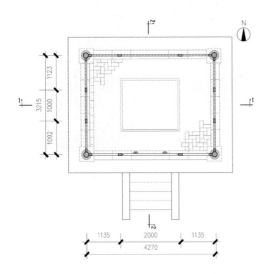

图1-28 泰山铜殿平面
来源：张剑葳. 中国古代金属建筑研究 [M]. 南京：东南大学出版社，2015.

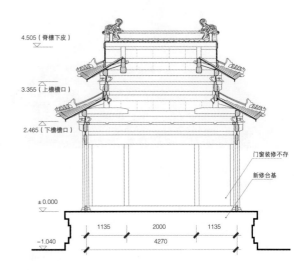

图1-29 泰山铜殿1-1剖面
来源：张剑葳. 中国古代金属建筑研究 [M]. 南京：东南大学出版社，2015.

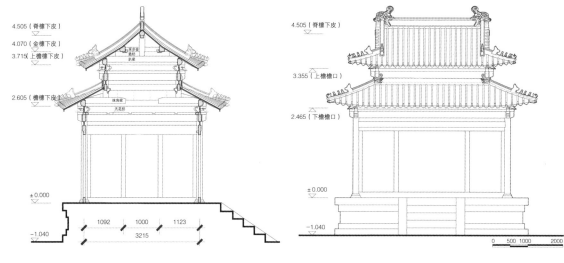

图 1-30　泰山"天仙金阙"铜殿 2-2 剖面

来源：张剑葳 . 中国古代金属建筑研究 [M]. 南京：东南大学出版社，2015.

图 1-31　泰山铜殿正立面

来源：张剑葳 . 中国古代金属建筑研究 [M]. 南京：东南大学出版社，2015.

图 1-32　泰山铜殿悬鱼字样（左图为西面，右图为东面）

来源：张剑葳摄

面，无纹饰或彩画。

　　铜殿山面搏风板顶部交界处各有一圆形瓦当。瓦当下端有明显的断裂痕迹，应是原来装悬鱼的位置，悬鱼现已不存。两块瓦当上各有一字，西面为"雨"字下加一"肭"字；东面为"雨"字下加一"旺"字（图1-32）。

此二字当为道家用字。字从"雨"部，表示与自然现象有关，如"霜""露""雾"等。"朒"意为"农历月初月亮出现在东方"，如"朒朓警阙，朏魄示冲"，又如"朒朒警阙"（谢庄《月赋》）。因此"雨"字下加一"朒"字即应表示"月初月出东方"这一现象。"旦"字从字面构成来看，大概表现的是"早晨日出东方"的意思，与"月出东方"构成一对自然现象，又分别与东、西方位相对应。

这二字首先昭示了铜殿作为道教铜殿的身份，同时还可与其所在环境联系起来，整体考虑象征性。铜殿原位于泰山之巅，泰山作为五岳之首，向来有深厚的文化象征意义。碧霞祠西侧有北斗坛：

"北斗坛在鲁班洞北。明万历间筑，四面皆门而中通，上复为台，曰礼斗。碧石并峙多文采，俗呼辅弼二星，取泰山北斗之义也"。[①]

铜殿上所附加的"日月天象"含义与北斗坛相配合，象征泰山上通日月星汉之意，共同构成泰山丰富的象征意义中的一部分。

（三）玉皇庙

泰山玉皇庙始建年代无考，明成化年间重修，由山门、玉皇殿、观日亭、望河亭、东西道房组成，它是泰山最高处的一组古建筑群。大道至简，岱岳极顶的建筑回归质朴。

玉皇庙正殿为面阔三间的砖木建筑，体量不大，殿内祀玉皇大帝铜像。神龛上匾额题"柴望遗风"，意指远古帝王曾于此燔柴祭天，望祀山川诸神。正殿前有"极顶石"，是几块露出的泰山基岩，形象朴素，却标志着泰山的最高点（图1-33～图1-35）。

极顶石西北侧有乾隆年间"古登封台"碑刻，再次提醒我们，这里是历代帝王登泰山封禅的设坛祭天之处。

泰山作为中国文化的深厚代表，历代学者的表述已经很多，我们不妨再从西方的视角来看：

19、20世纪欧洲最重要的汉学家沙畹（Émmanuel-Édouard Chavannes，1865—1918）——作为一代汉学宗师曾培养出伯希和、马伯乐、葛兰言、戴密微等一众汉学大师——1889年来到北京，下决心翻译司马迁《史记》，发表的第一篇就是《史记·封禅书》。沙畹敏锐地认识到，山川祭祀是理解中国礼仪、宗教的重要切入

---

① （清）金棨.（嘉庆）泰山志·卷十[M].嘉庆十三年（1808年），第十五页.

图 1-33 岱顶建筑群中的玉皇顶
来源：（清）宋思仁纂．（乾隆）泰山述记．清乾隆
五十五年（1790年）刻本，第20页．

图 1-34 玉皇顶
来源：王卓摄

图 1-35 从玉皇顶望泰安城
来源：王卓摄

点。随即，1907年沙畹开始在中国北方旅行考察，于1910年发表《泰山》(*Le T'ai Chan*)——泰山正是《史记·封禅书》中的第一神山——以其高深的汉学功力，第一次系统地向西方介绍了泰山的历史文化。他对泰山祭礼、古迹名胜、封禅、碑铭石刻、祷文、民间信仰作了全面的解读，至今具有很高的学术价值。1918年沙畹去世，遗作《投龙》(*Le Jet Des Dragons*)于次年发表，详细介绍考据了这一与山川有关的道教斋醮仪式，作为对泰山研究的终篇。

西方汉学的"泰斗"沙畹，被称作"第一位全才的汉学家"，他读懂中国历史文化的要诀，正是从封禅和泰山开始的。

第二节　西岳华山

一、华山：奇险天下第一山

西岳华山又名"太华山"，上海博物馆藏战国"秦骃祷病玉版"铭文称"华大山"，也就是"华太山"。华山位于陕西省华阴市城南5km处，南接秦岭山脉，北依渭河平原，是五岳中海拔最高的一座（图1-36）。

华山自古以奇险著称，这是因为华山主体由一整块东西长约20km、南北宽约7.5km，高达2000余米的巨型花岗岩构成[1]，在长期外力作用下形成了五座笔直陡峭、高耸入云的主峰：东峰朝阳峰、西峰莲花峰、南峰落雁峰、北峰云中峰、中峰玉女峰。《水经注·渭水》言其"高五千仞，削成而四方，远而望之，又若华状"。"华"通"花"，远眺华山主峰，形似花朵，故名华山（图1-37）。东、西、南三峰呈鼎形相依，为华山主峰。中峰、北峰相辅，周围各小峰环卫而立。

华山很早就有很高的历史地位，官方祭祀华山的礼仪活动至迟在春秋时期就已经开始。除了朝廷派遣使臣告祭华山之外，汉武帝、汉成帝、隋炀帝、唐高祖、武则天、唐玄宗、宋真宗、清圣祖康熙、清德宗光绪皇帝等曾亲赴华山祭祀，唐玄宗一度准备封禅于此。西汉时期，随着五岳四渎祭祀活动的规范化和固定化，朝廷在华阴设

---

[1]　韩理洲. 华山志[M]. 西安：三秦出版社，2005：2.

图 1-36　西岳庙、华阴古城、华山主峰位置示意
来源：国家地理信息公共服务平台 天地图网站
华山横亘在画面下方，体量巨大，黄河则从东北方向流过。西岳庙、华阴古城（华阴市南）以及华山主峰（山体中央石壁部分）形成空间对位关系。

图 1-37　故宫博物院藏（明）王履《华山图册》"山外图"
来源：故宫博物院网站，https://www.dpm.org.cn/collection/paint/228140.html

置了祠庙作为举办祭祀活动的主要场所。此后历朝历代多延续了这一传统，并不断修缮或重建岳庙。岳庙成为华山建筑的代表。

华山也是道教的"洞天福地"，被尊称为道教"三十六洞天"中的第四洞天，历史上多有道士在此得道成仙的传说，是道教全真派的主要道场之一。随着道教不断发展，华山上逐渐建造了一批道观、石窟等宗教建筑，共同构成华山独特的人文景观。

二、华阴西岳庙

文献表明在华山之下设祠立庙祭祀的活动至迟在汉武帝时期就已经开始，延熹八年（165年）的《西岳华山庙碑》记载了这一过程："孝武皇帝修封禅之礼，思登假之道，巡省五岳，禋祀丰备。故立宫其下，宫曰集灵宫，殿曰存仙殿，门曰望仙门。"集灵宫所在位置现已难以考证。

现存西岳庙位于华阴老城东北侧，西南距华山山脚约7km。西岳庙建于华山之北，这在五岳岳庙中是一个特例。考古发掘表明至迟在北魏时期此处就创立了庙宇，此后西晋、隋、唐、宋、金、元、明、清均有修缮或重建活动[①]，庙宇格局总体上先向南北，再向四周扩建，明清时期最终呈现为坐北朝南，平面为窄长方形，前有月城、内外双重城垣、建筑集中分布在中轴线两侧的形象（图1-38）。

西岳庙总占地面积约12.4万m²，是五岳岳庙中占地面积最大的一处。西岳庙自南向北可以分为六个建筑单元，第一部分由照壁、庙门、两侧牌楼组成半开放的、具有强烈引导性和提示性的空间；第二部分以高耸的五凤楼为主体，两侧设有钟鼓楼；第三部分以棂星门为构图中心，两侧视线较前一个单元更为开阔，代表着进入了岳庙的内部空间；第四部分是一个更为空旷的导引区域，中间对称分布有碑亭，两侧由南北向的灵官殿、冥王殿引导向北；第五部分是西岳庙的主体部分，周围由院墙围合而成一个相对独立且封闭的区域，内部又分为正殿灏灵殿和寝宫两个区域，是"前朝后寝"的格局；第六部分总体上呈现倒"凹"字形，是一个开敞的、园林为主的区域，还包括道舍、藏书楼等附属建筑（图1-39～图1-41）。

西岳庙主要建筑轴线并非正南北向，向东约有13°的倾角，这可能是出于"望祭"考虑的，在此设计之下，西岳庙主要建筑、华山大门、华山北峰、华山南峰均位

---

① 陕西省考古研究所. 西岳庙[M]. 西安：三秦出版社，2007：509-520.

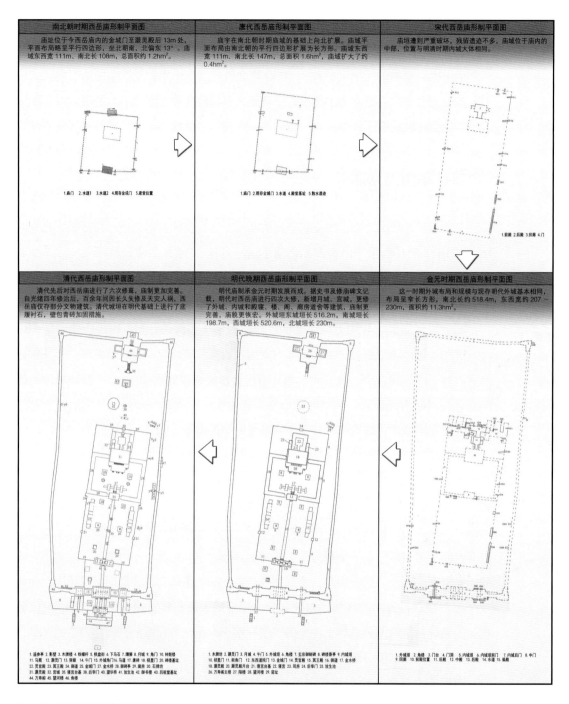

南北朝时期西岳庙形制平面图	唐代西岳庙形制平面图	宋代西岳庙形制平面图
庙址位于今西岳庙内的金城门至灏灵殿后13m处，平面布局略呈平行四边形，坐北朝南，北偏东13°。庙域东西宽111m、南北长108m，总面积约1.2hm²。	庙宇在南北朝时期庙域的基础上向北扩展。庙域平面布局由南北朝的平行四边形扩展为长方形。庙域东西宽111m、南北长147m，总面积1.6hm²，庙域扩大了约0.4hm²。	庙垣遭到严重破坏，残留遗迹不多，庙域位于庙内的中部，位置与明清时期内城大体相同。
1.庙门 2.水道1 3.水道2 4.现存金城门 5.建堂位置	1.庙门 2.现存金城门 3.水道 4.殿堂基址 5.散水遗迹	1.前殿 2.后殿 3.回廊 4.门

清代西岳庙形制平面图	明代晚期西岳庙形制平面图	金元时期西岳庙形制平面图
清代先后对西岳庙进行了六次修葺，庙制更加完善。自光绪四年修治后，百余年间因长久失修及天灾人祸，西岳庙仅存部分文物建筑。清代城垣在明代基础上进行了底腰衬石，壁包青砖加固措施。	明代庙制承袭金元时期发展而成。据史书及修庙碑文记载，明代对西岳庙进行四次大修，新增月城、宫城，更修了外城、内城和殿寝、楼、阁、廊房道舍等建筑，庙制更完善，庙貌更恢宏。外城城垣东城长516.2m，南城垣长198.7m，西城垣长520.6m，北城垣长230m。	这一时期外城布局和规模与现存明代外城基本相同，布局呈窄长方形，南北长约518.4m，东西宽约207～230m，面积约11.3hm²。

图1-38 西岳庙平面格局历史演变
来源：陕西省文化遗产研究院《西岳庙保护规划（2020—2035）》

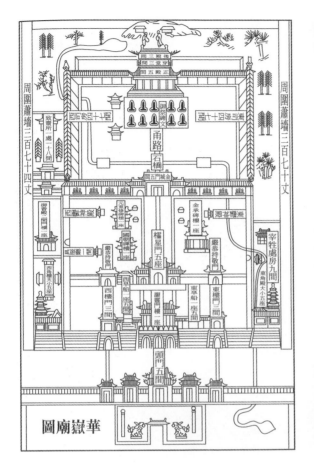

图 1-39 （明）《陕西通志》中的华岳庙图
来源：马理，吕楠纂．董健桥总校点．陕西通志 [M]．西安：三秦出版社，
2006.

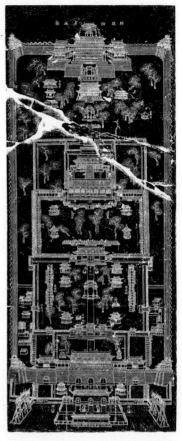

图 1-40 西岳庙现存敕建西岳庙碑拓片
来源：高勇制图

图 1-41 （道光）《华岳志》中的《西
岳庙图》
来源：（清）李榕荫．华岳志 [M]．国家图
书馆藏华麓杨翼武清白别墅刻本，清道光
十一年（1831 年）．

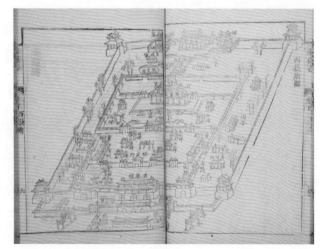

059

于同一轴线上，更能体现出望山而祭的庄重（图1-42、图1-43）。

　　清末以来，西岳庙的保存受到严重影响，后来又被西北军工厂、疗养院等单位占用，原有建筑损毁严重；并建造了一些现代建筑，对整体环境造成了一定的影响。20世纪八九十年代以来，随着文物保护意识的提高，相关单位逐步腾退，并开展了相应的考古发掘及古建筑修复工作，恢复了西岳庙的历史格局与建筑风貌。从考古发掘出土的文物可知，南北朝以来，这里的岳庙建设历史连绵不绝（图1-44～图1-48）。

图1-42　从西岳庙遥望华山主峰（航拍）
来源：高勇摄
西岳庙南侧远方隐约可见华山的崇山峻岭。西岳庙在此地与华山对望了1500年，它们之间的城市越来越高。

060

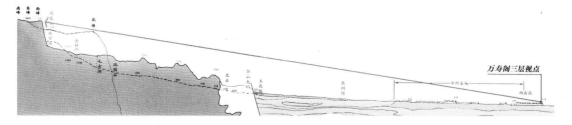

图1-43 西岳庙、华山轴线关系示意图
来源：陕西省文化遗产研究院《西岳庙保护规划（2020—2035）》

图1-44 考古出土的"汉并天下"瓦当
来源：高勇摄

图1-45 考古出土的唐"大和"纪年
方砖
来源：张剑葳摄

图 1-46 考古出土的宋"官四"铭文条砖
来源：张剑葳摄

图 1-47 明代素烧屋顶小兽模具（天马）
来源：张剑葳摄

图 1-48 考古出土的陶水管道
来源：张剑葳摄

西岳庙现存文物建筑18座，自南向北分别为影壁、灏灵门、西马厩、棂星门、"天威咫尺"石牌楼、冥王殿、金城门、金水桥、东西御碑亭、东西碑楼、灏灵殿、寝宫、"少皞之都"石牌楼、"蓐收之府"石牌楼、望河楼、外城城垣；先前的考古工作清理出建筑基址31处，分别为遥参亭基址、幡杆基址、下马石基址、东西牌楼基址、钟鼓楼基址、五凤楼基址、棂星门内6处碑楼基址、灵官殿基址、廊房基址、后宰门基址、望华桥基址、放生池基址、御书楼基址、吕祖堂基址、万寿阁基址、游岳坊基址、月城城垣基址、内城城垣基址、宫城城垣基址、外城垣4处角楼基址等，近年在基址上恢复了部分建筑（图1-49、图1-50）。

棂星门是西岳庙现存文物建筑中唯一的木牌楼建筑，建于明代，由四座硬山门头和中间三座四柱门楼组成。门楼均为单檐歇山顶，覆黄色琉璃瓦，并施有龙吻，中间门楼宽4.94m、高9.85m，两侧门楼宽4.48m、高8.39m，"以中为尊"（图1-51、图1-52）。

"天威咫尺""少皞之都""蓐收之府"均为四柱三间石牌楼，重檐歇山顶，多雕刻有人物、吉祥纹样等。仙人雕像单独加工后再通过卡扣挂到牌楼上，构造有趣，使得仙人仿佛涌出背景，效果生动立体（图1-53～图1-56）。

图1-49　西岳庙现状鸟瞰
来源：张剑葳摄

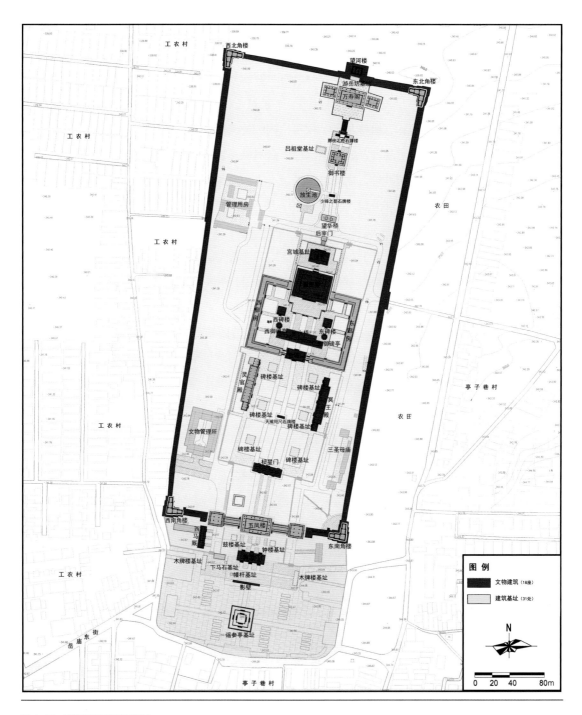

图 1-50　西岳庙建筑遗存现状

来源：陕西省文化遗产研究院《西岳庙保护规划（2020—2035）》

图 1-51　棂星门
来源：高勇摄

图 1-52　棂星门斗栱上的"九龙头"
来源：高勇摄

图 1-53　"天威咫尺"石牌坊
来源：高勇摄

图1-54 "天威咫尺"石牌坊明间南立面大样

来源: 清华大学建筑学院.中国古建筑测绘十年: 2000—2010清华大学建筑学院测绘图集（下）[M]. 北京: 清华大学出版社,
2011: 178.

图1-55 西岳华山碑铭残石

来源: 张剑葳摄

又称"五岳石",唐玄宗御笔亲书碑文,记述了唐玄宗将华山神加封为金天王及刊立华山碑铭缘由,史载该碑"高
五十余尺,阔丈余,厚四尺五"。

图 1-56　华阴县重修西岳庙
来源：张剑葳摄
俗称"地震碑"，明万历三十年（1602年）立，
记载了嘉靖三十四年（1555年）关中大地震西
岳庙的损毁情况及震后捐金修复状况。

　　金城门典出"关中之固，金城千里"，是第五建筑单元的入口。金城门面阔五
间，地盘呈"分心斗底槽"式，两山墙内不设中柱，单檐歇山顶（图1-57）。斗栱均
为五踩双翘，其中平身科做法最为独特，可称之为"连栱"。明间平身科斗栱形似三
朵，设有三个大斗，但其外拽瓜栱、万栱实为一体，同时还出斜翘；次间平身科斗栱
与明间类似，但只用两个大斗；尽间则只有一个大斗。平身科斗栱规模从金城门中部
向两端递减，是建筑内在秩序的一种体现（图1-58、图1-59）。
　　碑刻在礼制建筑陈列物中最具有纪念性质，为了保护碑刻而产生了碑亭、碑
楼这一类特别的建筑。西岳庙现存碑亭、碑楼均位于第五建筑单元内（图1-60、
图1-61），均为单檐八角攒尖式，顶部覆有宝瓶，台明亦为八角形；碑楼位于碑亭北
侧，方形重檐歇山顶，面阔、进深均为三间。碑亭、碑楼形态上的差异不仅丰富了这
一单元内的建筑类型，满足体现石碑等级差异的需求，还发挥着视线引导、走向下一
个建筑单元的作用。

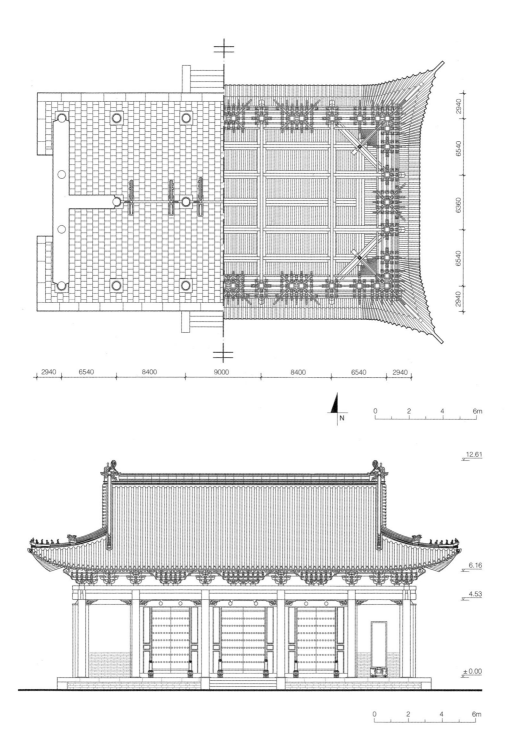

图 1-57　金城门测绘图（平面与仰视图、正立面图）
来源：清华大学建筑学院.中国古建筑测绘十年：2000—2010清华大学建筑学院测绘图集（下）[M]．北京：清华大学出版社，
2011：181．

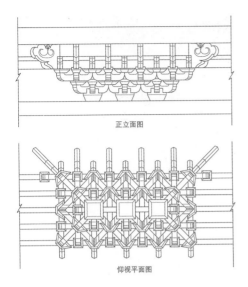

正立面图

仰视平面图

图 1-58　金城门明间平身科斗栱大样
来源：清华大学建筑学院．中国古建筑测绘十年：2000—2010
清华大学建筑学院测绘图集（下）[M]．北京：清华大学出版社，
2011：181．

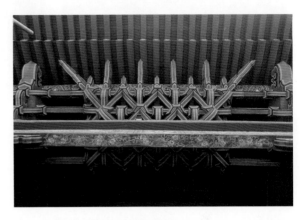

图 1-59　金城门后檐平身科斗栱仰视
来源：张剑葳摄

图 1-60　第五建筑单元鸟瞰
来源：高勇摄

图1-61 乾隆上谕碑及碑亭仰视
来源：张剑葳摄

图1-63 灏灵殿内部
来源：张剑葳摄

图1-62 灏灵殿南立面
来源：高勇摄

　　灏灵殿是西岳庙建筑中体量最大、规格最高的建筑，整体坐落在0.96m高的
"凸"字形台基之上（图1-62、图1-63）。大殿面阔七间、进深五间，并带周围廊，
通面阔37.2m，通进深22.6m，屋顶为单檐歇山顶。大殿内部柱网平面呈内外双槽，
两内金柱之间悬七架梁，跨度达11.36m，营造出了宽敞宏大的室内空间，有利于大
型礼仪活动的开展。七架梁上还保留了设置驼峰和叉手的做法。殿内悬挂有光绪、慈
禧等人所书"仙掌凌云""凝瑞先掌""金天昭瑞"御书匾额。灏灵殿斗栱为七踩三昂，

平身科做法与金城门类似，其中明间用大斗五处，次间、梢间、尽间均用大斗三处。

三、华山代表性建筑

（一）山脚的道家园林

历史上曾在华山山脚下营造了众多的道观、祠堂、书院等建筑，包括云台观、玉泉院、焦仙祠、朱子祠、孙真人祠、云台书院、太华书院等，这些建筑现多已不存（图1-64）。

《新镌海内奇观》云："出城南，三峰在望，插天寒碧，映入脾肺。"[①]出城七八里为云台观，再十里为玉泉院。

玉泉院地处华山峪口，是华山山脚现存较为完整

图1-64　《关中胜迹图志》中的"华岳"图
来源：（清）毕沅.关中胜迹图志[M].哈佛大学图书馆藏乾隆影印本.
在这张图中，华山、华阴县与华岳山峰的距离显得相当近，似乎西岳庙就毗邻华山的太华山门。这显然与古志图的表达方式有关——为了尽可能在一张图中将华山上的建筑、景观与相关联的建筑一齐表达给观者，图中反映的距离未必准确，但其结构性的关系是古人观念的投射。

的建筑群，也是华山道家园林的代表。玉泉院相传为宋仁宗皇祐年间道士贾得升为其师陈抟老祖而建，明、清两朝多有增建或重建。现今玉泉院内建筑多数为1980年代复建，总体上呈现为一处三进院落的园林式建筑，轴线上对称分布主要殿宇，中部庭院自由布置山石水池与花草树木。原山门（现称二门）内即为玉泉院主院落，右侧以小池、石舫为主，左侧则以滑坡大石、碑刻为主，辅之以各类植被和亭榭，在设有七十二窗户的游廊围合之下形成了自然与人文景观交相辉映、别具一格的景致。与宽敞开阔的主院落相比，第三进院落则有诸多建筑，仅在西侧留有一条道路通往华山。玉泉院依华山而建，自北向南地势逐渐升高，跨度达20m之多，形成了高低顿挫、层层递进、富有节奏感的建筑空间，也增强了高处建筑的庄严肃穆（图1-65）。

---

① （明）杨尔增撰《新镌海内奇观》卷一第十页. 见：《续修四库全书》编纂委员会编. 续修四库全书第721册[M]. 上海：上海古籍出版社，2002：359.

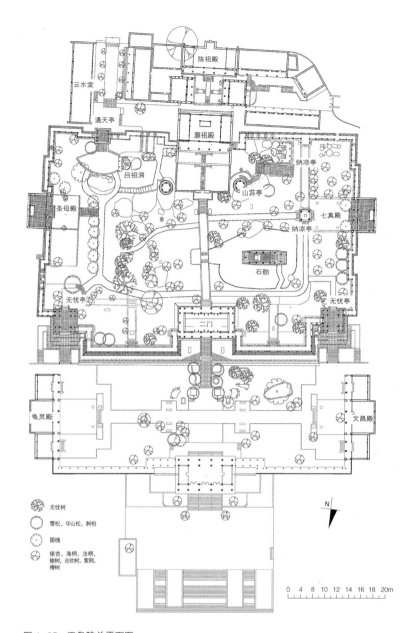

图 1-65 玉泉院总平面图

来源: 清华大学建筑学院.中国古建筑测绘十年: 2000—2010清华大学建筑学院测绘图集 (下)[M].
北京: 清华大学出版社, 2011: 205.

　　玉泉院作为一处道观园林，道教思想也影响着建筑和景观的布置。二门、廊房、
无忧亭、山荪亭等都坐落在高大的台基之上，与道教登高飞升的观念有一定的关联。
园内甬路用太极图铺装，建筑内使用太极八卦和仙鹤组成装饰图案。院内多植四季常

072

青的松树，体现了道教对长生的追求。院内动物雕塑也以龟、鹤、狻猊、麒麟等道教祥瑞神兽为主。

院内大殿为灏祖殿，也称"希夷祠大殿"，面阔五间，两坡悬山顶。大殿前为廊，内部中间为拜殿，左右南北各有两小厅，也被称为"一殿五厅"。殿内悬有光绪"古松万年"和慈禧"道崇清妙"御书匾额。大殿东西两侧有希夷洞和吕祖洞，分别供奉全真派陈抟老祖和吕洞宾。

（二）山上的石窟道观

道教常言三十六洞天和七十二福地，华山则有"七十二洞有半"的说法，即华山上有七十二个"整穴"和一个"半洞"。华山通往主峰道路两侧保留有石窟五十余处，这些石窟或成组，或零星分布，有些凿于道路两旁，有些则近乎位于绝壁之上。石窟大致可以分为方形和圆形两种，其中以圆形石窟为主，石窟内多已空无一物。[①]

华山以险著称天下，上山之路陡峭且狭窄，在山顶的营造工程极其不易，所以华山顶上的建筑总体上规模较小，多就地以石材作为墙壁原料。

群仙观坐落在华山北峰临近山顶的一处坡地上，仅在观之东南开设进出口，与上山、下山道路相连。观内建筑多为二层小楼，巧妙地利用自然山体走势，由高至低错落分布主次建筑，让这一狭小空间变得更为井然有序；还在殿内开凿石窟用以供奉神像，扩大了对空间的使用（图1-66）。

玉女宫位于华山中锋山顶西南侧的小平台上之，南、西、北三面均为陡崖峭壁，东南侧上山之路甚为险阻。玉女宫内有建筑三座，均为硬山顶（图1-67）。

西峰是华山山顶建筑中分布较为集中的地方（图1-68）。主要建筑群为翠云宫，呈合院式

图 1-66 华山北峰群仙观纵剖面
来源：清华大学建筑学院. 中国古建筑测绘十年：2000—2010清华大学建筑学院测绘图集（下）[M]. 北京：清华大学出版社，2011：279.

---

① 秦建明，杨政. 华山道教石窟调查[J]. 文博，1998（5）：66-71.

图 1-67　华山北峰、中峰航拍
来源：高勇摄

图 1-68　华山西峰航拍图
来源：高勇摄

布局，可以分为南北、二大殿和东西两厢房。南大殿上下三层，入口设在第一层正中间。北大殿为二层，前带廊。东西厢房高度相近，均低于南北二殿，东厢房上下两层，西厢房沿山体而建，仅为一层。翠云宫外单独矗立一座三开间、歇山顶的二层建筑，还在巨石上开凿了莲花洞（图1-69、图1-70）。翠云宫山坡下今西峰索道之内为镇岳宫，主殿为五开间歇山顶殿宇，其东北侧为药王洞（图1-71~图1-74）。

图 1-69　华山西峰翠云宫与莲花洞
来源：高勇摄

图 1-70　翠云宫西厢房
来源：高勇摄

图 1-71 镇岳宫
来源：张剑葳摄

图 1-72 镇岳宫前立"真源"碑
来源：高勇摄

图 1-73 药王洞
来源：高勇摄

图 1-74　药王洞顶部
来源：高勇摄

图 1-75　华山南峰航拍图
来源：高勇摄

　　金天宫是南峰上的主要建筑群，合院式布局，均为黄色琉璃瓦（图1-75）。大
朝元洞位于南峰接近山顶的绝壁之上，与最险要的长空栈道相连。洞门长方形，门
道南北长2.3m、东西宽3.2m、高2.1m，门楣刻"大朝元洞"，其上有方形采光口（图

1-76）。洞内呈圆形，直径约8.5m，穹隆顶，高约6.57m，最北侧设神台，奉玉皇大帝。

华山的特点在于"片削层悬"，崖壁险绝，观者无不叹其"盘峙西土，翠黛插天，雄丽莫状，为天下名山最"[①]。

回顾徐霞客初见华山时的印象：

"入潼关，三十五里，乃税驾停宿西岳庙。黄河从朔漠南下，至潼关，折而东。

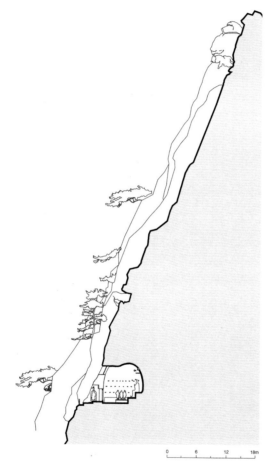

图 1-76　大朝元洞剖面测绘图

来源：改绘自清华大学建筑学院.中国古建筑测绘十年：2000—2010清华大学建筑学院测绘图集（下）[M]. 北京：清华大学出版社，2011：272.

① 《六岳登临志》引《云台观记》.（明）龚黄撰《六岳登临志》卷四.见：《续修四库全书》编纂委员会.续修四库全书 第721册[M]. 上海：上海古籍出版社，2002：691.

图1-77　从空中体验华山之奇险

来源：张剑葳摄

今日在华山乘坐索道，可在空中感受华山的奇险。索道行程长，需要中继站才能完成。对比缆车轿厢的大小，可知华岳"山势峭拔于天"。山顶缆车站的架设颇有困难，竟也开凿了山体，向山体讨要空间，在华山上留下了当代建筑印迹。

关正当河、山隘口，北瞰河流，南连华岳，惟此一线为东西大道，以百雉锁之。舍此而北，必渡黄河，南必趋武关，而华岳以南，峭壁层崖，无可度者。未入关，百里外即见太华屼出云表；及入关，反为冈陇所蔽。行二十里，忽仰见芙蓉片片，已直造其下，不特三峰秀绝，而东西拥攒诸峰，俱片削层悬。惟北面时有土冈，至此尽脱山骨，竟发为极胜处。"①

　　徐霞客所观察感受到的，正是华山与黄河之间大山大河的相互关系——"百里外即见太华屼出云表"。另外，山上基岩片削、条件局限，较难开展土木工程，因而石窟较多。石窟是向山体本身讨要空间，这是山与建筑关系的又一种体现（图1-77）。

第三节　中岳嵩山

一、嵩山："崧高维岳，峻极于天"

中岳嵩山，位于河南省登封市北部，主体由1491.73m高的太室山和1512m高的少室山组成，属秦岭余脉伏牛山系北支外方山的一部分（图1-78）。

"崧高维岳，峻极于天"（《诗经·崧高》）。五岳中，唯独嵩山又称为"嵩高"，地位显著。《嵩书》援引《白虎通》言："中央之岳，独加高字者，以其居四方之中，而又高且峻也。"[1] 平原之中拔地而起，嵩山具有人类学所言圣山之意象，自古就被当作天地之中、中央之岳。

嵩山地处中原，以其为中心构成的嵩山文化圈是中华民族古文化的核心。[2] 自旧石器时代以来，嵩山周围的古文化就连绵不断向前发展，伴随着农业、城市、国家在这一区域的兴起，孕育出灿烂的古代文明。

2010年，"天地之中——嵩山历史建筑群"被列入了《世界遗产名录》。嵩山历

图 1-78　嵩山主体：太室山与少室山
来源：国家地理信息公共服务平台 天地图网站
左为少室山、右为太室山，太室山南为登封市。

---

① （明）傅梅. 嵩书[M]. 卷十八. 明万历刻本.
② 周昆叔，张松林，等. 论嵩山文化圈[J]. 中原文物，2005（1）：1-97.

史建筑群的突出普遍价值提示我们，应当将嵩山文化圈中的相关古建筑联系起来考虑，方能理解"嵩高"的厚重历史意义。

《国语·周语上》言："夏之兴也，融降于崇山"，"融"指祝融，"崇山"即今日之嵩山。[①]在古代神话中，祝融是经过嵩山从天上而来的，嵩山也被认为是通天之所，成了古人告祭的场所。西周初年的"天亡簋"铭文曰："王祀于天室"，研究表明"天室"即为嵩山，也是武王克商后举行封禅和望祭山川的地方[②]（图1-79）。西汉时期，定期祭祀五岳的制度正式形成，此后历代均沿袭了这一制度，西汉武帝、东汉光帝、东汉章帝、北魏孝文帝、北魏孝武

图1-79 "天亡簋"铭文中的"王祀于天室"
来源：田率.天亡簋铭文释义补苴[J].中国国家博物馆馆刊，2019(10).

帝、隋文帝、唐高祖、唐太宗、唐高宗、唐玄宗、唐德宗、宋神宗、清高宗等曾亲赴嵩山祭祀，武周女皇武则天还封禅于此。太室山南麓的中岳庙是五岳祭祀建筑中保存最为完整的一处。

汉魏时期，随着佛教的传入和不断发展，特别是北魏迁都洛阳以后，诸王引领的"舍宅为寺"成为社会风尚[③]，寺院建筑逐渐兴起。嵩山受此影响，一些离宫苑囿被改为寺院，并将崇佛的观念一直延续下来。今天的嵩山保留有现存最古老的砖塔和现存最大、数量最多的古塔建筑群以及宋元时期的木构建筑。

唐末五代，时局动荡，官学衰废，在山林间为士子"群居讲学"而设的书院建筑开始兴起。这些书院或为官方设立，或为私人设立，采取名师讲学、相互问答等方式研习儒学经典、探讨时政，对学术思想的发展有较大作用。嵩山南麓的嵩阳书院是中国

① 杨宽.西周史[M].上海：上海人民出版社，2019：883.
② 林沄.天亡簋"王祀于天室"新解[J].史学集刊，1993(3)：24-29.
③ 赵延旭.北魏诸王舍宅为寺探析[J].云南社会科学，2013(5)：164-167.

古代四大书院之一，是中原书院建筑的重要代表。

周公为求地中，找到嵩山一带。《周礼·地官·司徒》："以土圭之法，测土深，正日景，以求地中……日至之景，尺有五寸，谓之地中。"东汉郑玄注曰："土圭之长，尺有五寸，以夏至之日，立八尺之表，其景适与土圭等，谓之地中。今颍川阳城地为然。"[1] 颍川阳城即为嵩山东南告成镇，是古人开展天文观测活动的重要地区，保留有中国现存最早的天文台。

二、登封中岳庙

（一）阙

"阙"是古代标识宫室、祠庙、墓葬等建筑入口的一类特殊设施。早期的"阙"也称为"观"，可以登高而望，数量多少体现了等级的差异。中岳嵩山周围现存汉阙三处，为太室阙、少室阙和启母阙，被称为"中岳汉三阙"。

太室阙位于太室山南麓中岳庙轴线上，建于汉元初五年（118年），是我国现存最早的庙阙。太室阙由东、西二阙组成，均以雕刻过的石块砌筑成子母阙，子阙低，母阙高。东阙通高3.92m、西阙通高3.96m，二者相隔6.75m。两阙结构相同，均由阙基、阙身、阙顶三部分组成。阙顶为仿木结构坡屋顶，阙身则以铭文和画像石为主。画像石内容包括比目鱼、四灵图、羽人图、铺首衔环等，是汉代社会风俗与信仰的具象表现。阙、中岳庙、太室山的轴线，说明古人在规划设计时，对于这种大尺度关系的掌控能力（图1-80、图1-81）。

少室阙、启母阙分别位于少室山和太室山万岁峰之下，均建于汉延光二年（123年），结构与太室阙基本相同（图1-82、图1-83）。

（二）中岳庙建筑

太室阙向北600m即为中岳庙。中岳庙前身为太室祠，至迟在东汉时期就已存在。五岳祭祀制度形成以后，这里成了祭奠中岳神的地方，历史上也称"嵩岳庙"。随着历代对中岳神封祀，中岳庙的规模也在不断增修扩建，最终呈现为轴线对称、多进院落式布局的建筑群。金章宗承安五年（1200年）的《大金承安重修中岳庙图》表明这种格局至迟在金代就已经形成（图1-84），现存建筑多为清代重建。

---

[1] 周礼注疏卷十.清嘉庆二十年南昌府学重刊本十三经注疏本，第十一页.

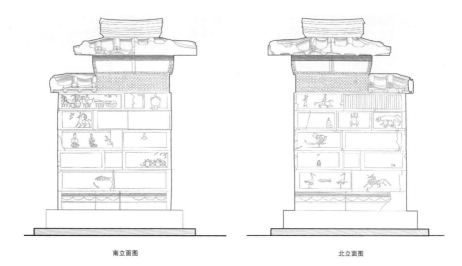

南立面图   北立面图

图 1-80 太室阙西阙南、北立面
来源：郑州市嵩山古建筑群申报世界文化遗产委员会办公室. 嵩山历史建筑群[M]. 北京：科学出版社，2008.

图 1-81 太室阙和阙身上的画像石
来源：张剑葳、王子寒摄

图 1-82　少室阙
来源：俞莉娜摄

图 1-83　启母阙
来源：王子寒摄

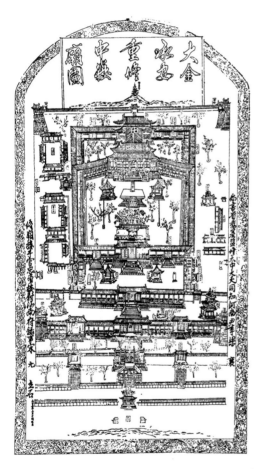

图 1-84　大金承安重修中岳庙图
来源：张家泰.《大金承安重修中岳庙图》碑试析 [J]. 中原文物,
1983 (1).

中岳庙依山势而建，南北长650m、东西宽166m，面积约10.79万m²。中岳庙南半部建筑以门、坊为主，两侧均为植被，构成了神圣深远的甬路，此后殿宇林立，形成了祭祀空间的主体。中岳庙轴线上自南向北依次建有名山第一坊、遥参亭、天中阁、配天作镇坊、崇圣门、化三门、峻极门、崧高峻极坊、峻极殿、寝殿、御书楼等十一进建筑，建筑海拔逐渐升高，高差达37m，建筑体量在逐渐增大，屋顶形式及色彩也丰富多样，最终呈现出主次分明、错落有致的建筑格局。现今可见的中岳庙，规划设计手法纯熟，是古代祠庙建筑空间处理发展之成熟之作（图1-85、图1-86）。

名山第一坊是中岳庙的入口，为三间四柱七楼式牌坊，将庙宇内外分割开来，前方左右两侧四角亭内保留有两座东汉时期的石翁仲，高1.2m、

图 1-85　中岳庙航拍图
来源：张文鼎摄

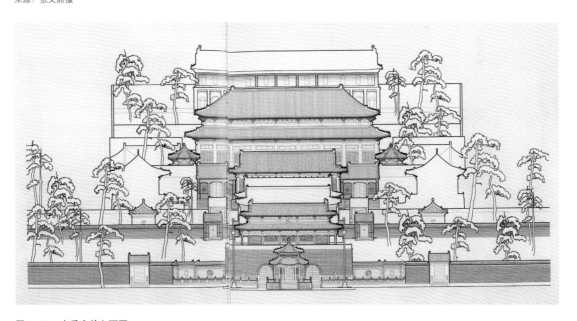

图 1-86　中岳庙总立面图
来源：郑州市嵩山古建筑群申报世界文化遗产委员会办公室. 嵩山历史建筑群 [M]. 北京：科学出版社，2008：36-37.

图1-87 中岳庙"名山第一坊"前石翁仲
来源：张剑葳摄

腰围1.54m，平头方脸，五官夸张，腰部系带（图1-87）。

遥参亭是轴线上第二座建筑，重檐八角攒尖顶。整体建筑坐落在高约2m的台基之上，增加了望祭时视线的纵深（图1-88、图1-89）。

天中阁是中岳庙原来的大门，原名"黄中楼"，明嘉靖重修时易名"天中阁"。天中阁与古代城门类似，底部台体上设券门三处，上部为面阔五间、四周带廊的重檐歇山门楼，左右两侧设登临踏步。

崇圣门是一座二层门楼建筑，面阔五间、进深两间、歇山屋顶，两侧带角门。崇圣门东北侧古神库周围现存有铸于北宋治平元年（1064年）的铁人四座，高2.5～2.65m。铁人均振臂握拳，挺胸怒目，是我国现存体形最大、保存最好的铁人

图1-88 遥参亭与天中阁
来源：张剑葳摄

图1-89 在遥参亭上望祭中岳庙
来源：张剑葳摄

（图1-90）。崇圣门西北侧建有一处碑亭，亭内立一通无字碑。

化三门位于建筑群中部，是分割前导甬路和主体院落的节点，面阔五间、进深两间、单檐歇山顶，两侧带角门。内部左右两侧四座配殿分别称东、西、南、北岳庙，是中岳独尊内涵的体现。

峻极门面阔五间、进深二间、单檐歇山顶，两侧建有角门。正中开一门，前侧左右立高达5m的守门将军，后侧两边设神龛。峻极是通往大殿的最后一道门，二者之间立有嵩高峻极坊及两座八角重檐御碑亭，内置乾隆御制诗碑。

峻极殿是中岳庙的核心建筑，也称中岳大殿，面阔九间、进深五间，重檐庑殿顶，是河南省现存最大的单体木构建筑。上檐施七踩斗栱，下檐施五踩斗栱，殿内用蟠龙藻井，满饰天花。峻极殿月台前还有两处金正大二年（1225年）铸造铁狮二座，各高1m，共重1700余斤（图1-91）。

图1-90　中岳庙铁人
来源：张剑葳摄

图1-91　峻极殿
来源：周珂帆摄（左）；王波雯摄（右）

峻极殿以北为寝殿和御书楼。寝殿面阔七间、进深三间，单檐歇山顶，内塑中岳神和天灵妃神像。御书楼面阔十一间、进深三间，内供玉皇大帝，原为道教贮藏经书场所，清代皇帝多在此处题碑书铭。

此外，中岳庙北约1km的黄盖峰上还建有八角攒尖的黄盖亭，在此可以俯瞰中岳庙全貌。

三、嵩山代表性建筑

（一）佛教建筑：珍贵的早期塔与庙

1. 嵩岳寺塔

嵩岳寺位于太室山脚下，原为北魏宣武帝在永平二年（509年）营建的行宫，正光元年（520年），孝明帝舍宫为闲居寺，并增建佛塔和佛堂殿宇，隋仁寿元年（601年）更名为"嵩岳寺"。嵩岳寺塔是现存年代最早的佛塔，具有极重要的建筑史研究价值（图1-92）。

图 1-92　嵩岳寺全貌
来源：张剑葳摄

塔是佛教传入中原后出现的特别的建筑类型，与印度原本的窣堵波（stupa）形式不同，尤其与中国的楼阁相结合后出现的楼阁式塔，成为中国古代具有代表性的建筑类型之一。嵩岳寺塔为佛塔，以青砖和黄泥浆为原料，外表面呈米黄色，总高36.78m，由基石、塔身、密檐、宝刹组成（图1-93）。

嵩岳寺塔塔身平面为十二边形，中部为八角空筒状塔心室，东、南、西、北四面各辟券门与塔心室相连。券门为两伏两券砌筑而成，门上有门楣，题字多已侵蚀。塔身以中部腰檐为界可以分为上下两部，下部素壁，上部壁面中间塔龛。塔龛券顶，其下须弥座内有两处壶门，内雕狮子，佛龛两侧砌倚柱，柱础为覆盆状，柱头饰火焰宝珠和覆莲。

塔身上为密檐15层，层高自下而上递减、檐宽逐层内收，外轮廓呈现优美的抛物线状。密檐间的塔壁面上均开辟拱门和破子棂窗（图1-94、图1-95）。

塔刹通高4.745m，自下而上由基座、覆莲、须弥座、仰莲、相轮、宝珠等组成（图1-96）。

20世纪80年代，河南省古代建筑保护研究所发现嵩岳寺塔塔心之下建有地宫，

图1-93　嵩岳寺塔
来源：张剑葳、王凤歌摄

图1-94 嵩岳寺塔的叠涩檐口
来源：张剑葳摄

图1-95 嵩岳寺塔密檐
来源：张剑葳摄

随即对其进行了清理。地宫分为甬道、宫门、宫室三部分。宫门门楣、门额、立颊、地栿、门砧均为青石制成，上有阴刻线画（图1-97）。宫室平面近方形，边长约2m，屋顶当为穹隆顶，壁面上保留有彩绘和墨书题记，出土造像、建筑构件、生活用品等遗物。此外，嵩岳寺塔刹还有两处天官，发现了瓷盘、瓷舍利罐、银塔等器物（图1-98）。

2. 会善寺

会善寺位于太室山积翠峰下，原为北魏孝文帝离宫，此后名僧澄觉禅师在此修行，逐渐变成了佛教场所，隋文帝在开皇年间赐名"会善寺"，之后屡有破坏和重建。

现存会善寺坐北朝南，南北长65.06m、东西宽57.33m，占地3742.9m²，

图1-96 嵩岳寺塔塔刹
来源：王凤歌摄

呈合院式布局，轴线上保存有照壁、山门、大殿等建筑，两侧为配殿。

山门面阔五间、进深三间，歇山顶，中间三间为砖券门洞，明间上匾额题"会善

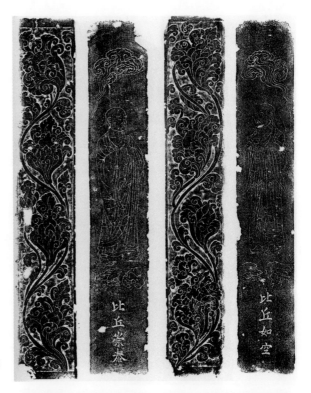

图 1-97 嵩岳寺地宫宫门立颊两
侧石雕拓片
来源：杨振威，张高岭. 嵩岳寺塔（下）
[M]. 北京：科学出版社，2020：183.

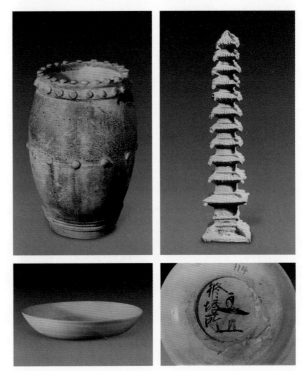

图 1-98 嵩岳寺 1 号天宫内发现
的器物
来源：杨振威，张高岭. 嵩岳寺塔（下）
[M]. 北京：科学出版社，2020：142.

图 1-99　会善寺大雄宝殿
来源：张剑葳摄

寺"，内供奉明代周藩王永乐七年（1409年）所赠白玉阿弥陀佛一尊。山门前踏跺两
侧有石狮两座，石狮坐落在须弥座上，须弥座束腰中部雕麒麟等神兽。山门前照壁上
嵌有颜真卿书"天中山"碑和清嘉庆二十五年（1820年）宋湘书"天光云影"刻石。

　　会善寺大雄宝殿为嵩山地区唯一的元代建筑，面阔五间、进深三间，单檐歇山
顶。檐下斗栱较大，为五铺作重栱双下昂，各间均施补间铺作一朵（图1-99）。大殿
平面减柱造，明间减前内柱2根，次间减后内柱2根。梁架结构严谨，角梁、斗栱、
乳栿、剳牵、丁栿等均反映了元代木构建筑的特征（图1-100、图1-101）。

　　净藏禅师塔位于会善寺西侧800m处，建于唐天宝五年（746年），为禅宗名师净
藏禅师的墓塔，是我国现存最早的八角形塔。净藏禅师塔通高10.35m，塔身中部北
侧铭刻《嵩山会善寺故大德净藏禅师塔铭并序》，记载了净藏禅师的生平事迹；东西
两侧为砖雕方形大门，南侧为拱券式塔门；其余四面雕破子棂窗。整个塔身比例古朴
优美，近看砖雕仿木构细节品质很高，是一座唐塔艺术精品（图1-102、图1-103）。

图1-100　会善寺大雄宝殿室内梁架
来源：张剑葳摄

图1-101　会善寺大雄宝殿转角铺作
来源：张剑葳摄

可以看出，会善寺大雄宝殿正面与山面的斗栱虽然都是五铺作，但是正面出两层昂形华栱，山面出两层华栱。同一攒转角铺作，其两侧的形象就不一样。可见斗栱既是结构构件，也对建筑设计的立面有着很大的影响。

图 1-102　净藏禅师塔
来源：张剑葳摄

图 1-103　净藏禅师塔斗栱与破子棂窗
来源：张剑葳摄

3.少林寺

少林寺因山得名，即"少室之林也"，位于少室山北麓，创立于北魏太和二十年（496年）。孝昌三年（527年），菩提达摩来华传教，在少林寺传播禅宗，少林寺也被尊为禅宗祖庭。唐代初期，少林寺武僧曾帮助李世民讨伐王世充，得到李唐王朝的封赏，成为驰名中外的大佛寺，有着"天下第一名刹"的美誉。唐武宗灭佛中，少林寺遭到了一定的影响。宋元时期，少林寺寺院规模得到了恢复和发展，特别是在元初，少林寺主持福裕被授予都僧省最高僧职，总领全国佛教，嵩山诸寺院均归于少林寺门下。少林寺在元末的战争中受到重创，明朝初期进行了较大规模的整修，奠定了现存少林寺的格局和规模。现存少林寺除了主体常住院外，还包括初祖庵、塔林和周边古塔等建筑。

（1）常住院

少林寺常住院坐北朝南，背靠五乳峰，面朝少室山，南北长300m、东西宽120m。中轴线上自南至北依次坐落有山门、天王殿、大雄宝殿、藏经阁、方丈室、立雪亭、千佛殿等七座建筑。两侧则有钟楼、鼓楼、六祖堂、紧那罗殿、东西寮房、文殊殿、白衣殿、地藏殿等附属建筑。整个建筑群类型丰富，依托地形错落有序分布，又通过体量差异凸显了主要建筑。

山门建于清雍正十三年（1735年），面阔三间、进深三间，单檐歇山顶，铺绿釉

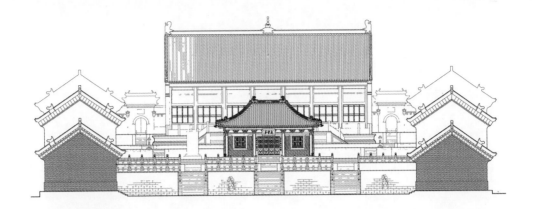

图 1-104　少林寺立雪亭前总立面

来源：清华大学建筑学院.中国古建筑测绘十年：2000—2010 清华大学建筑学院测绘图集（下）[M]. 北京：清华大学出版社，2011：99.

琉璃瓦，明间门楣上悬挂康熙御书"少林寺"匾额，两明间开圆窗，殿内立弥勒佛和韦陀塑像。檐下斗栱为五踩双昂，大额枋和平板枋断面呈"T"形。山门前东西两侧有两处嘉靖年制石牌坊。

立雪亭位于常住院北部，原名初祖殿，又称达摩亭；面阔三间、进深三间的单檐庑殿顶建筑，是纪念禅宗二祖慧可立于雪断臂向达摩求法的地方，殿内供奉有明代的铜质达摩坐像，神龛上悬乾隆皇帝御书"雪印心珠"匾额（图1-104）。

千佛殿位于立雪亭后，又称毗卢殿、毗卢阁、千佛阁，建于明万历十六年（1588年），是明神宗母亲慈圣皇太后为收藏经卷下令凿山为基，并拆伊王府建筑为原材建造。清乾隆四十年（1775年）改建为单檐硬山式建筑，面阔七间、进深三间，殿内供毗卢铜佛像，东、西、北三面墙壁上还保留有明代绘制的"五百罗汉朝毗卢"彩画，地面上还有48个深浅不一的脚踏坑，据传为少林武僧练功时留下的。

（2）塔林

塔林位于常住院西南约280m山坡上，保存着唐、五代、宋、金、元、明、清历代高僧的墓塔共计228座。这些古塔形态各异，盎然矗立，势如密林，故称"塔林"。这些古塔均为砖石砌筑而成，多有塔铭，还有14品碑刻，以实物形式展示了唐至清代墓塔形式的演变，体现出了佛教禅宗文化在此时期与多种文化的融合，也是我国现存古塔数量最多的塔群，是研究我国建筑发展史、雕刻艺术发展史和宗教发展史的实物资料宝库（图1-105）。

图 1-105　少林寺塔林
来源：王凤歌摄

（3）初祖庵

初祖庵位于少林寺西北2km的山丘上，是为纪念初祖达摩而建的寺院，南北长88.28m、东西宽38.72m。中轴线上分布有山门、大殿、千佛阁三座建筑，两侧为东亭、西亭等。

初祖庵大殿建于北宋宣和七年（1125年），面阔三间、进深三间，单檐歇山顶（图1-106）。前后当心间为板门，次间设方形直棂窗。檐下斗栱为五铺作单杪单下昂重栱计心造，柱头铺作和转角铺作用圆栌斗（图1-107）。十二根檐柱和室内金柱均为八角形石构，柱上多雕刻有天王、人物、吉祥纹样，前东侧金柱上还有"大宋宣和七年，佛成道自焚香书"题记。殿内神台为须弥座式，束腰部分雕有力士、狮子、山水等浮雕。

初祖庵大殿的创建年代和北宋《营造法式》的刊行年代相近，大殿木、石作特点与《营造法式》规定相契合，是研究《营造法式》的极佳实例。

图1-106　少林寺初祖庵大殿
来源：张剑葳摄

图1-107 初祖庵大殿转角铺作
来源：张剑藏摄
初祖庵大殿的创建年代和北宋《营造法式》的刊行年代相近，是研究《营造法式》的极佳实例。梁思成先生就曾利用初祖庵大殿来注释《营造法式》中的"鸳鸯交手栱"。

（二）书院建筑：中州道统

嵩阳书院地处太室山主峰峻极峰之下，原为北魏太和八年（484年）创立的嵩阳寺，隋大业八年（612年）改为嵩阳观，唐高宗、武则天时期以此为行宫，并更名为奉天宫。后周显德二年（955年），周世宗将其改为太乙书院，并建造了藏书楼和斋房。北宋至道三年（995年），宋太宗御赐太室书院匾；大中祥符三年（1010年），宋真宗悬赏九经、子、史等书，并设置学管；景祐二年（1035年），宋仁宗敕令重修书院，并更名为"嵩阳书院"。历史上范仲淹、司马光、程颢、程颐、韩维、朱熹、元好问、高仲振、耿介等人曾在此讲学，培养了众多杰出人才。

嵩阳书院坐北朝南，南北长128m、东西宽78m，面积9984m²。现存古建筑25座108间，整座建筑群布局严谨，功能完备。沿轴线布置五进院落，自南向北为大门、先圣殿、讲堂、道统祠和藏书楼，体现出书院讲学、藏书、供祀的主要功能分区，斋

图1-108　嵩阳书院大门
来源：俞莉娜摄

舍、考场等建筑则分布在两侧。嵩阳书院建筑典雅自然、平易近人，除道统祠为歇山顶，其余建筑均为硬山卷棚顶，皆覆灰色筒板瓦。

大门重建于清康熙十三年（1674年）（图1-108），门前立有唐天宝三年（744年）《大唐嵩阳观纪圣德感应之颂》石碑，通体高9.02m，碑身宽2.04m、厚1.05m，造型古朴壮大，雕刻精美，是唐代碑刻的代表作（图1-109）。

仙圣殿在大门正北，清康熙二十五年（1686年）所建，面阔三间带前后廊。殿内供奉孔子立像，是书院祭祀至圣先师孔子的地方。

讲堂是嵩阳书院的讲学功能的主要体现，清康熙二十三年（1684年）为纪念北宋二程在此讲学而设，面阔三间带前后廊。门前悬对联"满院春色催桃李，一片丹心育新人"。

道统祠位于讲堂之北，建于清康熙二十八年（1689年），面阔三间带周围廊。祠内供奉帝尧、大禹和周公，是书院祭祀功能的反映（图1-110）。

藏书楼位于书院最北侧，清康熙二十三年（1684年）建，是一座面阔五间、进深三间的楼阁式建筑，内藏《二程遗书》《二程全书》《四书五经》《中州道学编》等

图 1-109 《大唐嵩阳观纪圣德感应之颂》
石碑
来源：张剑葳摄
中州道统，中流砥柱，正如这座古朴壮大的
唐碑一般。

图 1-110 嵩阳书院道统祠
来源：俞莉娜摄

古籍。

（三）授时建筑：天地之中

"观象授时"是指通过观测自然、天文现象来制定年月长度、节气变化等历法，在古代农业社会中发挥着重要作用。对"观象授时"的掌握是上古时期王权的基础，由此逐渐发展出君权天授的政治思想，并衍生出以地中为中心的中域、中土、中国、中原的政治地理概念，以及相应的居中而治的传统政治观[①]，西周时周公旦为营建洛邑，特意建造了测景台来寻求地中。

古人用"圭表"测日影，表是直立的杆子，表为南北平放的尺子，依据太阳下表在圭上投影的长短、方向确定节气、立法。

观星台位于登封市东南15km处的告成镇告成村，是一处由测景台、周公祠、帝尧殿等建筑组成的院落，坐北朝南，南北长160m、东西宽37m，面积约5900m²。

测景台位于院落中部，开元十一年（723年）唐代天文学家南宫说所立，分为石圭、石表两部分，各高1.95m。石圭呈梯体，上下两面均为四边形。石表正面书"周公测景台"，背面刻对联"道通天地有形外，石蕴阴阳无影中"（图1-111）。

观星台位于院落北部，建于元至元十三年至十六年（1276—1279年），由砖砌筑的覆斗形台身和石圭两部分组成。台身上小下大，高9.46m，北部东西两侧建有踏步，盘旋可至台顶（图1-112）。台顶北部两侧有砖砌小屋两间，二者之间架设横梁，其下建造垂直于地表的凹槽，横梁与凹槽组成了高

图1-111　周公测景台
来源：张剑葳摄

[①]　冯时. 观象授时与文明的诞生[J]. 南方文物，2016（1）：1-6.

图 1-112　观星台
来源：张剑葳摄

图 1-113　观星台前石圭
来源：张剑葳摄

四十尺（12.8m）的"高表"。台下凹槽正北为36块刻有小水沟的青石平铺而成的石圭，也称为"量天尺"，通长31.19m，用以测量日影（图1-113）。观星台的表高是原"八尺之表"的5倍，石圭尺寸也随之增大，并在石圭上放置可以平移的"景符"来聚焦，极大地提高了测量日影变化的精度，以此为基础制定的《授时历》中的一个回归年与现今用仪器测量相比较，仅差了26秒。

"古之王者，择天下之中而立国"[①]，"欲近四旁，莫如中央，故王者必居天下之中也"[②]。"择中立都"是古代中国都城选址的重要因素，中岳嵩山以北的偃师、郑州、洛阳都是中国上古、中古时期的国都所在地，高峻巍峨的嵩山作为这一地区标志性自然景观，成了皇家和官宦建造祠庙、离宫的重要地区，再加上宗教等方面的影响，嵩山周围的建筑不断发展。今天呈现在世人眼前的"天地之中——嵩山历史建筑群"，无论是建筑类型、建筑艺术之丰富，还是建筑历史之久远与年代跨度之大，在五岳中均属于佼佼者，是现存五岳建筑的集中代表。

①　许维遹，梁运华. 吕氏春秋集释[M]. 北京：中华书局，2009：460.

②　梁启雄. 荀子简释[M]. 北京：中华书局，1983：364.

第四节　北岳恒山

一、恒山："万物伏藏有常"

（一）北岳与庙祀的变迁轨迹

康熙初年，顾炎武在京凭吊，听闻京城盛传的礼制易动——北岳改祀，随即踏上了晋冀之旅，后撰《北岳辨》以释"然四岳不疑而北岳疑之者"。文述："古之帝王，望于山川，不登其巅也，望而祭之，故五岳之祠皆在山下。"[1]泰山、华山、嵩山、衡山的山下均有相应的岳庙，然而今恒山脚下却无北岳庙，这与北岳在历史上的迁移有关。

追溯历史上的北岳恒山，首先要从恒山的定名开始。先秦时期，《尔雅·释山》清晰指明了北岳的地位——古人地理观念的北界。为何称之以"恒"？《白虎通义》释疑："北方为恒山者何？恒者，常也。万物伏藏有常也。"[2]《通志》又载，舜封恒山为并州镇，将山所在地域纳入统辖版图。秦汉时期划定了恒山所属的政区范围"恒山郡"。为避汉文帝刘恒讳，在汉代藩王分封时，朝廷改恒山郡为常山国，其辖境为《汉志》载县和真定国之和。汉武帝元鼎四年（前115年）后，常山地望即《汉志》所在地望。[3]恒山山脉贯穿晋冀，东接太行山，西至雁门关，恒山崩、恒水溢总是王朝颠覆的象征，帝国与王朝以恒山的地质现象来约束自己的行为，因此国家安危常系于恒山。

南北朝、隋唐时期，尽管郡国范围易变，恒山名称更改，但恒山的地理位置与尊荣却未曾动摇。北魏孝文帝亲撰《祀恒岳文》，唐太宗以"宝符""灵蛇"称之。恒山山脉地处古之农牧交错分界线，"限华夷之表里，壮宇宙之隘害"[4]。

隋唐至五代北宋，尤其是当北岳成为北宋中原王朝与契丹的边界以后，恒山的别称——大茂山频频见于历史记载。大茂山即茂丘，今称古北岳，位于今河北唐县、阜平、涞源交界（图1-114）。《封龙山颂》与《白石神君碑》都记载着古北岳的存在。[5]

---

① （清）顾炎武. 顾亭林诗文集[M]. 北京：中华书局，1983：7-8.

② （汉）班固撰集. 白虎通义[M]. 北京：中华书局，2012：298.

③ 韩立森. 关于两汉常山的几个问题. 见：河北省文物研究所. 河北省考古文集[M]. 北京：东方出版社，1998：440.

④ （清）董诰. 全唐文[M]. 北京：中华书局，1983：2739.

⑤ 王子今.《封龙山颂》及《白石神君碑》北岳考论[J]. 文物春秋，2004（4）：1-6.

图 1-114　大茂山
来源：张剑葳摄

从阜平县台裕乡千亩台安王庙望大茂山。安王即唐玄宗所封之北岳安天王，此地可能是古北岳庙的上庙，现仅存
明修建碑、清康熙修建碑（下庙即今曲阳城中的北岳庙）。千亩台地面平阔，北靠神仙山之官印崖，背后是高山
峻岭；东、南、西三面低山环绕，台峪河和井沟河分别从东西两侧流过，台地与河流之间形成峭壁。

考虑到"非质于图志，人或不知岳之所在"①，韩琦举地方之力，勒石《大宋重修北岳庙记》为志（图1-115）。

　　今日之曲阳地并非往日曲阳城。曲阳初名上曲阳，颜师古注《汉书·地理志》曰："上曲阳县，恒山北谷在西北。有祠。并州山。禹贡恒水所出，东入滱。"②滱水即唐河，上曲阳县的范围大致包括今天的河北阜平与曲阳。东汉以恒山为中心的行政区——常山郡（国）与上曲阳县所属中山国并置，汉代的行政区划为后代山、庙分离埋下了伏笔。唐《括地志》云："上曲阳故城在（唐代）定州恒阳县西五里。"③后魏

①　曾枣庄. 全宋文[M]. 上海：上海辞书出版社，2006：33.

②　（汉）班固. 汉书[M]. 北京：中华书局，1962：1575.

③　（唐）李泰，等，贺次君辑校. 括地志辑校[M]. 北京：中华书局，1980：99.

图 1-115　韩琦《大宋重修北岳庙记》碑

来源：俞莉娜摄

俗称"韩琦碑"。楷书，韩琦撰文并书丹。此碑系韩琦任定州安抚使时，为了纪念重修北岳庙而撰文所立的碑。主要历述了北岳庙的封迁情况，以及由于官吏的疏忽，年长时久，致使北岳庙在风侵雨蚀中圮坏日甚，韩琦领定州知州后倡议集资重修北岳庙。

图 1-116　大茂山的位置与地形
来源：国家地理信息公共服务平台　天地图网站
图中标记处为大茂山主峰神仙尖，图右下方为曲阳县城。

始，曲阳由上曲阳故城迁至今址，常山郡复统上曲阳，后齐去"上"字，隋初又改曲
阳为石邑县，一度移治今井陉县。不过，鉴于曲阳的地理特性——恒山之南，复立恒
阳，仍治今址。唐宋之际，避讳要求恒阳改回曲阳，恒山也改为镇岳、常山，此时的
曲阳属中山府。北宋与辽隔恒山而治，恒山作为军事战争的前沿阵地，地理位置重
要。因此，宋又在唐县以北设置北寨，以加强防御。金代北寨改称北镇，后又增设阜
平县，恒山前缘区域归属真定府，与南侧中山府曲阳县并立。宋代北镇与曲阳的分立
标志着山与庙的第一次分离（图1-116）。

　　北岳庙曾有上庙、下庙之说，上庙位于古北岳大茂山中，曲阳城内的是下庙。
《魏书·礼志》载"太延元年立庙于恒岳。"[1] 我们推测，上庙的位置一直到北宋前期
并无大的变化，都在山中，而今大茂山上还存在一部分遗痕（今安王庙址），或有可
能就是北宋初年之前的北岳庙上庙遗址，是当时北岳的主祭之所。直至宋辽战争愈演
愈烈，主祭之所才由大茂山移到位于曲阳县的下庙，宋人吕颐浩《燕魏杂记》载："惟
北岳在大茂山，山大半陷敌境。移庙于中山府曲阳县，县在中山府北七十里，封安天
元圣帝。"[2]

　　顾炎武说"祭山不祭颠，祭水不祭源"，这在古北岳也是成立的，北岳上庙虽在

① （北齐）魏收. 魏书[M]. 北京：中华书局，1974：2738.
② 曾枣庄，等. 全宋文[M]. 上海：上海辞书出版社，2006：372.

图 1-117　大茂山主峰"神仙尖"
来源：张剑葳摄
可以看出，"神仙尖"又分成两个顶。高的顶供奉北岳大帝和玉皇大帝，较低的顶供奉碧霞元君。

大茂山中，但在山麓而不在山巅。汉代原祀北岳于恒山神殿，魏晋时期山下祠庙分东西二庙。北魏郦道元注《水经》卷十一："（滱水）乱流东经恒山下庙北，汉末丧乱，山道不通，此旧有下阶神殿，中世以来，岁书法族焉。晋、魏改有东西二庙。庙前有碑阙、坛场列柏焉。其水东径上曲阳县故城北，本岳牧朝宿之邑也。"①

《韩魏公重修庙记》与《水经注》记录相仿："上曲阳庙为恒山下庙，非恒山上庙也。旧有下阶神殿，是汉神爵后祀上曲阳之殿也。"②唐《元和郡县志》对恒岳下庙的位置有明确记载："恒山在县北一百四十里……并州山镇曰恒山，是为北岳……恒岳观，在县南百余步"。③

至北宋，主祭之所由山下迁至城内。此时的北岳庙规模宏大，曲阳城周围五里十三步，而北岳庙则居其半。曲阳城内的北岳下庙（今曲阳北岳庙址）成为代替恒山上庙的主祭之所，后人又在北岳祠北营建了望月亭（图1-117～图1-119）。

金元以降，随着都城和帝国疆域北界向北移动，恒岳作为古人地理图景的北界，民间出现了关于北界恒岳的讨论。明代将这种民间讨论升级为朝堂论战。明代郑允先等大同府地方官在朝中影响甚广，他们利用葛洪之说为浑源恒山造势，拟"飞石传

---

① （北魏）郦道元.陈桥驿校.水经注校证[M].北京：中华书局，2007：289.
② 三国归晋，南北朝时北岳下庙随曲阳城而迁，《梦溪笔谈》所记录新建庙址"石晋之后稍迁近里，今其地谓之神棚"。然而，清人钱大昕甚至在《梦溪笔谈跋》中指出："后世徙岳之议，滥觞于此。"
③ （唐）李吉甫.贺次君校.元和郡县图志[M].北京：中华书局，1983：514.

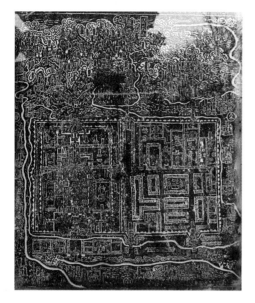

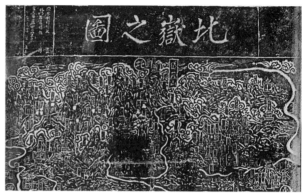

图 1-118 《北岳之图》中的大茂山、曲阳城和北岳庙　图 1-119 《北岳之图》的碑额部分
来源：张剑葳摄　　　　　　　　　　　　　　　　来源：张剑葳摄

位于曲阳北岳庙凌霄门的《北岳之图》，碑额左有金大安二年（1210年）题，图中上部（北部）山峦中清晰可见"岱茂山"字样，显示了曲阳北岳庙与大茂山的关系。

说"声称古北岳原在浑源，是后来东迁到曲阳的。自此，大同历代地方官不遗余力地修建浑源北岳庙。明成化时期，王世昌又以历次祭祀北岳、求雨灵验等巧合大肆游说。弘治年间，升级版"飞石传说"为北岳"还乡"浑源奠定了更为广泛的舆论基础。考虑到明王朝北界兵防压力、大同官员在朝中的影响力以及对明成祖朱棣的敬重（朱棣以北方为基地，声称得到了北方战神真武大帝的护佑而"靖难"成功），在改祀争论中，明廷默认了地方官不断修葺浑源北岳庙的行为，在一定程度上认可了浑源北岳的说法。但是河北曲阳北岳庙的祭祀活动并没有减少，朝廷也没有给出明确答复，在当时成为一桩公案。

浑源北岳庙在明代的改祀争论中不断修葺。除山上北岳庙外，明万历四十一年（1613年），浑源知州还在县城南增修恒岳行宫。清顺治初，北岳之争最终落幕，定在了浑源，清顺治《恒岳志》卷下记载：顺治十七年（1660年）"停曲阳之祀，移祀浑源"。[①] 可见，这次改祀并非清廷突发奇想，实则是对北岳论战盖棺定论。而这场

---

① （清）张崇德撰. 恒岳志[M]. 清顺治十八年（1661年）刻本.

论战始于金元地方，贯穿明代朝堂。顾炎武甚至直笔不讳："历代之制，改都而不改岳"，以此驳斥明清两代的迁岳、改祀行为。顾炎武的《北岳辨》刻于石上，碑立于北岳庙（图1-120）。

自此，恒山"北岳"之称、北岳庙、北岳国祀终于合于今山西浑源天峰岭。即便是在清诏定移祀浑源后，官修方志也未敢抹杀曲阳恒山的事实。只是后世一系列正本溯源的追溯再也抵不过改祀浑源的既定事实。

（二）大茂山顶的建筑

大茂山位于河北省涞源、阜平、唐县三县交界处，阜平人多称之为"神仙山"，唐县人则多称之为"大茂山"。登上大茂山山顶，可见山顶分成并峙的两个小顶。原理是在山顶利用原本地形和基岩，分别

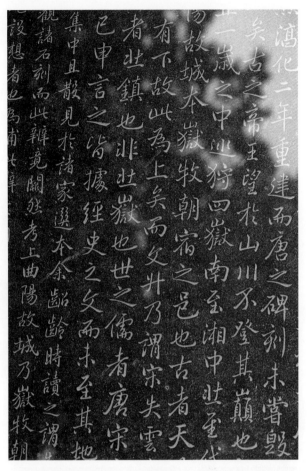

图1-120　顾炎武《北岳辨》碑刻局部
来源：朱岩摄
明末清初，著名学者顾炎武经过实地考察和史料梳理主张北岳及北岳庙祀应在曲阳，不应改到山西浑源。谢鉴礼任曲阳知县时，于清光绪十九年（1893年）将顾炎武的《北岳辨》书丹于石，并附上自己的认识和评价，文末刊载了立碑的经过以示崇敬之心。

包砌两座小平台，形成两个顶。最高的顶供奉北岳大帝和玉皇大帝，较低的顶供奉碧霞元君（图1-121～图1-124）。

目前山顶的建筑都是清末、民国建造的硬山式建筑，利用山上的石材砌筑。供奉北岳大帝、碧霞元君的小殿均面阔三间，北岳殿背后供奉玉皇大帝的小殿仅面阔一间。接近山顶处，还有一些小型茶棚，供进香的香客歇脚用。山顶的这些建筑基本都经历了20世纪末的修建。山顶分立两顶的形式在北京东郊丫髻山也可以见到，茶棚则令人想起京西妙峰山进香道上的设置。

图 1-121　大茂山顶建筑
来源：张剑葳摄

图 1-122　北岳大帝殿
来源：张剑葳摄

图 1-123 玉皇大帝殿
来源：张剑葳摄

图 1-124 大茂山顶的碧
霞元君殿
来源：张剑葳摄

在大茂山顶，虽然现存建筑晚近、简朴，但巍巍太行的气势却引人思绪万千。远眺西方，是山西的表里山河，东侧山脚下则是广袤的华北平原（图1-125）。顺着山脊蜿蜒远去，则是清代以来附近山民前来进香的道路，山顶现存有几座清光绪、民国

图 1-125　大茂山顶山景
来源：张剑葳摄

碑。进香的传统至今存续，主要供奉的对象已是碧霞元君，也就是天仙圣母。在大茂山下附近的大台乡、台峪乡的乡间村里还能见到不少天仙圣母行宫，正是这座山巅神庙的信仰辐射范围。而这已与古北岳的信仰没有直接关联，是明代以来更加贴近社会生活的民间信仰建筑了。

三眼井村只有十几座石头房屋，三十余人居住（图1-126）。山间地少，人们为了生存，竟然在崇山峻岭间建造起了梯田，气势撼人（图1-127）。但如今随着山村空心化，梯田也逐渐无人耕种。

大茂山古北岳，是五岳中最孤寂的一座。

图1-126　大茂山深处的三眼井村
来源：张剑葳摄

图 1-127　三眼井村的梯田
来源：张剑葳摄

二、曲阳北岳庙

自宋以降，曲阳北岳恒山庙一直是官方遥祭北岳坛庙之所。《重修曲阳县志》认为北岳庙应与曲阳故城一同营建于后魏时期。在1935年《河北省西部古建筑调查记略》一文中，刘敦桢先生详述了曲阳北岳庙的历史沿革："北岳庙的位置在文献上只能追索至唐代位置，那么，结合修德寺遗址的情况，发掘者提出了该址为恒岳寺的可

114

能性。"① 结合《重修曲阳县志》记载："宋有后殿，移塑'安天元圣帝'尊像，与靖明后并置。"由此可知，宋代建筑格局与今址全然不同。尽管宋代的布局需要考古发掘作证，但是明刻《北岳庙图》为我们展示了一幅图景，结合洪武十四年（1381年）《北岳恒山之图》与《县志》便可复原（图1-128～ 图1-131）。 学者据此讨论了宋、明曲阳北岳庙的建筑特点——三重城垣、三重院落、多重城门反映了明代建筑的崇隆，不过图上未见宋代遥参亭、德宁殿左右连廊、岳庙寝宫，由此推断宋金庙址与后代布局有显著的差异。②

北岳庙南北长542m，东西宽321m，占地面积17.3万m^2，沿中轴线由南向北依次为神门、牌坊、朝岳门、御香亭、凌霄门、三山门、钟鼓楼、飞石殿、

图1-128　明洪武十四年（1381年）《北岳恒山之图》碑刻
来源：张剑葳摄

德宁之殿、后宰门等。现存古建筑有御香亭、凌霄门、三山门、德宁殿等，以及牌坊、飞石殿等遗址（图1-132）。

曲阳北岳庙的主体建筑德宁殿是中国目前所存五岳祭祀中规格最高的古建筑，梁思成先生称赞其同时兼顾着柔和线条与雄伟气概，并将其视为建筑细致化发展的标

① 李锡经. 河北曲阳县修德寺遗址发掘记[J]. 考古通讯，1955（3）：33-48.

② 杨博. 从嘉靖《北岳庙图》碑初探明代曲阳北岳庙建筑制度[C]//科学发展观下的中国人居环境建设——2009年全国博士生学术论坛（建筑学）论文集，2009：355-359.

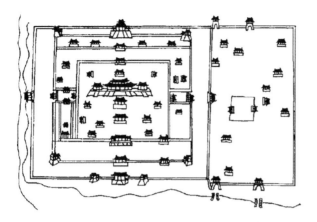

图 1-129 明洪武十四年（1381 年）《北岳恒山之图》中的北岳庙线图
来源：《恒山志》标点组标点 . 恒山志 [M]. 太原：山西人民出版社，1986.

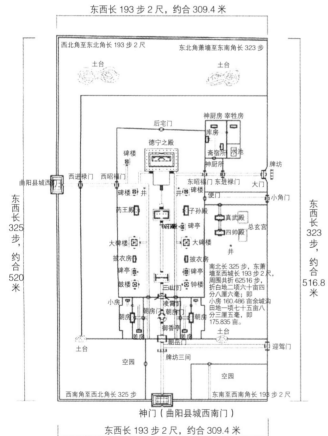

图 1-131 明嘉靖曲阳北岳庙平面复原推测图
来源：杨博，从嘉靖《北岳庙图》碑初探明代曲阳北岳庙建筑制度 [C]// 科学发展观下的中国人居环境建设——2009 年全国博士生学术论坛（建筑学）论文集，2009：355-359.

图 1-130 嘉靖《北岳庙图》碑
来源：张剑葳摄

图 1-132　曲阳北岳庙航拍图
来源：网展网曲阳北岳庙全景展示，见 https://www.expoon.com/qjjx/travel/20438.html

本[1]（图1-133）。德宁殿建于至元七年（1270年），高台约30余米，重檐庑殿顶，灰布瓦配绿琉璃剪边。殿身平面广七间，深四间，周以回廊，呈广九间深六间状，材合宋式五等材[2]。伊东忠太在《中国建筑史》中曾言："观察其（德宁殿）的细部手法，斗栱的配置与明代建筑相比间隔甚疏，十三尺的楹间，每柱间只装两攒。下昂斜置，有昂嘴。斗的比例与明代相比稍有差异，也许会是元代的遗物。殿内有座古钟，上面刻有元代大德六年（1302年）的铭文，大体形状和明代之物没有不同之处，只是其龙头顶上冠有宝珠一点，使龙头的形状见异。"[3]

从整体形制来看，德宁殿与《营造法式》卷三十一描述的"殿身七间，副阶周匝，身内金箱斗底槽"极相似。梁架进深十架，乳栿相对用四柱，副阶进深用二椽。[4]殿下檐斗栱为五铺作，第一跳出昂形华栱，其上华头子则为长材，与第二跳昂后尾斜挑达槫下。上檐斗栱单杪双昂重栱计心造，与苏州玄妙观三清殿上檐斗栱做法相同。

① 梁思成. 拙匠随笔[M]. 北京：中国建筑工业出版社，1996：38.

② 傅熹年. 中国古代城市规划、建筑群布局及建筑设计方法研究[M]. 北京：中国建筑工业出版社，2001：124.

③ （日）伊东忠太. 中国建筑史[M]. 北京：中国画报出版社，2017：198.

④ 张立方. 五岳祭祀与曲阳北岳庙[J]. 文物春秋，1993（4）：58-62.

图 1-133　曲阳北岳庙德宁殿
来源：张剑葳摄

图 1-134　曲阳北岳庙德宁殿上、下檐斗栱
来源：张剑葳摄

其后尾第二、三两跳，重叠三分头与菊花头。檐下高悬元世祖忽必烈亲笔题书的"德宁之殿"匾额[1]（图1-134）。

德宁殿的建筑古旧瑰丽，殿内珍贵的壁画闻名于世。壁画分布在德宁殿东、西壁和北面。壁画均为道教题材：东壁为"云行雨施"，西壁为"万国咸宁"，北面为"启跸出巡"。每幅壁画自成章法，又在统一的主题下相联系，据传为唐朝吴道子所绘，实为元人仿唐之作。

德宁殿前飞石殿约建于明嘉靖初年[2]，它是明代"飞石传说"与"浑源改祀"神话叙事的实证。飞石殿遗址面阔五间，进深三间，殿址坐落于高1.3m的台基上，遗址东侧虽有明嘉靖乙卯年所书飞石碑，现仅存残碑、碑座以及柱础石供后来人凭吊。下文所述浑源"飞石窟"也是这一神话叙事的重要组成部分。

三、浑源恒山代表性建筑

初入浑源恒山，不禁被其拔地而起的姿态吸引。挺拔的身姿是因为恒山处在近70°的正断层上升盘。其间，唐峪河深切沟谷，恒山天峰岭隔金龙峡，使其与翠屏山对望，峙若门阙。徐霞客游览至此，评价甚高，感叹："两崖壁立，一涧中流，

---

① 聂金鹿. 曲阳北岳庙德宁之殿结构特点刍议[J]. 文物春秋, 1995（4）：47-53.
② 吕兴娟. 北岳庙建立飞石殿的年代及原因初考[J]. 文物春秋, 2005（5）：39-44.

透罅而入，逼仄如无所向，曲折上下，俱成窈窕，伊阙双峙，武彝九曲，俱不足拟之也。"

（一）北岳庙的迁建

恒山素有三寺、四祠、七宫、八洞、九亭、十二庙之说，实际冠名的只有十八处，人称"恒山十八景"。其中，古建筑主要集中分布在主峰一带（东至寝宫，西至魁星楼，南至恒纵宗岩，北至天峰）。在这大小三十处寺庙中，朝殿、寝宫为其中之二，它们均以北岳庙冠名（图1-135）。

《恒山志·庙志》虽记"岳庙创自元魏太武帝太延元年，宣武帝景明元年灾。唐武德年间复建，唐末圮。金复建，天会、大定年间重修，金末毁于兵。元复建，元末毁"，天峰岭的北岳庙实际应建于明洪武年间。成化、弘治间知州关宗、董锡率有重修。直至弘治十四年（1501年），北岳庙才"敕扩修，都御史刘宇以古庙狭，度地中峰之阳，建朝殿，改古庙为寝宫"。因此，北岳庙建筑群在弘治年间向西北山巅迁移，"旧岳庙"随即作为后寝成为朝殿的附属建筑。

我们今日所指北岳庙实为一个"建筑组群"，北岳庙建筑群的两重院落设置与浑源城北岳下庙——北岳行宫相呼应，只不过各单体建筑还要依山势逐渐升高。北岳庙由明代遗构崇灵门进入后迎面直上103级石阶，徐霞客描述攀登此段的感受："登如缘壁行，以手足踞地而上"。之后，经青龙殿、白虎殿，行至第二道门——南天门。过石阶顶部二柱、单檐悬山顶牌楼以及南天门后，再经钟鼓楼、藏经楼、更衣楼，终

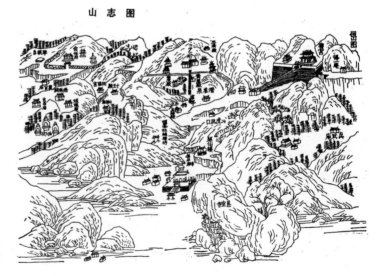

图 1-135 《恒山志》山志图
来源：《恒山志》标点组标点.
恒山志 [M]. 太原：山西人民出版社，1986.

图 1-136　旧岳庙布局图（寝宫）
来源：王宝库，王鹏．北岳恒山与悬空寺 [M]．北京：中国建筑工业出版社，2015.

于到达巍峨矗立的中心朝殿。

尽管旧岳庙的古代格局今已不复存在，但是其依山就势的巧思依然跃然纸上，比如整个建筑镶嵌在岩龛之内，形成正脊紧贴岩体，后坡瓦顶及后部垂脊和搏风板等完全被山崖所取代（图1-136）。飞石窟内三座建筑也充分利用了岩石的特性和自然地形布局建筑：梳妆楼位于寝宫以南，后土娘娘庙在寝宫以北。而论及浑源"飞石窟"，我们就不得不再次提及曲阳"飞石殿"。毫无疑问，二者均是"飞石传说"神话叙事之中的重要角色。据称浑源在马文升奏请移祀浑源的第二年，浑源即发现了"飞石窟"，大同知府间铚特别题刻"飞石窟"，作《飞石窟记》。嘉靖中期以后，这个迂诞之说不攻自破，飞石窟也重回道教叙事题材之中。[①]

我们不妨对比一下新旧岳庙，即浑源恒山上的寝宫与朝殿的核心建筑形制特征：

寝宫坐东朝西，面阔三间，进深两间，重檐歇山顶，前檐与左右两侧三面出廊，殿顶施黄琉璃瓦脊兽，绿琉璃瓦剪边。殿身耸立于半米高的石砌平台上，中施三阶垂带踏道，三面廊柱露明。朝殿则为面阔五间，进深三间，单檐歇山顶，黄、绿两色琉璃瓦覆盖，施三彩琉璃脊饰。殿身坐落在0.2m高的台基之上，前有石栏围护、单步檐廊，两侧置歇山回廊。由此可见，建造年代较早的寝宫略逊于后建朝殿的等级设置，前者充分体现了因地制宜的营建思路，后者则更强调北岳庙的崇隆地位。

① 张琰. 质于图志——明清图志中北岳的历史想象[C] // 第三届中国地方志学术年会暨两岸四地方志文献学术研讨会，2013：208-230..

图1-137 北岳行宫太
贞宫
来源：华声论坛·三晋大
地《天下第一宫——浑源
北岳行宫》，作者"蓝色琴
弦"，见：http://bbs.voc.
com.cn/topic-73046-1-1.
htm1http://bbs.voc.com.cn/
topic-73046-1-1.html

（二）浑源城北岳行宫

北岳行宫因其创建年代较晚而被世人所忽略，其实，北岳行宫也属于整个北岳祠庙体系的重要组成部分。北岳行宫位于浑源古县城内南关街，为县级文物保护单位。有人认为根据唐贞观十九年（645年）"天下第一宫"碑刻可以确定其创建年代为唐，实则谬误。史载下祠均指上曲阳之北岳庙，浑源城的这座行宫的建造年代最早不过明末，现存建筑年代更晚。北岳行宫主体建筑坐北朝南，现存两进院落，中轴线建太贞宫和后宫，侧建配殿一间。太贞宫面宽三间，进深四椽，单檐硬山卷棚顶，五檩前廊式构架，檐下设龙首、异形栱等装饰，墀头砖雕吉祥图案（图1-137）。后宫规模、形制基本与太贞宫相近。[①]

（三）恒山悬空寺

悬空寺声名大噪并不是借光于北岳与北岳庙，而是因为其精妙绝伦的建造技术而成为"恒山第一景"。当地世代流传着"悬空寺，半天高，三根马尾空中吊"的民谣。《浑源州志》载："悬空寺在州南恒山写下磁窑峡，悬崖三百余丈，崖峭立如削，倚壁凿窍，结构层楼，危楼仄蹬，上倚遥空，飞阁相通，下临天地，恒山第一景也。"[②]反倒是说现在的北岳恒山借了悬空寺的光也并无不可。

明代诗人王栈初登悬空寺时，不禁发出了"谁凿高山石，凌虚构梵宫"的疑问；

---

① 国家文物局.中国文物地图集·山西分册，中[M].北京：中国地图出版社，2006：127.

② （清）张崇德纂修.浑源州志[M].乾隆二十八年刻本.

郑洛在诗篇开端也曾提问:"石壁何年结梵宫?"那么悬空寺的建造年代到底是什么时候呢?[①]

学界大抵有两种说法:一是清人陆寿名《续太平广记》认为建于汉代,原因是汉武帝于壁上凿孔架空中楼阁;二是建于北魏后期,即崇虚寺。以上两种说法都需要验证:前者清人述汉代事未必可信;后者则需要验证"古桑干"与"岳山"的位置,由此才能根据《魏书·礼志》记"可移于都桑干之阴,岳山之阳"的记载确定崇虚寺的迁建之所。然而这两种说法或许都不够直接,厘定悬空寺初建年代的关键在于明确寺庙建造的性质和动因。

正如悬空寺内现存金大定十六年(1176年)《游记碑》所言:悬空寺建筑"桥栈颇若巴蜀之道"。那么,寺庙的建造年代会不会与此地开通交通线路的年代相关?北魏之际,平城西南最重要的直道建设莫属"灵丘道"。作为沟通平城与洛阳、雁北山地与华北大平原的动脉,灵丘道(又称"莎泉道")在这一时期的重要性不言而喻。

灵丘道北起平城(大同),越桑干河,翻石铭陉(浑源牻风岭),经温泉宫(浑源县汤头),过灵丘,抵恒山上曲阳(曲阳县)。文献虽无关于灵丘道经行金龙口的记载,但是《水经注》中却存在对石铭陉(牻风岭)的记载。从现代地理学来观察,惟有金龙口是灵丘道沿御河东南行进入灵丘盆地几乎唯一的襟喉,舍此要害则无其他佳选。悬空寺的创建年代应在北魏开拓灵丘道以后。今灵丘觉山寺南唐河东岸尚存上下两排栈道凿孔[②];1980年代,罗哲文先生也发现了在浑源段河道上方,有一字排开的两排方形石孔栈道,两处凿孔可能均与灵丘道有关。在金龙峡谷另一侧与悬空寺遥相呼应也可见一排栈孔,只不过区域性地质滑坡导致孔洞不再,实属可惜。

除了交通线路外,我们还需要关注浑源县城与建筑的营建情况。根据城关镇(即今浑源县城)内的遗迹来看,金代浑源城已有较多人口聚集。始建于金代的圆觉寺虽经火毁,但仍存金代圆觉寺塔及主殿元代遗构;元代永安寺建筑群与文庙大成殿亦是此地繁荣的明证。浑源古窑在金元时期是区域的手工业中心,浑源之于区域的重要性进一步提升。这一时期在悬空寺开展修建亦很有可能。

当然,归根结底,真正奠定浑源城地位的事件是"恒山北迁",现存悬空寺的创造性、规模性修建大抵也始于这一时期。悬空寺的价值既在于其选址、空间营造以及建筑技术的精妙,也在于始建年代之久远,伴随古道、城市建设历史之绵长。

---

① (清)张崇德,等. 恒岳志[M]. 清顺治十八年刻本.
② 大同文史资料第25辑灵丘县专辑[M]. 大同市政协文史资料委员会灵丘县政协委员会,1995:89-90.

1. 悬空寺的险峻选址

唐峪河深切恒山形成"V"字形金龙峡河谷，峡谷两岸地层下部是寒武纪页岩，间夹薄层泥灰岩、砂岩以及砾岩，中上部是鲕粒灰岩，间夹竹叶状、蠕虫状及砾屑状灰岩及泥灰质页岩。[①] 石灰岩较页岩结构致密、更加坚固。垂直裂隙较少发育，悬空寺位于两层斜向层理之间，相对薄弱的岩性使其兼顾良好加工性的同时，又能坐于下层发育的稳定岩体之上。因此，山体中部的石灰岩是悬空寺址的上佳之选。石灰岩露头层理面曲折凹凸，选址于金龙峡谷西南峭壁的内凹弯曲半山腰处，则使庙宇有效避开了西北寒风的侵袭和长时间日照。再加上建筑所在的标高远高于地下水所能达到的高度，岩体较少受风蚀、水蚀的影响（图1-138）。

这些特点保证了寺庙基础的稳定。由于身处崖壁内凹处，即便大雨倾盆，寺顶岩石额突也可为寺窟挡雨。这时，庙前水帘曼妙，整体犹如仙境（图1-139）。

2. 悬空寺的巧妙布局

悬空寺的布局巧妙。庙宇依岩壁而建，呈南北走向多层次布列，建筑高低错落，形式多样，殿窟相连，曲折回环。悬空寺呈"一院两楼"般布局，总长约32m，楼阁殿宇40间。悬空寺的总体布局有寺院、禅房、佛堂、三佛殿、太乙殿、关帝庙、鼓楼、钟楼、伽蓝殿、送子观音殿、地藏王菩萨殿、千手观音殿、释迦殿、雷音殿、三官殿、纯阳宫、栈道、三教殿、五佛殿等。南北两座雄伟的三檐歇山顶高楼凌空相望，三面的环廊合抱，六座殿阁相互交叉，栈道飞架，顺岩壁走向布局，最终曲折形成闭环回路。立体的复杂交通成为精巧布局的骨架。

进入寺门后，悬空寺交通分为四层，主体建筑层高之差的锐角恰为下部石灰岩层理倾角。但是，也正因为发育层理的倾角，在悬空寺的尽头又有半层加高，因此，悬空寺院落的总体层高为四层半，显示了对建设环境的创造性、适应性利用。交通兼顾内、外两套路线，尤其是在水平方向延展的同时实现了高度的变化，整组建筑错落有致（图1-140）。

3. 悬空寺奇奥的营造技艺

正如崖壁上赫然写着的"公输天巧"——探究悬空寺的建造过程无疑是令人着迷的。

有人觉得悬空寺是从翠屏峰搭绳索降下悬空作业而成的，然而崖顶距建筑太远，

---

① 赵晓晨. 恒山[J]. 地球，1986（2）：24-16.

图 1-138　悬空寺的选址
来源：张剑葳摄

图 1-139　悬空寺崖面与建筑的关系
来源：张剑葳摄

图 1-140　悬空寺的栈道
来源：赵雅婧、张剑葳摄

图 1-141　悬空寺木构与崖壁的交接关系　　图 1-142　悬空寺悬臂梁的孔洞遗痕
来源：赵雅婧摄　　　　　　　　　　　　来源：赵雅婧摄

恐怕不可行。悬空寺距下方湍急河流约60m高，从河滩搭建脚手架的方法也不可行。那么应该如何施工呢？

　　从现场观察来看，悬空寺运用了古代修筑栈道的原理，从低往高，逐级凿壁，将木梁安插楔入崖壁成为悬臂梁（类似膨胀螺栓的原理），每两根悬臂梁上可以搭木板成为平台。按照这个方法逐级升高，在崖壁上延伸，渐次建成。木框架结构传递下来的重量落于悬臂梁上，悬臂梁在崖壁内的埋置深度一般都在梁长的2/3左右，保证悬挑部分的稳固（图1-141、图1-142）。主体建筑尽可能依靠利用崖壁突出的小平台或接近崖壁处，以减小悬臂梁的荷载。

悬空寺是木榫卯结构的代表，既然靠悬挑出的梁承重，那么，今日所见寺庙之下的若干单薄纤长的立柱又有何用（图1-143）？其实，虽然它们在极端情况下能起到辅助支撑的作用，平时起到的作用比较

图1-143　悬空寺悬臂梁下的纤细木柱
来源：张剑葳摄

有限，但它们却提示、加强了建筑悬空的视觉效果：如此复杂的建筑组合仅有这些高挑纤细的立柱支撑，在观者看来，这无疑增加了心理上的危悬性——寺庙的"悬空"特点跃然而出。或许，这正是"悬空"的奥义。

徐霞客游历名山大川，来到恒山下仰望悬空寺，"仰之神飞，鼓勇独登"，鼓足勇气才敢攀登，不禁叹服悬空寺和岩石崖体互相成就的关系，实为天下独一无二的巨观：

"崖既蠹削，为天下巨观，而寺之点缀，兼能尽胜。依岩结构，而不为岩石累者，仅此。"[1]

---

① 徐霞客.徐霞客游记校注[M].北京：中华书局，2017：135.

第五节　南岳衡山

一、衡山：一山二辅

因为"塞下秋来风景异，衡阳雁去无留意"，故而悉知大雁南飞至衡山之阳，便需北归。世传"衡阳雁断"之说，是古人对九州南界的认知表达，而"衡阳雁"的意象也在文人墨客的笔墨之中，倾吐着归思。潇湘八景图之"平沙落雁"所绘情状便是"衡阳客"的思归之心（图1-144）。

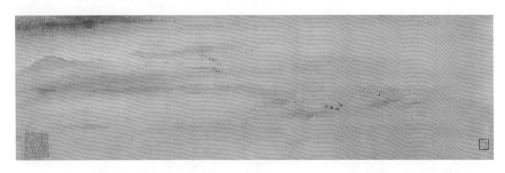

图1-144　（宋）牧溪，平沙落雁图（115.3cm×33.1cm）
来源：日本出光美术馆藏

自古以来，南岳标定的地理观南界因时而变。顾颉刚谈到先秦时期边界认知之时便已涉及四岳。[①]在魏晋时期的道教符图《五岳真形图》中，东西北中四岳均无异议，唯独南岳衡山"独孤峙而无辅"，故而皇帝命"霍山、潜山为储君"。《洞玄灵宝五岳古本真行图》中标明了衡、霍、潜三山位置（图1-145），换句话说，以上三者，在古代都有可能惯称"南岳"。不同的南界观念实则反映了汉唐之间国家祭典、经学以及道教社会思潮复杂开放的互动关系。先秦西汉之际，衡、霍一山二名，即南岳天柱山。至迟汉末三国，衡、霍分指二山。此时，官方认定的北岳仍在天柱小霍山，比如郭璞曾明确称小霍潜山为南岳，再比如汉武帝甚至移祀小霍潜山。不同于南岳潜山说，郑玄等人认为上古南岳本应在衡山。魏晋时期，主流经学学者沿袭郑说，自此，南岳衡山反倒成了魏晋时期的主流认知，这也奠定了后世对南岳的认识。魏晋时期，

① 顾颉刚《四岳与五岳》，见：王煦华. 古史辨伪与现代史学：顾颉刚集[M]. 上海：上海文艺出版社, 1998：308.

图1-145　洞玄灵宝五岳古本真形图

来源：孙齐.《五岳真形图》的成立：以南岳为中心的考察[C]//述往而通古今，知史以明大道——第七届北京大学史学论坛论文集，2011.

图1-146　（同治）六安州城与天柱山位置图

来源：（清）李懋仁纂修.（雍正）六安州志[M].清雍正七年刻本.

京师及江东数郡一道教派别又以晋安霍山为南岳。刘宋时期，道士徐灵期为了调和衡山、霍山、潜山三种不同的南岳观念，提出了南岳储君一说，这一学说为今本《五岳真行图》所继承。

那么，古代衡、霍、潜三山今居何处？

汉魏所述南岳是今淠河安徽六安市域霍山，古称潜山、天柱山，时而兼称衡山（图1-146）。《史记》载汉武帝"登礼潜之天柱山，号曰南岳"。[1]唐李贤又注南朝刘宋范晔所撰《后汉书·袁术传》潜山为"潜县之山也"。[2]《汉书·汉武帝纪》盛唐山亦可佐证霍山的位置："元封五年冬，行南巡守，至于盛唐，望祀虞舜于九嶷，登潜天柱山。"[3]盛唐山即安徽六安武陟山，潜天柱山即今霍山。徐旭生先生补充认为《尔雅》所言"江南衡"即为此安徽霍山。[4]

南岳衡山在魏晋时期成为主流认识。南朝刘宋时吴郡人徐灵期在《衡山记》中划

① （汉）司马迁.史记[M].北京：中华书局，2003：480.
② （南朝宋）范晔撰，（唐）李贤注.后汉书[M].北京：中华书局，1965：2443.
③ （汉）班固撰，（唐）颜师古注.汉书[M].北京：中华书局，1962：214.
④ 徐旭生.中国古史的传说时代[M].桂林：广西师范大学出版社，2003：58.

定了衡山山脉的范围："山有七十二峰，回雁为首，岳麓为足。"①开头文述落雁之地正是衡山南端的回雁峰。魏源在《衡岳吟》中感叹"恒山如行，岱山如坐，华山如立，嵩山如卧。惟有南岳独如飞，朱鸟展翅垂云大。四旁各展百十里，环侍主峰如辅佐。"②至于"晋安霍山"的南岳说法，因其影响力有限，文暂不述。

二、霍山（古潜山）南岳庙

民国时期，南岳庙位于南岳山顶，清《霍山县志》称"南岳神祠"。据当地人描述，位于海拔405m的南岳山顶，原建于汉代的南岳祠，现由赵朴初题写。其西门楼留存石刻"汉帝敕封"，清人于右任题额正门"小南岳"。庙内有前殿、后殿、三宫殿、观音殿，多为民国时期翻修（图1-147）。此外，庙内尚可见明万历十年（1582年）等八块碑，原唐碑、元碑及明进士吴兰碑等今已不存。③

光绪《霍山县志》所见霍山县城图可见南岳庙（图1-148），绘其位置在"通济"之后④；雍正《六安州志》载，其坐落于"西十字街，南岳庙前"⑤。不过，彼时汉武帝

图1-147　霍山南岳神祠
来源：六安市人民政府网－六安市情－旅游篇，http://www.luan.gov.cn/zjla/lasq/lyp/index.html

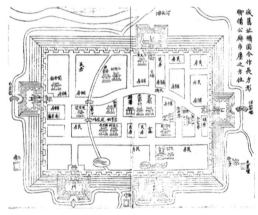

图1-148　（同治）霍山县城南岳庙位置图
来源：（清）秦达章修.（清）何国佑纂.（光绪）霍山县志[M].清光绪三十一年刊本.

① （清）李元度纂修.（民国）王香余，欧阳谦增补.（民国）王香余续增，刘建平点校. 南岳志[M]. 长沙：岳麓书社，2013：49.
① （清）李元度纂修.（民国）王香余，欧阳谦增补.（民国）王香余续增.刘建平点校.南岳志[M].长沙：岳麓书社，2013：141.
③ 政协霍山县文史资料委员会. 霍山文史资料选辑 第1辑[M]. 合肥：安徽人民出版社，1992：128.
④ 秦达章修.（清）何国佑纂.（光绪）霍山县志[M].清光绪三十一年刊本.
⑤ （清）李懋仁纂修.（雍正）六安州志[M].清雍正七年刻本.

登临山岳，遥寄南岳的起点并非今日霍山县城，而是汉代的六安城，原称潜县县城。汉代潜县城的今址位置有两种可能：一是六安西古城遗址，又名白沙城，是周代六国国都以及汉英布九江王及淮南王的王都。该城址可能是汉魏六安治所之所在，当时亦称盛唐。二是今霍山县玉带桥村西古城。光绪《霍山县志》载，古城"在西关外即古潜县"。[1]虽有盛唐山（今称武陟山）作为佐证，但是，若要确定汉代的登临起点，则要期待考古发掘呈现更多的信息。

安徽六安境内还有一个地名与南岳相关——河西裕安区存南岳庙村，村西南100m存明代五塔寺塔基遗址。南岳庙村由原南岳庙村与潘家楼村合并而成，中心区域仅由新旧两街组成，笔者推测此地是后世敬香南岳所经之集市。

三、衡山南岳庙

（一）衡山县城南岳行祠

在讨论南岳庙之前，需梳理清楚与南岳相关的城市变迁。相较霍山县（潜县），衡山县行政建制的变迁过程是清楚的。既然魏晋时期，南岳衡山成为主流认知，我们只需要重点关注魏晋以降衡山山下城市营建的情况。三国时期，衡阳蜀吴易主，吴之衡山所属衡阳郡（县）治今永和乡。晋改衡阳县为衡山县，隶属衡阳郡。南北朝至隋初，衡山县所属上级行政区划有易动，直至开皇九年（589年）才移治原湘西县城（今株洲市淦田）。大业六年（610年）辖今衡山县迁治于白马峰下（今衡山县开云镇环溪村一带），唐神龙三年（707年）又因水患改迁白茅镇，自此，该治所延续至今。

明弘治《衡山县志》载："南岳行祠在县治东北开元岭，久废，正统十年（1445年）县丞方绅重建，便民祈祷。有司朔望于此行香，久而颓散。弘治元年（1488年），知县刘熙劝南京商人王俊白金六十两余，益加措置，增创正殿五间、拜厅五间，比旧加倍。"[2]

由此可知，衡山县城内南岳行祠并非世人默认的南岳大庙，今人所指湖南省衡山脚下的南岳镇南岳庙才是南岳大庙。

（二）衡山南岳大庙

南岳庙自隋代移建山下，天宝五年（746年）便以王宫规制建（图1-149）。宋大

---

① （清）秦达章修.（清）何国佑纂.（光绪）霍山县志[M].清光绪三十一年刊本.

② （明）刘熙修.（明）何纪纂.（明）周镗续纂修.弘治衡山县志[M].民国13年铅印本.

图 1-149　南岳大庙航拍图
来源：高勇摄

中祥符年的改建标志着第二个发展阶段的开始。第三个阶段明代具体又经历了成化重修、万历扩建。至第四阶段，清代康熙和光绪两次重建奠定了现存规模。

　　以开元十三年（725年）火灾后庙易山下的第一个阶段结束为标志，二十年后，唐玄宗首封南岳真君为司天王，庙制按王宫规模增修。此次扩建的具体形制未见于历史记载，然而，韩愈路过南岳作《谒衡岳庙遂宿岳寺题门楼》，文载大庙建筑彩画具有一定的规模，那么，整体的建筑规格应该也与其相匹配。唐末李冲昭《南岳小录》记衡山建筑群以岳观为参考点，岳观前百余步有司天霍王庙，玄宗从谏如流又于岳观之东五十余步设真君庙（祠），这一时期的"品"字布局与宋代鼎盛崇隆的布局形成对照。

　　宋真宗加封南岳司天王为"南岳司天昭圣帝"，以景明皇后配祀，大殿北为后殿，礼部侍郎丁谓撰《南岳总胜集》"玉册文"详载其形制。自此，南岳庙进入其鼎盛时期。此外，随着南宋王朝居临安，五岳之中仅剩一岳，王朝将对天下的寄托安放于此，从而客观上导致南岳的崇隆，两宋之间的修复营建多次，"崇隆如初"似乎是

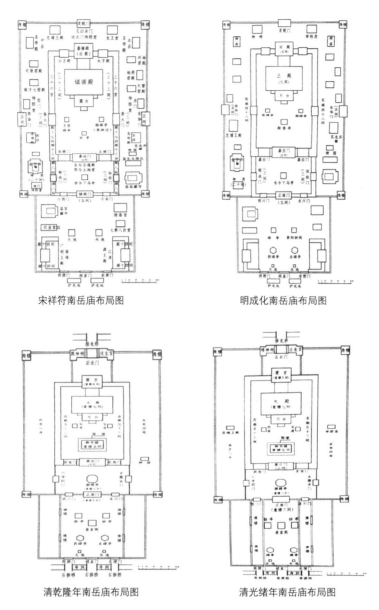

宋祥符南岳庙布局图　　　　明成化南岳庙布局图

清乾隆年南岳庙布局图　　　　清光绪年南岳庙布局图

图1-150　南岳庙布局变迁图

来源：湖南省南岳管理局.南岳衡山文化遗产调研文集[M].湖南省南岳管理局印制，2008.

不变的祈愿（图1-150）。

　　南宋绍兴、景定、淳熙年间，南岳庙数次遭火灾和重修，其体例大致未变。

　　元至元年间曾有元人作《重修南岳庙记》简述其布局，将正殿、寝殿、五门、廊屋等处修理一新。至元二十年（1283年）以后，元世祖忽必烈重建南岳庙并加封南

图 1-151　南岳庙大殿
来源：高勇摄

岳"司天大化昭圣帝"。

明代五岳封神，这一时期五岳庙的变化多依照其具体空间需求营建、修缮，南岳庙也进行了相应的调整（图1-151）。湖南巡抚金都御史吴琛修复南岳庙正殿九间，后殿五间，东西廊房九十六间，嘉应门三座，正南门一座，御香亭、御碑亭，宰牲房，神祠、神库各一座，根门一座，角楼四座，周围墙垣等。成化六年（1470年）的这次修缮奠定了留存至今的形制。此后，嘉靖、万历年间又有两次火毁与重修。除了传世建筑外，前者在正南门前增建了钟楼、碑亭，后者则纠正了元世祖为环境整修毁掉的文脉，更重要的是通过在岳庙北后门外修了一座石拱桥，名曰"接龙桥"，新开复水道（由集福碑右，历万寿宫左，跨东街，趋野南，汇于西），从而疏导了山上沟涧洪流，此后再无大水冲溜的危险。管大勋《修接龙桥记》描述："地脉融结，冈阜纡连，高可植万松，平可立万马，循行水道，形势不啻若天成焉。"[①]

明末清初战火纷纷，溃兵所到之处皆为狼藉。顺治五年（1648年），南岳庙第三

---

① （清）李元度纂修.（民国）王香余，欧阳谦增补.（民国）王香余续增.刘建平点校.南岳志[M]. 长沙：岳麓书社，2013：244.

重院落尽毁，谨身殿后宫满无存，惟中门以外不及于火。火势导致南岳圣帝神像移至嘉应门，后又移岳市城隍庙之后寮。直至同治十二年（1873年），圣帝神像才回归嘉应门。康熙四十四年（1705年）、雍正十一年（1733年）两度修缮。最终，乾隆十二至十四年（1747—1749年）的营建活动奠定了最终格局。南岳庙现存张凤枝撰《重修岳庙碑记》详记乾嘉时期的布局，正如《萝云荟萃》所绘南岳庙坐北朝南，前有寿涧水，后有朱明峰，正门绘有牌楼式建筑"棂星门"，左右为东西便门（图1-152）。门前题"文武官至此下马"。门内依此为水火池、碑亭两座、钟鼓亭、御香亭。第二进门为重檐歇山门楼，门洞设三，门楼左右设东西侧门，东西墙垣围合也设二门。门内为六角御碑亭。第三进门为嘉应门，正门门道有三，两侧设置旁门。门内有以独立墙院围合的御书楼，其后为正殿，后殿围合该进院落。最后是后北门，门东北为注生殿，西北为辖神殿，经北门可达朱明峰（图1-153～图1-158）。

同治湖南巡抚李翰章撰《重修南岳庙记》又载：

"大殿重檐七间，内外七十二柱。御书楼重楼五间，又前嘉应门五间，东西角门各三间，又东西寮房各四间，御碑亭重檐八方，又前正南门重楼三间，东西川门各一间，门前盘龙亭一座，左右钟鼓亭各一间，又前东西碑亭各一间，前棂星门，东西便门，大殿后寝宫重檐五间，又后左注生祠，右辖神祠各三间，祠旁宿房各一间，又后北门三间，自东西角门至寝宫，左右回廊共百有六间。自川门至北门周墙四隅角楼各一座，东角门左偏神厨三间。"[1]

这一时期的建筑布局基本承袭前段，尽管同治十二年大火曾烧毁圣帝殿，但是光绪六年（1880年）所记布局与前述布局无甚差别，基本上是今日所见格局。六次大火和十多次移建、重建、扩建，南岳大庙历经沧桑而生生不息。

现存南岳大庙从南到北用一条中轴线把主要的殿宇贯穿起来，从前到后共有八进九门、四重院落。四角的角阙历经重修已演化为角楼。庙南面开三门，东、北、西三面各开一门。南面三门中，正门下开三个门道，左右侧设门。庙墙之内分为三路，中路为主殿院，东西路现已发展为若干寺院，原位置已不可考。其中，嘉应门、角门木构较其他木构建筑年代偏早，东南角门内尚存早期彩画，砖石构建筑基址也保存了早于第四期遗存的特征。大庙正殿——圣帝殿规制最高，现存建筑重建于光绪五年（1879年）。

---

① （清）李元度纂修.（民国）王香余，欧阳谦增补.（民国）王香余续增.刘建平点校.南岳志[M].长沙：岳麓书社，2013：249.

图 1-152 《萝云荟萃》南岳庙图

来源：曹婉如，等. 《中国古代地图集》清代卷 [M]. 北京：文物出版社，1997.

据乾隆二十六年（1761年）编制的《萝云荟萃》载："南岳庙图一卷，为彩绘绢图。"《萝云荟萃》记载的图基本保存下来，现藏中国第一历史档案馆。

图 1-153　南岳庙棂星门
来源：高勇摄
南岳大庙第一进为花岗岩棂星门牌楼，该牌楼于民国时改建而成。

图 1-154　南岳庙魁星阁
来源：高勇摄
魁星阁位于南岳大庙第二进，又名"戏台"，是湖南省保存最完好的一座古戏台。十字门洞上设置三开间
重檐歇山建筑，戏台基座上有四个大铜钱孔，起扩声作用，是最原始的音箱。魁星阁两侧为钟鼓亭。

图 1-155　南岳庙御碑亭
来源：高勇摄

南岳庙御碑亭位于南岳大庙第四进，又称"百寿亭"，御碑亭檐板上有100个字体各异的"寿"字。正方形主体外接八角回廊，亭内立康熙皇帝撰写石碑《重修南岳庙碑记》，上刻"南岳为天南巨镇，上应北斗玉衡，亦名寿岳"等279字。

图 1-156　南岳庙玄苑
来源：高勇摄

图 1-157　南岳庙御书楼（1944 年摄）
来源：满蒙印画协会《东亚东印画辑（1944）》233 回第 4 张.
御书楼为南岳庙第六进，砖木结构，重檐歇山顶，四周绕回廊，前有丹墀，中嵌蟠龙。楼下原有御碑五块，现已不存。

图 1-158　南岳庙牌坊（1930 年摄）
来源：满蒙印画协会《东亚东印画辑（1930）》73 回第 8 张.
南岳庙的牌坊，上有圣庙二字，其下为"天下南岳"四字匾额。牌坊门内，一条石板路，形成商铺街巷。

四、衡山代表性建筑

（一）山顶祝融殿

唐人李冲昭《南岳小录》最早记述："本庙在祝融峰上。隋代迁移，废华薮观而建立，今祝融峰顶有古庙基存焉。"[1]今日香书与香客仍称祝融峰顶的祝融殿为老圣殿，以区别于赤帝峰前新圣殿。宋人陈田夫在《南岳总胜集》总序中载："且岳庙者，周秦以前，祠在祝融峰之上，礼秩比三公，汉唐封以王爵。"宋人记上古事虽不必尽信，但同书所言"庙本在视融峰上，隋氏迁下，便于祭祀。卜太真观而建。"这一易建过程却是可信的。[2]

今祝融山顶祝融殿又名天尺庵、老圣殿、圣帝殿。明万历二年（1574年）开祠以祭祀祝融。清乾隆十六年（1751年）修缮时才改今名。现存建筑基本为清代遗构，山门、正殿以及北厢房系硬山建筑，正殿殿基四周环绕唐宋以来碑刻四十余通（图1-159、图1-160）。

---

① 黄仁生．罗建论点校．唐宋人寓湘诗文集[M]．长沙：岳麓书社，2013：879．

② （清）李元度纂修，（民国）王香余，欧阳谦增补，刘建平点校．南岳志[M]长沙：岳麓书社，2013.

图 1-159 祝融峰老圣殿山门
来源：搜狐游记《雨游南岳览衡山的人文景韵》，作者"秋风无痕人有忆"，https://www.sohu.com/a/320069245_100486

图 1-160 祝融峰圣帝殿（2008 年）
来源：360 百科，祝融殿 https://baike.so.com/doc/5025663-5251700.html

正殿面阔三间，使用石柱石墙，屋顶铺铁瓦。铁瓦既为了抵抗山顶大风，也方便将信众的捐赠铭铸于上。

（二）南岳五大丛林

从禅宗系谱的开创、传播来看，南岳衡山是佛教禅宗传扬的关键地区，慧能南宗禅主张顿悟渐修，与北宗为了渐悟而渐修相映生辉。禅宗南宗自六祖慧能之下，有南岳（怀让）、青原（行思）、南阳（慧忠）、永嘉（玄觉）、菏泽（神会）等。但后来实际传承下来的只有南岳、青原二系。[1] 南岳五大丛林——上封寺、祝圣寺、福严寺、南台寺、大善寺正是南派禅宗源远流长的见证。

祝融峰下的上封寺初名"光天观"。隋大业炀帝敕建上封寺，今存建筑多为清同治重修，1998年又对已有布局进行了调整。中轴线上依次为牌坊、前殿、大雄宝殿、方丈堂（图1-161）。

祝圣寺位于南岳镇东街，近南岳大庙，是今南岳佛教的活动中心，南岳佛教协会驻地。据《南岳总胜集》记载，唐高僧承远创建弥陀寺，虽经毁弃，又在旧基之上兴建报国寺，后称胜业寺，宋代一度改为道教神霄宫。明代屡有修葺，康熙年间先改为行宫以迎圣驾、后又为庆贺皇帝寿辰，地方官员奏请改名祝圣寺，颁《龙藏》。中轴线现存照壁、山门、天王殿、大雄宝殿、说法堂、方丈室，两侧有附属建筑，院落后部为僧塔墓（图1-162、图1-163）。

福严寺坐落于掷钵峰下，是湖南省重点文物保护单位。南朝天台宗二祖慧思和尚

---

① 刘文英. 中国哲学史[M]. 天津：南开大学出版社，2012.

图 1-161　上封寺山门
来源：高勇摄

图 1-162　祝圣寺山门
来源：高勇摄

图 1-163　祝圣寺圣帝殿
来源：高勇摄

始建福严寺，初名"般若寺"，藏唐太宗御赐梵经五十卷。后唐时期，禅宗七祖怀让和尚将此辟为道场，开创了南岳派"顿悟成佛"之说，因此又有"六朝古刹，七祖道场"之称。怀让和尚下传四代，又创临济宗，因名满天下又提额"天下法院"（图1-164）。北宋时期改称今名，现存硬山顶建筑为清同治十年（1871年）重修，中轴线尚存山门、客堂、岳神殿、大雄宝殿、方丈室、祖堂等。[①]

南朝梁天监年间始建南台寺，天宝年间开辟为禅宗道场，乾道元年（1068年）

① 湖南省南岳管理局.南岳衡山文化遗产调研文集[G].湖南省南岳管理局印制，2008：124.

图1-164　福严寺山门
来源：马蜂窝－南岳区－福严寺图片，http://www.
mafengwo.cn/photo/poi/5435208_445397084.html

重建，现存建筑为光绪时期恢复，建筑群内主要有山门、天王殿、大雄宝殿、方丈室、藏经楼等（图1-165）。南台寺高僧石头希迁至此传法，其法裔开创了南禅曹洞、云门、法眼三宗，今日本佛教曹洞宗仍视南台寺为祖庭，号称"天下法源"。[1]

　　大善寺位于南岳古镇北支街。该寺始建于南北朝，为陈慧思禅师传道之地，后毁。唐初重建，宋元时兴废情况不明。明末毁于火，光绪二十三年（1897年）重修并扩建。现存建筑群包括山门、天王殿、偏殿、大雄宝殿、藏经阁、方丈室、寮房、库房、斋堂等。寺内原有明桂王所施大铜钟一口，藏经一部，清光绪二十六年（1900年）曾出土玉佛一尊，均已流失，尚存宋宝庆年间石制长形水缸一口，上刻"古春"二字（图1-166）。[2]

　　除了南岳五大丛林，衡山的书院建筑也影响甚广。相较嵩阳书院与泰山书院，南岳岳麓书院独步天下。宋代理学的集大成者朱熹在钻研《中庸》要义时不得其解，偏逢恩师李侗仙逝，所以踏上了寻访岳麓书院山长张栻的旅途。张、朱二人从山麓启

①　湖南省南岳管理局. 南岳衡山文化遗产调研文集[G]. 湖南省南岳管理局印制，2008：124.
②　同上：43.

图 1-165 南台寺
来源：南岳佛教网名山古刹——《南台寺》，http://www.nanyuefw.com/nyfjw/6/content_2462.html

图 1-166 大善寺山门图
来源：凤凰网《南岳大善寺 坚持过午不食的比丘尼道场》，https://fo.ifeng.com/tupian/detail_2015_02/22/40585398_3.shtml

程，发起以南岳七十二峰为馆阁的"南岳唱酬"。朱子在《东归乱稿序》一篇中回望南岳的旖旎风光："若夫江山景物之奇，阴晴朝暮之变，幽深杰异，千态万状，则虽所谓百篇犹有不能形容其仿佛，此固不得而记云。"[①]

（三）山道景观

南北朝时，徐灵期在《衡山记》中划定了衡山山脉的范围："回雁为首，岳麓为足。"凡在这个范围内的山峰都属于衡山山峰，只不过后世将徐灵期划定的七十二峰由虚指变成了实数，山峰的命名历代也有所易动。

根据方位特征，将衡山山脉分为前后左右四区，重要建筑景点四条进山登顶道路：韩愈、徐霞客所行前山（东侧）道路、曾国藩所行后山（西侧）道路、王夫之所行南线道路、紫界峰所经宋禹王碑道路。[②]

---

① 曾枣庄，刘琳. 全宋文[M]. 成都：巴蜀书社，1994：303.
② 湖南省南岳管理局. 南岳衡山文化遗产调研文集[G]. 湖南省南岳管理局印制，2008：53-54.

前山的进山道路层序清晰，置身于四层阶梯的建筑群组是点睛之笔，充分体现了以山岳为中心的整体规划理念。该道始自湘江离岸，首先拜谒第四阶梯的南岳大庙。跨西涧行至神舟祖庙，由此步入第三阶梯。山内庙观散点布局，经忠烈祠、延审庙至玄都观。继续前行便是第二阶梯——登顶的序章：竹林道院、邺侯书院、铁佛寺、丹霞寺、湘南寺、祖师殿布置节奏分明。随着南天门跃然目及，登临南岳的高潮奏响，行经上封寺便至衡山的最高峰——祝融峰。自最高处祝融峰到狮子岩，再至半山亭、忠烈祠，每一级高度差皆为30m，最后至山麓的岗台地，海拔仅20余米。登临衡山的前山道路还保存不少花岗岩古道遗存，沿途摩崖、石刻琳琅满目。

后山山坡较缓，不见四层阶梯。后山登顶道路起自双峰石坳，经山脚老龙潭，上至报信岭法雨禅寺（俗称老五岳庙）、半山亭、会仙桥，然后登顶祝融峰。沿途存宋景定壬戌摩崖石刻，由此推断，至迟宋代，继前山道路之后，该道正式开通。王夫之所行南线道路继之而起。此段道路的起点是衡阳县城，该段山路需先蹚湃水，过大坳下龙虎山至方广寺、福严寺，再经天柱峰藏经殿、西福庵至南天门下。王夫之避难于此著书立说，长达十年，此道崎岖却寂静。至于紫界峰道路，林草丛深，已是人迹罕至。《南岳全图》中还标示了自衡山县城曲折的上山路径，研究者应予以此道更多的关注（图1-167、图1-168）。

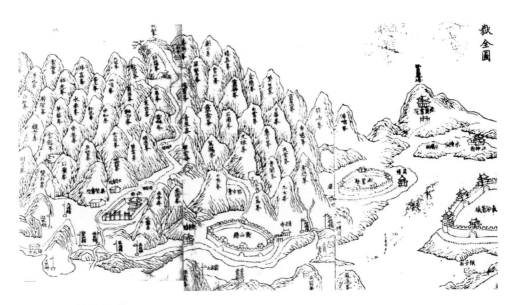

图1-167　《南岳全图》

来源：（明）刘熙修．（明）何纪纂．（明）周镗续纂修．弘治衡山县志[M]．民国13年铅印本．

图 1-168　国家图书馆藏《南岳全图》（局部）

来源：饶权，李孝聪．中国国家图书馆藏山川名胜舆图集成·第四卷：山图·五岳、佛教名山 [M]．上海：上海书画出版社，2021：770，771．

画卷沿湘江自北向南展开，描绘了从省城长沙到衡州府的南岳诸峰的情况。南岳庙在画面中的比例显然被放大了。登山道非常清晰地一路描绘到南天门、祝融峰。

　　衡山自然景观与人文景观交相辉映，相得益彰。衡山区域的地貌包括花岗岩山峰（有峰峦、峰墙、峰丛、峰柱、残峰等）、崩塌堆积地貌（如石门、石桥、石洞、石堆、石河、错落体等）、花岗岩水蚀地貌（石槽、石脊、石臼、石盆、石潭、穿洞等）等。其中，花岗岩石蛋地貌是花岗岩球状风化所形成的独特景观，除了有规模巨大的狮子岩、皇帝岩，还有金蟾拜月、飞仙石等中小型石蛋。

　　衡山的游线规划充分体现了古人对阶梯状山地地貌的透彻认识，上文所述前山道路上的建筑布置正是充分利用了这一特性（图1-169）。在断裂和间歇性抬升运动构

造的影响下，此地形成了断块山。该地貌单元内，以各主峰山脊线为主体，呈现出中间高、四周低的阶梯状。海拔1000m以上的紫盖、祝融、天柱、祥光、观音、石廪诸峰连成近10000m的脊线，由此形成了东北—西南走向的第一级阶梯。山脊线东西两侧，掷钵峰、天堂峰、天台峰等山峰自北向南排列着四五行海拔在700～800m的东西向平行山脊线，这构成南岳第二级阶梯。在第二级阶梯的外侧，紫云峰、香炉峰、狮子峰等沿着平行山脊向东西延伸，形成一系列400～500m高的山脊峰，构成了南岳第三级阶梯。在山体四周的山麓，大量的花岗岩、变质岩及紫色砂页岩的风化

图 1-169　衡山建筑分布示意图

来源: 衡阳市南岳区文化旅游体育广电局.南岳衡山全域旅游导览图[M].长沙:湖南地图出版社,2020.

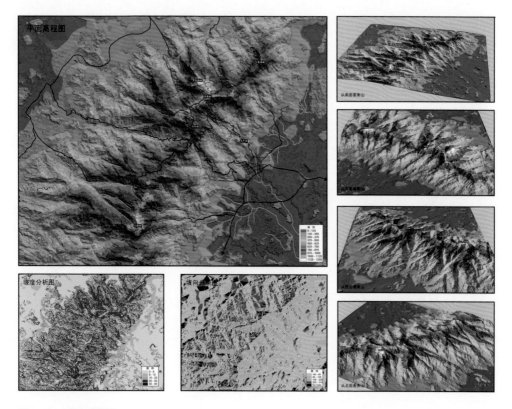

图 1-170　衡山地貌图
来源：中国城市规划设计研究院风景园林规划研究所《南岳衡山风景名胜区总体规划（2003—2020）》

物组成了红色丘陵、岗地，海拔在150~200m，丘陵、岗地构成了衡山的第四级阶梯（图1-170）。[①]

　　唐乾元年间，李白为《与诸公送陈郎将归衡阳》一篇撰序："衡山苍苍入紫冥，下看南极老人星。回飙吹散五峰雪，往往飞花落洞庭。"[②] 杜甫随其后，于唐大历年间，出瞿塘、下江陵、泊沅湘，以登衡山，落笔成文《望岳》诗篇："祝融五峰尊，峰峰次低昂。紫盖独不朝，争长葇相望。"

　　而今登临，这群"南天柱石"环列拱卫主峰祝融峰，一如朱鸟展翅态势，渐次攀缘，亦有飞升之感。

---

① 陈文光，彭世良，江涛. 南岳衡山花岗岩地貌特征[M]//中国地质学会旅游地学与地质公园研究分会第22届学术年会，2007：377-380.
② （唐）李白. 李太白全集[M]. 北京：中华书局，1957：851.

第一节　青城山

一、青城山：从"五岳丈人"到天师洞府

青城山位于四川省都江堰市西南15km处。青城山是邓崃山脉的前山带，龙门山脉西南延伸部分，光光山海拔4582m，都江堰宝瓶口海拔726m，相对高差悬殊，大起大落，形成一系列断裂褶皱的山峰，千姿百态，幽深莫测。山内林木葱郁、四季常青，峰峦、溪谷皆掩映于繁茂苍翠的林木之中，所以自古就有"青城天下幽"的美誉（图2-1）。

青城山是中国道教十大洞天之第五洞天。"山高三千六百丈，屹然

图 2-1 《天下名山图》中的青城山图
来源：（清）天下名山图.版画61帧.

三十六峰，罗列一百八景，曰宝仙九室之天。"①青城山历来有道风仙气，传说轩辕黄帝曾访道青城山，拜仙人宁封子为师，居青城山修道。青城山在传说中地位很高，甚至在五岳之上。彭洵《青城山》引《青城甲记》云："黄帝封青城山为五岳丈人，乃岳渎上司，真仙崇秩，一月之内，群岳再朝。"

公元前2世纪，青城山被秦王列为国家祭祀的山川圣地。公元143年，道教创始人张道陵（原名张陵）来青城山传道，用先秦"黄老之学"创立了"五斗米道"，即"天师道"。张道陵"羽化"山中，青城山成为历代修仙者隐居、修炼之地。现今青城山中还有天地日月石刻、天师坛等遗迹。三国时期有李阿居青城山修道，号"八百岁公"。魏晋时期有著名道士范长生移居青城山，成为天师道的首领。他帮助李雄建立成汉政权，蜀中一时安定繁荣，天师道成为成汉政权和蜀民的精神支柱，在民众间进一步发展。

隋唐之际，统治者对道教的扶持使青城山道教进入了繁盛时期。唐僖宗封青城山为希夷公，亲草祭文，命青城山修灵宝道场周天大醮，设醮位2400个。从山下长生宫至山顶上清宫，上山的途中建有数十座道观庵堂。这一时期有著名的道士李珏、赵元阳、罗公远等人。青城山原名"清城山"，唐玄宗为了解决常道观和飞赴寺道佛产权的纠纷，下令改"清城"为"青城"，随后青城山之名沿用至今。9世纪晚期，道教学者杜光庭对各派道法进行深入研究，圆融各派，被道教界称为"扶宗立教，天下一人"。

北宋时期，三十代天师张继先曾来此追寻张道陵传道遗迹，在常道观再兴天师道脉。至明代，青城山道教多属于正一道。明末张献忠起义后，正一道衰弱，许多宫观建筑先后被废。直到清康熙时期，武当山全真龙门派道士陈清觉来青城山传道，开坛收徒，修葺宫观，自此全真龙门派在青城山发展起来。

青城山上的建福宫始建于唐代，现存建筑为清代光绪年间重建，规模颇大。建福宫内有大殿三重，分别奉祀道教名人和诸神，殿内柱上394字的长联，被赞为"青城一绝"。张道陵曾经居住的天师洞中有"天师"张道陵及其三十代孙虚靖天师像。现存殿宇建于清末，规模宏伟，雕刻精细，并有不少珍贵文物和古树。天然图画坊位于龙居山牌坊岗的山脊上，是一座十角重檐式的亭阁。这里风景优美，游人到此仿佛置身画中，故将其称为"天然图画"。除了保存完好的宫观建筑，青城山内还保存着隋代石刻张道陵天师像，唐代开元神武皇帝敕书碑和唐代三皇造像等珍贵文

---

① 龙显昭，黄海德. 巴蜀道教碑文集成[M]. 成都：四川大学出版社，1997：424.

物、道教经典。这些文物古迹对深入研究中国古代的道教哲学思想，有着重要的历史和艺术价值。

2000年，青城山与都江堰被列入《世界遗产名录》。世界遗产委员会评价：青城山是中国道教的发源地之一，属于道教名山。全山的道教宫观以天师洞为核心，包括建福宫、上清宫、祖师殿、圆明宫、老君阁、玉清宫、朝阳洞等十余座，这些宫观建筑是道教文化传承的重要载体。它们充分体现了道家追求自然的思想，一般采用按中轴线对称展开的传统手法，并依据地形地貌，巧妙地构建各种建筑。以树皮为顶、原木为柱的桥、亭、柑、阁、廊独具特色，建筑装饰上也反映了道教追求吉祥、长寿和升仙的思想。山内的道教宫观建筑群，始于晋，盛于唐，体现了中国西南民俗民风的特色，与武当山明代道教建筑群有所不同——武当山体现的是宫廷建筑特色，青城山的道教建筑群自然、古老、悠久，体现出浓郁的中国西南地方特色和民族习俗。

青城山因其秀丽的自然风光和众多道教建筑而成为天下名山，自古就是游览胜地和隐居修炼之处，至今仍是弘扬中国道教文化的重要场所。

二、青城山建筑：幽邃自然，原生质朴

（一）幽邃自然

道教向来重视修炼环境，认为风景秀丽、山水环抱的地方能兼采阴阳二气，实现天人合一。宫观建在名山深处，随地形而设，多因地制宜，顺势展开（图2-2）。明成祖朱棣就曾要求在建造武当山道教建筑群时不要破坏山体环境，要顺应自然之势。目前青城山尚存的道教宫观主要有建福宫、天师洞（古常道观）、朝阳洞、祖师殿、上清宫、圆明宫、玉清宫等，其中天师洞和祖师殿被列为道教全国重点宫观。

在布局规划中，道教建筑讲究堪舆，常常借助自然山水景观，利用引景、借景等手法，将自然纳入其中。青城山的道观多依山就水，层层递进。建筑的排列既按照等级观念采用中轴线布局，但又不是完全的中轴对称，使得整个布局灵活多变，充满自然情趣（图2-3~图2-5）。比如从建福宫的考古发掘中可以看出，古代建福宫依山势而建，整体布局不一定对称于中轴线，在较有限的山间沟壑处开辟出比较壮阔的建筑景观，较好地体现了道教建筑依据自然环境取势的特点，也反映了设计建造者的巧妙构思。[①]

① 叶茂林，樊拓宇. 四川都江堰市青城山宋代建福宫遗址试掘[J]. 考古，1993（10）：916-924，935，967-968.

图 2-2　青城山全景图
来源：王雪凡.青城山宫观建筑空间与环境特色研究 [D].重庆：重庆大学，2017.

图 2-3　从青城山看向山下（自西向东）
来源：国家地理信息公共服务平台　天地图网站
画面左侧为青城主峰丈人峰，画面中央偏下为月城湖。

图 2-4　从山下看向月城湖（自东
向西）
来源：张剑葳摄
从山下远远可见一池湖水高悬山
上，其势引人瞩目。

图 2-5　烟雨中的月城湖
来源：张剑葳摄
沿山路攀登了一段路程，忽见一汪
月城湖水展开于半山，山峡清幽之
间，隐隐感到平静湖面蕴含的大势。

　　青城山中十分重视对建筑小品，如亭、阁、廊、桥等的利用，通过建筑与自然的相互因借产生丰富的空间感受。正如《中国造园论》所说："中国的'亭'，在造型上，就充分地表现出传统建筑的飞动之美及静态中具有动势的美学思想：在空间上，它集中体现了有限空间中的无限性，也就是'无中生有'的'虚无'的空间概念。"[1]山亭在自然环境中穿插、点缀，起到了铺垫、转折、补白等作用。

　　青城山中的亭阁以不同的形态和组合，与主体建筑和自然景观组成了起伏曲折的风景序列，在景色中顺"自然"之理，成"幽邃"之章。比如翠光亭、奥宜亭等就以树为柱，亭树不分。青城山亭子的平面也不拘一格，三角形、五边形、八边形、弧形

① 　张家骥. 中国造园论[M]. 2版. 太原：山西人民出版社，2003：247.

等形式都有出现，随着地形和景物的变化而灵活呈现。游客在登山游览途中，能感受到景观的不同过渡、高潮，继而带来不同的情绪体验。

（二）原生质朴

道教宫观建筑的营造是道教"天人合一"思想的具体实践。青城山的建筑依山取势，布局灵活，人文景观与自然景观相互融合。与其他名山建筑明显不同的是，青城山的建筑多取材自然，不加雕饰。在深山幽谷之中，散落着许多以不去树皮的原木为梁柱，枯藤为挂落，树皮为瓦盖的亭、阁、廊等，雨天不漏，炎日无暑，颇具特色，这些原生树木建筑在青城山内广泛分布（图2-6、图2-7）。

在青城山诸多的植被中，杉木因其通直圆满，结构均匀，不易开裂变形而成为当

图2-6　一座典型的青城山原生树木亭子
来源：张剑葳摄

图2-7　枯藤为挂落、树皮为瓦盖
来源：张剑葳摄

地常用的建筑材料。青城山原生树木建筑主要是功能和构造比较简单的亭、阁、廊等，《释名》云："亭，停也，亦人所停集也。"这些建筑看似随意设置，其实却是因地制宜，守着重要的上山节点。亭柱多用就近的杉树，不求修直，任其自然，不剥树皮，就其本色，并以树皮作盖、翘角、屋脊和宝瓶。亭的栏杆、花窗和花芽，也皆取枯枝古藤而造。再因不施油漆粉彩，色调素雅自然，与周围林木山石浑然一体，宛若天成，显得典雅朴质而生趣盎然。[①]这些亭子既能引导人们休憩观景，其原生树木的建造形式也使其与环境融为一体，成为一景。这些作为上山重要节点的亭、阁，采用自然的手法处理，更加强化了青城山在人们心理上质朴、悠然的印象。

现存的青城山原生树木建筑主要起源于民国时期，前山风景区现存原生树木建筑本是民国时期道士彭椿仙用建造常道观的多余材料建造而成的（图2-8）。青城山现有原生树木建筑建造年代有明确记载的是李启明《青城山叟诗文存》中《彭真人椿仙传》："自民国8年（1919年）经始，至民国30年（1941年）历时二十二年，支用银币

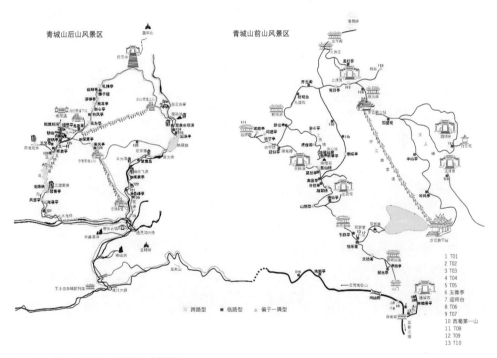

图2-8 青城山原生树木建筑分布规律图
来源：薛垲制图

---

① 赵光辉.青城山亭分析[J].建筑学报，1983（1）：31-34.

近五万元建成今日之重楼叠阁……椿仙建设常道观，并以余料修建全山道路桥梁及沿途茅亭台榭，结构皆别具心裁，形式多样，位置适宜，点缀其间，映衬风光。"[①]

　　冯玉祥将军在《青城游记》中说："听到后来天师洞彭老道谈，这些亭子都是他一手设计建造的，用的都是盖正式房子时剩下来的木料，皮也不用刮，够盖个什么样的就盖个什么样的，一个亭子从前盖的时候，只花几块钱就成了。"[②]这说明青城山的道士在设计规划宫观建筑时多遵循道教传统，原生树木的简易使用具有环保、低碳、可再生和廉价等优点，体现了"道法自然"的特点。青城山原生树木建筑与自然有机结合，因地制宜，顺应地形，取材自然，成为青城山独有的一大特色。

　　原生树木除了使用在亭、阁之上，还在一些更大的木构建筑中有所体现（图2-9）。青城山有一些单体规模较大的传统木构建筑，屋顶用杉树皮覆盖，感觉自然质朴，有

图2-9　天然阁
来源：张剑葳摄
天然阁是一座三重檐八角亭，以带皮原木为柱、梁，木皮为瓦，枝藤缠绕，既天然朴素又结构精巧。

---

① 都江堰市文化局，都江堰市书法家协会印行. 青城山叟诗文存[G]. 1996：321.
② 王纯五. 青城山志[M]. 成都：四川人民出版社，1994：318.

图 2-10　朝阳洞
来源：薛垲摄

一种天然的亲和力，例如朝阳洞的建筑（图2-10）。

　　青城山分为前山风景区和后山风景区，2008年汶川地震对青城山的后山风景区破坏较大。经过一年多的灾后重建，前山风景区的原生树木建筑恢复得较好，但也存在一些建筑无法修复的情况。后山的原生树木建筑保存状况较差，多出现坍塌、歪闪等状况。

　　青城山的道观建筑将道教文化以彩绘或雕刻的形式运用在建筑中，在多样的雕刻装饰中反映出追求吉祥、长寿和升仙的思想。青城山建筑采用当地最常见的原材料，融入了青城山这片绿野森林之中（图2-11）。

图 2-11　青城三十六峰
来源：王纯五.青城山志 [M].成都：四川人民出版社,1989.
青城山的川西植被原始而丰富，空气清新而湿润。杜甫曾有诗云："丈人祠西佳气浓，绿云拟住最高峰"，极赞青城山幽静的绿意。

三、青城山代表性建筑

中国道教有两个显著特点：一是对道家思想的继承和发展；二是其独特的神仙崇拜思想和完善的神仙体系。"由凡入仙"的建筑布局序列在武当山、泰山等中国传统名山中是相当显著的规划手法。

青城山宫观的整体布局从宏观角度来看，也存在着从人间到仙山、仙境过渡的设计。虽然不像武当山那样，全山根据道经中净乐国太子修真飞升为真武大帝的传说来规划，但从名称来看，青城山宫观从低处到高处有相应的含义，从丈人峰下的建福宫开始，中段为天师洞与祖师殿，再到最高处的老君阁，显然有着从人间到仙山再到仙境的意味。此外，各个宫观分散布局在全山之中，从山底到山顶大致可以分为七个大小不一的景观序列。在主要宫观处形成相应的建筑中心，各自拥有附属的宫观（图2-12）。

（一）建福宫

建福宫在丈人峰下，据传此地为五岳丈人宁封子修道处，始建于唐代开元十二年（724年），初名"丈人观"，南宋淳熙二年（1175年）朝廷赐名"会庆建福宫"，建

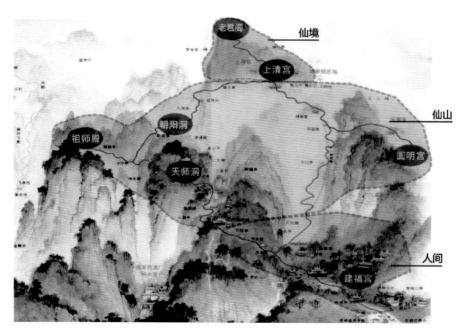

图2-12　青城山前山节点等级示意图

来源：任卿．青城山前山景观序列研究 [D]．重庆：重庆大学,2015.

图 2-13　建福宫
来源：张剑葳摄
初入山门，高大挺直的桢楠、桤木、锥栗，撑起了青城
清幽的印象。

福宫便由此得名（图2-13）。清光绪彭洵《青城山记》引《吴船录》云："丈人峰下
五峰，峻峭如屏，观之台殿上至岩腹。丈人，自唐以来号五岳丈人储福定命真君。传
记略云：丈人姓宵，名封。黄帝问龙跃飞行之道，今赐名会庆建福宫。是丈观之为建
福宫，实自宋始。"

　　现存建福宫为清光绪十四年（1888年）重建，但现今的建筑规模远不及昔日。

　　建福宫前有清溪和缘云阁，宫后有赤诚岩、乳泉、水心亭、梳妆台、林森洞等各
名胜古迹，还有长达394字的清代青城山著名长联。建福宫结合地形高差以筑台的方
式突出其在这一景观序列中的中心位置。宫内现有大殿三重，山门、上殿、下殿，分
别供奉五岳丈人、太上老君、东华帝君等神像。宫内殿宇金碧辉煌，院落清新幽雅。
上殿内有清乾隆五十年（1785年）、光绪二十六年（1900年）铁磬各一口，下殿有道
光十六年（1836年）铁钟一口，是纪年明确的文物，诉说着建福宫的历史（图2-14、
图2-15）。

　　从建福宫向西1000m就是天然图画坊。天然图画坊位于龙居山牌坊岗的山脊
上，是一座十角重檐式的亭阁，建于清光绪年间。游人至此，可见亭阁矗立于苍崖立

图2-14 乾隆五十年铁磬
来源：张剑葳摄

磬身铭文记载了大清乾隆五十年，建福宫、上清宫的几位焚修道人的姓名，铸造金火匠人是唐泰和。

图2-15 光绪二十六年铁磬
来源：张剑葳摄

磬身铭文："建福宫焚修道人：代元宗、杨元成、王元佐、殷明耀、卢明心、竹明山、邓明光、杨明性、徐至真、汪至诚、廖至和、刘至桐，居士胡居士、周文涛，住持赵明江，发心于佛祖位前铸磬一口，敬祷祈保风调雨顺、国泰民安，永续供奉。大清光绪二十六年桂月吉日立。造金火匠人是唐泰和。金火造铸：余（？）正兴、唐世清。"可以看出，当时建福宫道人有元、明、至三辈，当家的是明字辈的赵明江。有趣的是，虽然是道士组织的铸造，题词却是献给佛祖。可见民间对佛道的区分并不那么严格认真。

壁、绿荫浓翠之间，如置身画中。亭阁后常有丹鹤成群，唳于山间的驻鹤庄；右有横石卧于两山之间的悬崖上，被称为"天仙桥"，传为仙人聚会游戏处（图2-16）。

（二）天师洞（古常道观）

天师洞位于青城山半山腰，苍山环抱，密林围绕，幽深宁静。天师洞始建于隋大业年间，初名"延庆观"，唐改称"常道观"，宋代又改为"昭庆观"或"黄帝祠"，清代则称"天师洞"，它是青城山最大的道教宫观。据《青城山记》引《吴船录》，佛道在此曾有过争夺，常道观"唐时为飞赴寺僧侵居，元宗时敕令仍归道士。其御敕碑略云：蜀州青城，先有常道观，元在青城山中。闻有飞赴寺僧，夺以

图 2-16　天然图画坊
来源: https://youimg1.c-ctrip.com/target/100h1f000001g47bgA182.jpg

为寺。州既在卿节度捡校，勿令相侵。观还道家，寺依山外旧所。使道佛两所，各有区分"。

古常道观现存殿宇建于清代，主要建筑有山门、青龙殿、白虎殿、三清大殿、三皇殿、黄帝祠和天师洞府等。整个宫观依山势分布在白云溪与海棠溪之间的山坪上，三面环山，一面临涧，背枕耸立的混元顶，左傍青龙岗，右携黑虎塘，形成围屏环抱。前方白云谷地势平坦，视野开阔，而山有来脉、水有活源，符合"枕山、环水、面屏"的模式（图2-17）。[①]

庄严的殿堂与曲折环绕的外廊随地形高低错落，把殿宇楼阁连成一片，阶梯式递进，形成一个规模宏伟、整体性强的建筑群。此地景观颇佳，以致佛寺曾经上山来侵夺道观。

三清殿为常道观主殿，是一座重檐歇山顶建筑。大殿正中悬挂康熙皇帝御书"丹

---

① 李星丽，李欣遥. 青城山天师洞建筑艺术探析[J]. 文艺争鸣，2016（8）：221-224.

图2-17　古常道观
来源：薛垲摄

台碧洞"匾额，是全真龙门派青城丹台碧洞宗的镇洞之宝。殿前铺设通廊石阶9级，前檐排列大石圆柱6根，殿堂面阔5间，殿中供奉道教三位尊神，即元始天尊、灵宝天尊和道德天尊（图2-18）。

另一主殿三皇殿雄踞高台，气势宏伟，殿中供有唐朝石刻伏羲、神农、轩辕三皇，殿内现存历代石木碑刻中最著名的有唐玄宗旨书碑、岳飞手书的诸葛亮前后出师表等。道观内的天师洞相传为张道陵修炼之处，洞中有"天师"张道陵及其三十代孙虚靖天师像，规模宏伟，雕刻精致（图2-19）。

（三）圆明宫

圆明宫又称园明宫、元明宫，位于青城前山门北侧，坐落在青城丈人山北木鱼山的缓坡谷地。原称清虚观，建于明万历年间，明末毁于兵火，清咸丰年间重建，后屡有修葺。圆明宫的最大特点是楠木林茂密，由历代道人在道观中种植，为青城山金丝楠木最为集中的地区，是山内最幽静的道教宫观之一（图2-20、图2-21）。

图 2-18 古常道观三清殿

来源: https://www.bilibili.com/read/cv105947?from=category_12

图 2-19 古常道观鸟瞰图

来源: http://www.djy517.com/

曲折环绕的外廊随地形高低错落，把庄严的殿宇楼阁连成一片。

图 2-20　圆明宫正门
来源：王梦雪摄

图 2-21　圆明宫鸟瞰
来源：王梦雪摄

图 2-22　圆明宫建筑
来源：王梦雪摄

圆明宫内有四重殿堂：前为灵祖殿，供奉灵官神像；二殿为老君殿，供奉太上老君；三殿为斗姆殿，斗姆即圆明道母天尊，为北斗众星之母；后殿为三官殿，供奉天、地、水三官大帝，以及全真道的吕祖、邱祖和重阳祖师。殿堂之间，各有庭院，宫内宫外，瑞草奇花，楠木成林，松竹繁茂，有即景联云："栽竹栽松，竹隐凤凰松隐鹤；培山培水，山藏虎豹水藏龙"。圆明宫中历代文物众多，尤其以道观建筑的装饰木雕及石雕为主，也包括历代碑铭、牌匾、书画等（图2-22）。

（四）祖师殿

祖师殿位于青城山天仓峰，从龙桥栈道前行至访宁桥，左行过桥2里登山可到祖师殿。其始建于晋代，原名"洞天观"，宋时名"清都观"，也称储福、真武宫。南朝薛昌隐居洞天观，在此修炼得道；唐代道教学者杜光庭晚年曾隐居于此；宋代张愈也曾在这里居住过。1982年被定为"全国道教重点宫观"。

祖师殿内现存建筑也是清代所建，此处庙宇背靠轩辕峰，面对白云溪，是小巧玲珑的四合院布局，环境清幽（图2-23）。殿内供奉着东岳大帝、真武大帝、三丰祖师

图 2-23　青城山祖师殿
来源: https://you.ctrip.com/travels/
chengdu104/2671645.html

像等。庙内古迹有唐代薛昌浴丹井、广成先生读书台等。

　　冯玉祥将军抗战时曾三次来青城山长住，1945年住祖师殿。当年8月，日本宣布
无条件投降，将军闻胜，不胜喜悦，在观侧建亭刻碑，自撰碑文云："三十四年八月
初予来青城山，下榻真武宫。十一日晨，日本接洽投降消息传来，同志鼓掌欢呼。时
予方在灶间取火，闻悉不禁喜极泪流。八载艰苦，竟获全胜；积年大耻，终免尽雪，
予能不为吾民族国家庆乎！乃筑亭以为纪念，名曰闻胜亭云。冯玉祥敬志"。此碑现
移祖师殿，作为文物保存。①

　　（五）上清宫

　　上清宫位于青城山巅高台山，它是青城山海拔最高的宫观，再往上百余台阶便可
抵达青城极顶——老君阁。上清宫始建于晋，明末毁于战乱，现存建筑为清同治年
间所建。上清宫的建筑布局采用中轴对称的形式，结构严谨，规模仅小于常道观

---

① 王纯五. 青城山志[M]. 成都：四川人民出版社，1989：30.

图 2-24　青城山上清宫
来源：张剑葳摄
"上清宫"匾额为蒋介石1940年手书，联文为于右任撰书："于今百草承元化，自古名山待圣人。"

图 2-25　雨中上清宫庭院
来源：张剑葳摄

（图2-24、图2-25）。主要建筑有三清殿、玉皇殿、文武殿、东华帝君殿、老君阁等。上清宫正殿为三清殿，殿内供奉太上老君、纯阳祖师、三丰祖师像。张大千曾在上清宫寓居四年多，作画千余幅，留下了著名的《青城山十景》《花蕊夫人像》等作品。

《青城山记》据《吴船录》："上清宫在最高峰之顶，以版阁插石作堂殿，下视丈人直墙堵耳。"可见其居极顶高处俯瞰之势。顶上原建有一呼应亭，取"登高一呼，众山皆应"之意。20世纪80年代末改亭建一仿古建筑老君阁。阁高33m，共六层。阁内中空，阁外可盘旋而上，远眺数百里风光秀色（图2-26、图2-27）。

图 2-26　老君阁近景
来源：薛垲摄

图 2-27　上清宫鸟瞰图
来源：http://www.djy517.com/
上清宫依山势而上，远处层峦叠嶂，无尽苍翠。老君阁位于青城绝顶，海拔1260m。

"自为青城客，不唾青城地。为爱丈人山，丹梯近幽意。"

青城之清幽素为文人墨客所推崇，"诗圣"杜甫在青城山留下了诗作《丈人山》，对青城洞天的清静近仙之意显然非常尊重。青城山空翠四合，峰峦、溪谷、宫观皆掩映于繁茂苍翠的林木之中。两千年前张道陵选中青城山，正是因为它的深幽涵碧。他沿着蜿蜒崎岖的山路来到天师洞，在这里结茅传道。多年来青城山的道教门派虽有变化，不变的却是人们来此道法自然、清净寻仙的理想。正如杜甫诗句的后两句：

丈人祠西佳气浓，

缘云拟住最高峰。

扫除白发黄精在，

君看他时冰雪容。

第二节　龙虎山

一、龙虎山：丹霞地貌的洞天福地

龙虎山位于江西省鹰潭市，在市区西南约20km处，因丹霞地貌峰林景观而著称，2001年被列为国家地质公园，2010年被评为世界自然遗产。龙虎山也是道教的发源地之一。

龙虎山保留了中国亚热带湿润区丹霞地貌的各种基本类型。群峰绵延数十里，丹霞地貌峭壁陡直，山体裸露，绿植点缀其间。不同于其他丹霞地貌的奇伟险峻，龙虎山属于发育晚期的丹霞地貌，地形破碎，山体高度也较小，最高峰高度也仅有240m。地貌群体形态类型以峰丛峰林与孤峰残丘并存为特色，是疏散型丹霞峰林地貌的模式地。群峰低伏更像巨龙盘桓，时隐时现。泸溪河绵延贯穿其中，呈现出碧水丹崖的美景（图2-28）。

早至东汉末年，龙虎山就已经成为祖天师张道陵及其后人的修道之处；唐代卜应天《雪心赋》中称龙虎山为"仙圃长睿"的神仙居所；宋代张京房在《云笈七签》中将龙虎山列为道教第三十二福地，清代娄尽垣在《龙虎山志》中则将龙虎山列为道教

图 2-28　龙虎山自然风景
来源：田雨森摄
龙虎山、龟峰地区的丹霞地貌景观十分丰富，几乎涵盖了亚热带湿润区丹霞地貌的所有类型，群峰林立，清流婉转，道观点缀，优美的自然景色正契合了道教洞天福地。人在山水中行走，如入仙境。

第二十九福地。

　　作为道教祖庭之一，龙虎山鼎盛时期曾有91座道观、54座道院、24殿、36坛，是重要的道教传播中心。宋元时期，在龙虎山道区，儒学也十分兴盛。陆九渊在不远处的象山建立书院讲学，一时间上清之地书院讲学之风盛行。唐代开始佛教也在此兴建庙宇，宋代第三十代天师就有"今日梵宫方得到，旧时元鹤也飞来"的诗句。龙虎山可以说不仅是道教信仰的核心祖庭，也是三教文化的繁荣之地。

　　龙虎山旧名"云锦山"，更名为"龙虎"主要有两方面原因：首先从该地区山形水势来看，山若虎踞，水如龙游，龙游虎踞，故名"龙虎"；其次根据道教原典，此山因第一代祖天师在此炼九天神丹，丹成时龙虎现，因此命名"龙虎山"。道教术语中"龙虎"一词本身也是炼丹的代称，因此此山得名也应与祖天师在此炼成大丹有关。

图 2-29 　《留侯天师世家宗谱》中龙虎山图

来源:《龙虎山志》编纂委员会,龙虎山风景旅游区管理委员会,鹰潭市炎黄文化研究会.龙虎山志[M].南昌:
江西科学技术出版社,2007.

第三十六代天师得到元世祖召见并赐冠服、二品银印,主领江南道教。元仁宗时,第
三十八代天师封为正一教主,兼领"三山符箓",领江南道教事,授金紫光禄大夫,封留国
公,赐金印,秩视一品,龙虎山天师道至此盛极一时。

二、龙虎山建筑:天师祖庭

根据文献记载推算,大约东汉和帝永元年间(80—104年)张道陵上龙虎山炼
丹[①],并建草堂修行。之后入蜀地,创"五斗米道",自称"天师",后嗣天师尊其为
祖天师。第二、三代天师均在巴汉一带传道,第四代天师张盛回到龙虎山,在天师草
堂附近建传箓坛,并在龙虎山下张道陵炼丹处建"祖天师庙"用以祭祀张道陵。魏晋
时期五斗米道改称"天师道",以传箓的形式在江南地区迅速传播。至隋唐,皇帝对
道教的信奉进一步推动了道教的发展。唐玄宗召见第十五代天师张高并命在京师置坛
传箓,更封张道陵为太师并大加赞赏。唐武宗灭佛后,更加推崇道教,在龙虎山广修
殿宇(图2-29)。

宋代,龙虎山张天师得到进一步推崇,除了赐予爵位外,皇帝还经常向天师咨
询治国之策,天师也成了"山中宰相"。真宗赐封第二十四代天师张正随为"真静先

---

① 周沐照. 龙虎山上清宫沿革建置初探——兼谈历代一些封建帝王对龙虎山张天师的褒贬[J]. 江西历史文物, 1981(4):
75-83.

生"。宋徽宗对道教更为热衷，大大提升道教的地位：将玉皇上帝与昊天上帝等同，将宗教之神与宗法之"天"等同，又令地方信众向朝廷申请给诸神明颁赐封号，为道教信仰体系赋予了犹如封建朝廷一样的等级系统。同时道教界也为徽宗上徽号"教主道君皇帝"。龙虎山第三十代天师张继仙也受到了宋徽宗的召见，封为"虚靖先生"，授"太虚大夫"衔，赐老君及汉天师金像。

南宋时，理宗大力推崇龙虎山天师道，封第三十五代天师张可大为"观妙先生"，并赐提举龙虎、阁皂、茅山三山符箓，御前诸道观教门公事，主领龙翔宫——此时的张天师成了由皇帝诰封的正一派道教首领。元世祖在元朝建立前，便曾派人向第三十五代天师张可大秘求符命，天师也对使臣言："善事尔主，后二十年天下当混一。"表明了自己的政治立场，因此正一派也受到后来元朝皇帝的推崇。

进入明代，朱元璋对道教采取的是贬抑政策，而后嗣真人也因不法之事遭降位处罚。但相对而言，明代皇帝对道教教派的选择还是倾向于正一派，因此明代皇帝也对龙虎山道教建筑进行过多次修葺扩建，尤以嘉靖皇帝为主。同时也赐予龙虎山张天师同藩王一样定期朝觐皇帝的权利——这一殊荣也唯有曲阜衍圣公所有。但明中后期朝廷中也出现了关于扶持或打压道教的势力争斗情况。嘉靖崩后，因大臣上书，张真人被"去真人号，改授上清观提点，秩五品，给铜印"，但正一派与明代宦官集团关系较厚，因此到万历五年冯保当权时，又"复故封，仍予金印"。

清代，道教尤其是正一派进一步衰落，这与清代皇帝推崇喇嘛教而抑制汉人道教有关。但在清初，正一真人还基本保持明代地位，特别是雍正皇帝对龙虎山正一派有极大兴趣，请来龙虎山的娄尽垣法官在宫中主持做法。同时雍正皇帝更将恩赐给予到了龙虎山祖庭，不仅大修龙虎山大上清宫，还赐大量香火田，并设置一套自中央到地方的检查机制以确保赐田能确实作为上清宫的收入；在京城，则为真人新修真人府。到乾隆时，龙虎山正一真人的地位开始大幅降低，先是停止了真人的朝觐赐宴，又将真人从二品降至五品，并限制其职权，只许管理龙虎山道众，而失去了主管天下道教事之权。至道光时更是除去真人朝觐的权利。

三、龙虎山代表性建筑

（一）大上清宫

大上清宫的原型可追溯到东汉张道陵修行时所建的草堂，后人亦称"天师草堂"，是龙虎山最早的道观建筑。第四代天师张盛在天师草堂附近修建传箓坛，作为发展弟子、进行传箓和祭神打醮的场所。至唐代，道教兴盛，肃宗"降香币，建醮于龙虎山，赐宸翰以赞天师像"，武宗时赐传箓坛"真仙观"之名。作为大上清宫的雏形，此时已初具规模。

北宋大中祥符年间，真宗改"真仙观"为"上清观"，并赐帑扩建上清观——这一时期也正是檀渊之盟后真宗大兴祥瑞并大修道观的时期。根据《留侯天师世家宗谱》记载，天圣年间迁上清观至龙虎山南，元祐元年（1086年），第二十八代天师又翻新上清观。崇宁四年（1105年）徽宗赐米重新丈量土地并将上清观迁回原址，新建的上清观以天师草堂为中心，"左拥象山，右注泸溪，面云林，枕石台"。据《上清正一宫碑》记载，政和三年（1113年），"道君皇帝眷礼虚靖，改上清观为上清正一宫"，"时宫中学道者常数千百人"，可知规模极大。由观改宫，也意味着龙虎山上清宫的地位较之前有了很大的提升。

南宋时期，对上清宫仍有多次改扩建活动，其中，理宗对上清宫的改建影响最大。端平二年（1235年），理宗翻修上清宫，形成六殿、二阁、三馆、二堂的格局，并在堂左建方丈，东西建道院。景定年间又建门楼，后又增建紫微阁。南宋《上清正一宫碑》中有着明确的记载：

上清宫"为殿六：曰'三清'，曰'真风'，曰'昊天'，曰'南斗'，曰'北斗'，曰'琼章'。为阁二：曰'皇帝景命'，曰'宝查'。为楼一：曰'球音'。为馆三：曰'宿觉'，曰'蓬海'，曰'云馆'。为堂二：曰'斋堂'，曰'正一堂'。堂之左曰'方丈'，东西创道院数百楹"。

元代，元世祖赐帑重修上清宫，元武宗也赐帑重修，一年后火灾焚毁上清宫，武宗再次赐帑重修，并赐名"大上清正一万寿宫"，仁宗时赐帑按原样重修完整。至治二年（1322年）再次焚毁，至元二年（1265年）重修；然而至正十一年（1351年）又遭焚毁，明初再次重建。

明代的修建活动主要有五次：第一次在洪武二十四年（1391年）进行了大规模的修复和扩建；第二、三次均为永乐时期，永乐元年（1403年）和十四年（1416年）分别赐帑修建，并更改部分布置和建筑名称；第四次为正德三年（1508年），新建正殿寥阳殿；第五次为万历三十七年（1609年），上清宫遭大水，神宗又从盐税中拨款进行修葺。在明代多次对上清宫的修建过程中，举行斋醮仪式的坛场从室外迁入室内，永乐皇帝更将万法宗坛迁入天师府中，上清宫不再担任斋醮传箓的职能，逐渐成

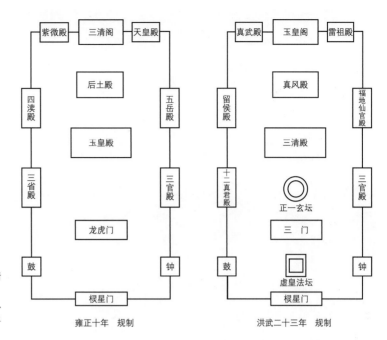

| 紫微殿 | 三清阁 | 天皇殿 | | 真武殿 | 玉皇阁 | 雷祖殿 |

图中标注：

雍正十年　规制

- 紫微殿—三清阁—天皇殿
- 四渎殿 / 后土殿 / 五岳殿
- 三省殿 / 玉皇殿 / 三官殿
- 鼓 / 龙虎门 / 钟
- 棂星门

洪武二十三年　规制

- 真武殿—玉皇阁—雷祖殿
- 留侯殿 / 真风殿 / 福地仙官殿
- 十二真君殿 / 三清殿 / 三官殿
- 正一玄坛
- 三门
- 鼓 / 虚皇法坛 / 钟
- 棂星门

图2-30　明清大上清宫格局变化示意图

来源：https://www.academia.edu/41100319/龙虎山大上清宫遗址的发现与探索

了纯粹的信仰礼拜场所。

　　到清代，康熙皇帝改"大上清正一万寿宫"为"大上清宫"，并赐帑修葺殿宇。雍正年间对上清宫进行了大规模的改建活动：首先在大上清宫西侧新建斗姆宫和道院，形成"两宫"格局，大上清宫成为南方诸道派中最具规模的道宫。其次基于明代格局，对上清宫进行了改建，先将主殿由三清殿改为玉皇殿，并将三清移奉到原玉皇阁之上——这种玉皇代替三清成为道教信仰核心也是清代道教发展的重要特点。之后再无较大的官方修葺活动，上清宫也年久失修，逐渐损毁（图2-30）。

　　2000年，龙虎山风景旅游区管委会参考宋代建筑风格修复了大上清宫主要建筑，包括福地门、下马亭、午朝门、钟鼓楼、东隐院和伏魔殿等。2014年大上清宫遗址被发现，考古发掘遗址5000m^2，清理出宋、元、明、清四代建筑遗迹，出土遗物一万余件，是中国目前发掘规模最大、等级最高的道教建筑，也是具有皇家宫观特色的道教祖庭建筑。2019年大清宫遗址在第八批全国重点文物保护单位名单中并入第七批全国重点文物保护单位中的龙虎山古建筑群。

　　大上清宫格局轴线明确、对称严整，考古发掘中的建筑构件也都具有明显的明清官式建筑特色。从营造工匠体系角度分析，明代江西地区有众多藩王，配套的官式建

图 2-31 关槐《龙虎山图》局部
来源：原图为 Los Angeles County Museum of Art 藏品，陶金制图

筑体系工匠也足以支持大上清宫的官式建筑建造工程。结合关槐绘制的《龙虎山图》
一卷也可发现（图2-31），明代所修的大上清宫体现了与明代高规格官式建筑相似的
设计手法——两个主殿前后布置在工字高台之上：大上清宫工字形高台上前后布置玉
皇殿与后土殿，与紫禁城中的乾清宫、坤宁宫的布置方式相似，并且"玉皇—后土"
的阴阳关系也与"乾清—坤宁"高度一致；明代亲王府中也将主殿承运殿和存心殿前
后布置在工字形高台上（图2-32~图2-38）。

庭院东北爬山廊遗址　　　　　　　大上清宫出土构建图

三清阁西北角遗址　　　　　　　玉皇殿·后土殿墙基遗址

图 2-32　大上清宫考古发掘照
来源：https://www.academia.edu/41100319/龙虎山大上清宫遗址的发现与探索

图 2-33　大上清宫福地门
来源：田雨森摄

图2-34 大上清宫夹道
来源：田雨森摄

复建的建筑均仿宋官式建筑风格，不施彩
绘。进入福地门是由两道曲墙夹成的曲
道，隐约可见尽头的下马亭——南京朝天
宫、武当山太子坡均有类似的夹道。

图2-35 下马亭
来源：田雨森摄

图2-36 棂星门
来源：田雨森摄

过下马亭一条笔直夹道通向一个小广场，
左手侧即大上清宫前棂星门，至此轴线转
折，从先导空间正式转入大上清宫空间，
自棂星门向北一条轴线连续对称布置正
门、大殿。

176

图 2-37 大上清宫鸟瞰
来源：陶金摄

现在大上清宫主体部分经
发掘后改建为博物馆，借
鉴传统建筑形象并参考遗
址格局进行设计。

图 2-38 大上清宫遗址博
物馆
来源：田雨森摄

（二）嗣汉天师府

嗣汉天师府又称"大真人府"，官方建造嗣汉天师府是明初朱元璋对龙虎山张天师制度进行改革的政策之一。但是在此之前，天师自己也有居住的府邸，《龙虎山志》中记载，宋代天师府邸在关门之上，元代时迁建到长庆里，之后迁到静应观东侧，明、清时固定在此处。但是宋、元时的天师府邸并没有朝廷进行建设，天师私第的布置格局也难以考证，这一时期的"天师府"无法得到确证。

从明代太祖洪武元年赐金新建嗣汉天师府算起，明代对天师府的修建工程一共有三次：成化年间宪宗命守臣重建天师府；嘉靖皇帝遣大臣进行督修；明代的天师府不仅作为天师居住府邸进行使用，同时也是祭祀、做法、社交场所。根据《龙虎山志》记载，终明一代，天师府形成了南北分布的形式：以门屋为界，南区主要为玄坛殿、法箓局等举行宗教政治活动场所，北区主要为私邸、家庙、敕书阁等生活起居场所。

整个天师府坐南朝北，其中私邸自门屋起一共三进院落，第一进为正厅五间，第二进为后堂五间，第三进为敕书阁五间——敕书阁为嘉靖皇帝所建，"以尊藏累朝宸翰"。家庙在私邸之东，家庙北为书院；万法宗坛在私邸西，万法宗坛北为真武庙；私邸北侧有玄武池；私邸南为大堂，延续私邸轴线，法箓局、提举署在大堂前二门西，玄坛殿在大堂前二门东（图2-39、图2-40）。

清代，康熙甲寅兵火中天师府建筑被大量焚毁，直到乾隆四十三年（1778年）才复建完成。清代的天师府建筑可以通过光绪十六年（1890年）天师张仁晸所著《留侯天师世家宗谱》进行考证，重修后的天师府仅将真武殿改建为绣像宝阁。咸丰七年（1857年）再遭焚毁，同治四年（1865年）开始重建，在敕书阁东侧新建味腴书屋两层，并新建灵芝园、纳凉居、保安楼等，但基本延续了明代的天师府格局。

除了明确的南北内外空间之分以及明确的南北轴线规划之外，这种平面分布形成一种太极图模式，可以认为嗣汉天师府是按照《周易·说卦传》的后天八卦进行布局的（图2-41）。也有学者认为，私邸与玉皇殿分别位于太极阴阳鱼头位置，灵泉井与迎送石位于鱼眼珠位置[1]，这些都充分体现了设计规划中道教文化对其的影响。同时，嗣汉天师府中也有着不同于一般私家园林景观的道教园林景观——崇尚自然，以古树花卉为主要景观，假山造景等人造景观较少，充分体现道教"道法自然"的精神（图2-42～图2-46）。

---

① 吴保春.龙虎山天师府建筑思想研究[D].厦门：厦门大学，2009.

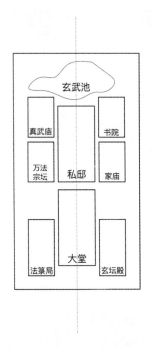

图 2-39　嗣汉天师府格局示意图
来源：田雨森绘制

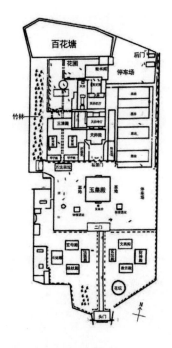

图 2-40　嗣汉天师府现状平面图
来源：吴会，金荷仙.江西洞天福地景观营建
智慧 [J]. 中国园林，2020，36(6)：28-32.

明太祖以一句"天有师乎"的诘问取消了"天师"尊号，改授张天师"正一嗣教真人"名号，并"赐银印，秩视二品。设寮佐，曰赞教，曰赞书。定为制"。命张真人管理全国道教事务，修大真府——嗣汉天师府。

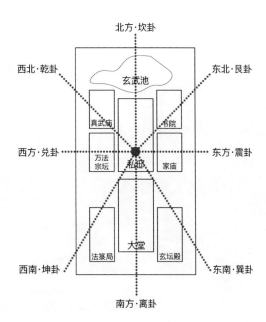

图 2-41　八卦布局分析图
来源：田雨森绘制

以私邸、玉皇殿为中心，门头位于南方离卦，玄坛殿位于东南巽卦，法箓局和提举署位于西南坤卦，家庙位于东方震卦，书院位于东北艮卦，万法宗坛位于西方兑卦，真武庙位于西北乾卦，玄武池位于北方坎卦。

图 2-42　嗣汉天师府正门
来源：田雨森摄

图 2-43　天师府内庭院
来源：田雨森摄

新修的正门金碧辉煌，五间大门十分气派。天师府内繁盛的花草反倒将对称格局下的严整氛围中和了许多，两侧的法箓局、元坛殿对称分布，沿墙布置廊、亭。

图 2-44　天师府私邸正门
来源：田雨森摄

图 2-45　私邸内天井
来源：田雨森摄

私邸与民居建筑类型相似，天井相套，左右分别与东西院落相通，构成一个个小的独立空间，在其中布置盆景，具有江南园林特点。

图 2-46　天师府内古树参天
来源：田雨森摄

天师府现在依旧发挥着重要的宗教功能，许多道士在其中修行并举行活动，行走其中。各组道士分散在不同的院落中各自修习，这是龙虎山道教文化和信仰的传承与发展。

(三）正一观

正一观位于龙虎山脚下，坐东朝西，相传为祖天师张道陵炼丹之处。第四代天师张盛从巴蜀迁回龙虎山后，在此处建祠祭祀祖天师，具体规模虽不可考，但根据唐人诗文可知，在唐代此处已经初具规模。南唐保大八年（950年）张秉一在此处修建"天师庙"，北宋元丰元年（1078年）张敦复重建天师庙。崇宁四年（1105年）张继先奉召重修，徽宗赐名"演法观"。元代张宗演重修，明代嘉靖三十二年（1553年）更名"正一观"，万历年间张国祥又重修正一观（图2-47~图2-50）。

此前正一观仅有正殿五间和东西庑三间，至万历时期，已形成正门—正殿—玉皇殿的两进格局，且有钟鼓楼、丹房、浴室等配套附属设施。到清代，康熙五十二年（1713年）张继宗重修正一观，改玉皇殿为玉皇楼；雍正九年（1731年）重修龙虎山庙宇。《龙虎山志》中对新修后的正一观有着明确的记载：

"正殿五间，重檐丹楹，彤壁覆以碧琉璃瓦。东西周庑各几间，周以朱栏。元坛殿三间，在东庑中。从祀殿三间，在西庑中。仪门三间，朱扉金铺铜沓冒，阶下钟鼓二楼。以上殿楼门庑，梁栋间俱饰以彩绘。正门为阙者三，中额曰正一观。阙门皆朱漆铜沓冒，门外幡杆二。正殿之后楼屋五间，自阙门至楼前，甬道阶级俱甃以巨石。丹房三间，在大殿西。丹房后，楼房三间，左右披厢各一，备庖湢，红门一座，在大殿后东北隅，门外有炼丹岩、濯鼎池诸古迹。"

此后正一观再无大的改建活动，这一基本格局也延续下去。1947年，国民党军队驻扎时失火焚毁。1996年由当地政府组织重建。

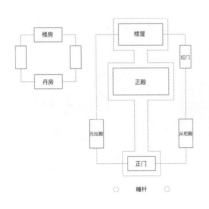

图2-47　正一观平面示意图
来源：田雨森绘制

图2-48　正一观山门
来源：田雨森摄

图 2-49　正一观鸟瞰
来源：田雨森摄

图 2-50　正一观祖师殿
来源：田雨森摄

正一观位于旅游交通线路节点，是龙虎山景区最具人气的道教建筑。重建后的正一观也十分壮观，选择宋官式建筑风格，施加彩绘，比大上清宫整体显得更加豪华。

宋人潘阆曾赞龙虎山"鹤和猿吟清彻底，龙蟠虎踞翠为屏"，明人甘瑾也称龙虎山"流水湾回路百盘，化人楼阁倚清寒"。虽非高山深谷，亦可感受崇山峻岭之势，不必登高涉险，也能够一览群峰相映之景。仙境何须在险处，环山绕水之间即是人间福地。依次拜访群山环抱中的龙虎山道教建筑群，或可缓缓感受洞天福地的格局。

第三节　茅山

茅山地处今江苏省镇江句容市和常州金坛区，分为金坛和句容两个片区。茅山山脉位于宁镇山脉南部，山势南北走向，是道教上清派发祥地，被称作"第八洞天，第一福地"。主脉自南向北有大茅峰、积金峰、中茅峰、小茅峰、雷平山、郁冈峰。大茅峰与积金峰之间有东西向山谷楚王涧，雷平山南北两侧也有涧壑连通东西。主峰大茅峰海拔不高，仅有372.5m，但诸峰高度较低，且周围为平原环绕，茅山成为耸立在这一地区的重要山体（图2-51、图2-52）。

图 2-51　耸立平原之上的茅山大茅峰
来源：陶金摄

图 2-52 茅山二茅峰
来源：陶金摄

一、茅山：上清祖坛与三茅君府

据传，上古神话时代，颛顼就曾在茅山华阳洞天上方的天市坛安置安息国天市山之石，还令东海神在大茅峰顶埋藏铜鼎一尊。先秦时期，燕国人郭四朝入茅山修行，后封"太微葆光真君"，李明真人在郁冈峰处合丹升仙。秦始皇也东巡会稽并登茅山，可见其地位（图2-53、图2-54）。

道教在茅山正式产生的标志则是汉代三茅真君入句曲山修道。三茅真君并非神灵，而是渭城南关（今咸阳）的茅盈、茅固、茅衷三兄弟。大茅君最先南下，在今天的下泊宫村修行，两位兄弟继而前来共同修道。三茅真君被奉为茅山的开山祖师，也因为三茅真君，茅山才改"句曲山"之名为"三茅山"，简称"茅山"。

汉末至魏晋时期，上清经体系在茅山广泛传播。此时的茅山，已经形成由杨羲主创、主修《上清经》的上清派，以及由葛玄主创、主修《灵宝经》的灵宝派。南

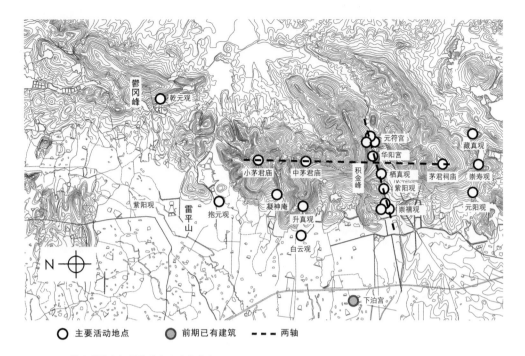

图 2-53　茅山道教空间轴线分布图（宋代）

来源：陶金. 茅山神圣空间历史发展脉络的初步探索 [J]. 世界宗教文化，2015(3)：137-147.

图 2-54　茅山道教空间轴线分布图（元代）

来源：陶金. 茅山神圣空间历史发展脉络的初步探索 [J]. 世界宗教文化，2015(3)：137-147.

朝时，上清派宗师陶弘景将两派思想融合，并吸收儒、释思想，完善上清派理义，编《真诰》《上清修真法术》，并撰《登真隐文》，自称"上清家"，以茅山为本山，弟子3000余人。此时的茅山已经成为江南地区的道教中心，其影响力也逐步向北方扩散。

陶弘景在茅山开展了一系列营建活动：首先，根据自编的《真诰》，在楚王涧内修建华阳三馆——华阳上、中、下馆。上馆现在是老道士们称作"华阳基"的道士公墓，中馆在华阳洞口处，下馆即淹没入水库的崇禧万寿宫。在南游归来后，陶弘景又重修雷平山西北处的杨许故宅为朱阳馆，再在李明真人炼丹的郁冈峰处修建郁冈斋室。之后，于大茅峰南侧的崇元馆修道。而上清派道士们则依旧集中在楚王涧修行。

唐代，众多高道大力完善并弘扬茅山的道教信仰。其中尤以十三代宗师李含光为著。唐代皇帝也推崇道教，十代宗师王法主与唐皇室关系密切，使得茅山得到唐政权的极大支持，唐太宗敕命将华阳下馆升建"太平观"——太平观也成为唐代茅山的道教活动中心。唐玄宗更在大同殿受箓，并进一步敕修茅山宫观，尤其大力修葺当时玄靖先生李含光所居的紫阳观，并升白鹤庙为祠宇宫、华阳上馆为华阳宫。此时，茅山宗成为道教主流，嵩山、天台山等都有上清道场；除李含光外，潘师正、司马承祯等众多高道被奉为国师。茅山宗也进一步吸收灵宝斋法和正一法，从这时起，茅山开始兼受上清法箓和正一法箓。[①]

宋代，茅山道教进入全盛时期，尤其与皇室关系密切，茅山宗师常受诏入京问道行医，朝廷也多次在茅山举办法事。皇家多次出资在茅山大量建设宫观，尤其集中在真宗、哲宗、徽宗三朝：真宗时期，崇元观赐额"崇寿观"并另建崇元观、新建元阳观，紫阳观赐名"玉晨观"，郁冈斋室赐名"乾元观"；仁宗时敕修楚王涧天圣观；哲宗时敕建神潜庵；徽宗时扩建神潜庵为元符万宁宫，并在此设立上清宗坛，同时，华阳中馆赐额"栖真观"。至此，茅山形成了以"三宫五观"[②]为中心，共五十余处的宫观体系，周围村落的命名也多与道教信仰相关。南宋淳祐九年（1249年），宋理宗在茅山加封三茅真君，并在三茅峰举行加封仪式。

进入元代，茅山同样受到帝王重视。刘大彬编撰《茅山志》，茅山宫观体系得到

---

① 潘一德，杨世华. 茅山道教志[M]. 武汉：华中师范大学出版社，2007.
② 此时的"三宫五观"之名尚未完全形成，但是其规模建制基本成型。成名后的三宫分别为：九霄万福宫、元符万宁宫、崇禧万寿宫；五观分别为：德佑观、仁佑观、玉晨观、百云观、乾元观。

图2-55 《茅山志》中的茅山图（经过拼合）
来源：刘大彬.茅山志[M].上海：上海古籍出版社，2016.图片由陶金拼合。

进一步完善：崇禧观升为崇禧万寿宫，延祐三年（1316年）加号"三茅真君"，大茅君加封"东岳上卿太元妙道冲虚圣佑真应真君"，二茅君加封"定录右禁至道冲静德佑妙应真君"，三茅君加封"三官保命微妙冲惠仁佑神应真君"，并分别赐大茅峰、二茅峰、三茅峰各建道观供奉（图2-55）。同时，随着天师张道陵被封为"正一教主"并统领龙湖、皂阁、茅山三山符箓，北方全真派势力也在不断扩大，茅山"三宫"逐渐成为正一道场，"五观"也逐渐发展为全真道场，原本的茅山派逐渐式微。

明清时期茅山没有大规模的建设活动，茅山道教相对发展缓慢。明代设立华阳洞灵官以管理道教事务，明成祖也曾在大茅峰及元符万宁宫礼拜三茅真君，英宗则赐《道藏》一部并在元符宫建藏殿。清代笪重光重编《茅山志》，至清末太平天国运动中茅山大量宫观毁于战火，民国政府颁布的《神祠存废标准》又进一步限制了道教宗教活动，日军侵华时茅山再遭劫难，除九霄宫、元符宫部分建筑外，其余宫观建筑均不复存在。1949年后，在政府的支持下，茅山逐步重建恢复昔日"三宫五观"规模，并于1985年成立茅山道教协会。

二、茅山建筑：多种神圣空间集聚

（一）相互垂直的两重道教空间轴线

茅山道教建筑最突出的特点是拥有相互垂直的两重道教空间轴线：南北向的山顶祭祀空间以及东西向的山谷修道空间。南北向的祭祀空间以大茅峰—二茅峰—三茅峰为主，东西向的修道空间则主要集中在楚王涧（图2-56）。这一空间格局的形成可以

图 2-56　楚王洞风景
来源: http://www.daoisms.org/article/
sort018/info-27073.html

上溯到上古时期，当时的茅山，特别是大茅峰，就已经是祭祀圣山了。而根据考古发现，从新石器时期至东周时期，茅山附近均有相当规模的人类聚居区，是长江中下游重要的文明区域。而位于茅山西北侧的雷平山区域也正是周秦时期隐士，如郭四朝、姜叔茂等栖居的重要区域，与村落有着密切的联系[①]。先秦时期的茅山已经形成了初步的信仰空间和修行空间。

至南朝，陶弘景设立的华阳三馆使楚王洞成为茅山道士们修行的主要空间，此处不仅是《真诰》中中茅君的神祇，更是华阳洞天五门之中最显著的西便门所在（图2-57）——华阳洞天其他洞门皆狭小难觅，或狭窄难行，在入洞门即入仙府的道教修行模式下，西便门便成为道士们最受青睐的洞门。[②]

唐代皇室对茅山的支持也有着明显的倾向，从将白鹤庙升为祠宇宫上看，是对民间的三茅真君祭祀有所支持，但终唐一代主要还是支持上清派教团在茅山的势力发展，建设活动也多集中在道士修道的宫观上。直到南宋，官方才开始重视以民间为主的三茅真君祭祀。通过淳祐九年（1249年）举行的加封仪式来看，茅山正式形成大茅—中茅—小茅的三峰祠庙模式，这条南北方向的山峰轴线也与楚王洞东西方向的山谷轴线相交叉，共同构成茅山道教信仰体系。[③]至此，茅山出现了山顶民间组织的祭祀空间和山谷道教组织的修道空间两类空间，形成了相当成熟的道教空间模式。

---

①　陶金.茅山神圣空间历史发展脉络的初步探索 [J]. 世界宗教文化，2015(3):137-147.

②　同上.

③　同上.

图 2-57　华阳洞西便门
来源：http://www.maoshanchina.com.cn/ms/upload
/1524711831361.jpg

（二）山顶设坛与天门

茅山建筑的另一大特点即在山顶设坛，并在坛上立天门牌坊。道教名山建筑群中经常有"天门"的配置，可与砖石城垣配合使用，用石牌坊来表示整个山体建筑序列中的不同层次。在山中，通常从山麓开始安排"一天门"，登至半山穿过"中天门"，而"三天门"常位于山顶的入口（图2-58）。

道教山中的"天门"可与城墙配合使用，亦可单独使用。前者如湖北武当山、云南鸣凤山、山西霍山，后者如泰山、茅山。这其中，一般来说三天门虽在山顶，但常常是山顶的入口，并未与主体建筑相提并论，如武当山、泰山。只有茅山，其主峰大茅峰上的"三天门"设在山顶建筑群中轴线上的最高处，既是"三天门"又是"飞升台"，道士在此登台奏章上表，跨过天门，即是天界。这样坛、门一体，天门的空间节点意义得到极强的表达。

（三）华阳洞天

溶洞在道教名山中扮演着重要角色，正如《茅山志》所言：

"盖天地之有山洞，犹人身之有腧穴，神气之所在焉。"

茅山有大量自然溶洞，其中尤以华阳洞著名。华阳洞又称"句曲洞"，《茅山志》中记载：

"句曲之洞宫有五门，虚空之内皆有石阶曲出以承门口仙人卒行出入者，即若外之道路也。日月之光既自不异，草木水泽又与外无别。飞鸟交横风云蓊郁，亦不知所以疑之矣。所谓洞天神宫，灵妙无方，不可得而议，不可得而周也。句曲洞天，东通

图2-58　大茅峰三天门
来源：张剑葳摄

林屋，北通岱宗，西通峨眉，南通罗浮。其有小径杂路、阡陌抄会，非一处也。汉建元史左元放既得道，闻此神山，遂来山勤心礼拜，五年许，乃得其门，入洞虚，造阴宫。三君授以神芝三种，元放周旋洞官之内经年？官室结构，方圆整肃，甚惋其也。叹曰：不图天下复有如此之异，神灵往来，推校生死，如地上之官府矣。"

　　现在所说华阳洞实际是积金峰下华阳西洞，在举办金箓道场结束后，会向此洞内投龙简，洞内就出土有金龙玉简。华阳洞内部呈长方形，洞内四周均为岩石，洞顶最高处可达170丈（567m）。洞顶相对平坦，中央有天窗洞，又称"金坛百丈"。除华阳洞外，茅山还有仙人洞、玉柱洞、茅洞、金牛洞等，共同组成茅山的洞天体系。

　　除华阳洞外，《真诰》中华阳洞天北门所在的良常山也有一洞天，即司马承祯《天地宫府图》中的第三十二小洞天。周回三十里，名为良常山洞天，由李真人管辖，是通往大洞天的入口。在《真诰》中的许氏信仰中，这一北门地位十分之高。作为修行的一环，许翙从雷平山绕过郁冈山的北面，沿着山间"大路"走到柏子洞附近休息或者是过夜。良常洞据当地的传说即是始皇帝埋下白璧、巡视祭神的地方，也是茅君到来之前"神鬼"就进出的门。或许从许氏进行降诰之前开始，这里就是当地祭祀信仰的地方。总之，良常洞所在的雷平山、小茅山这一带最早接纳了茅君的信仰（并被小茅君所主治），并将当地的"神鬼"信仰融入茅君信仰中。[①]

三、茅山代表性建筑

（一）元符、崇禧、九霄三宫

元符万宁宫，简称"印宫"，位于茅山积金峰南麓。陶弘景曾在此处结庐于龙池旁，唐景德年间（1004—1007年）在此建火浣宫，北宋天圣五年（1027年）改建为天圣观。宋哲宗时，因刘混康治愈太后，赐号"洞元通妙法师"，并改建天圣观为元符观，赐八件珍宝："九老仙都君印"玉印、执圭、哈砚、镇心符、玉剑、《辽王诗简》一卷、《上清大洞秘录》十二卷、《上清大洞券简词》十二卷。后四宝已失传，前四宝现在仍归茅山道院。至徽宗崇宁五年（1106年），元符观建成，赐名"元符万宁宫"，并拨江宁府兵二百人供元符宫及茅山巡逻洒扫，并设兵营驻扎守卫。《茅山元符观颂碑》中记载元符观：

"崇宁五年八月十五日告成。重门夹道，中为天宁，万福殿，以祠三茅君，东为景福万年殿以祠皇帝本命星君，西为飞天法轮，以藏恩赐之书，傍为崇宁阁，以奉□□□□□□参□列，多勒宸翰。虹光宝气，仰薄璇极，天龙共瞻，林壑□□。至于钟阁、醮坛、斋房、燕室，亦无一不协度。总四百有余区。"[②]

《茅山志》载扩建后的元符万宁宫：

"今宫旧制，其初登山为通仙桥，直元符万宁宫门，左官厅，右浴室，第二门曰玉华之门。正殿祠三茅真君，曰天宁万福殿，左玉册殿，右九锡殿，东麻景福万年殿，西应飞天法轮殿，左钟楼，右经阁。天宁殿后为大有堂，东库堂，西云堂。云堂后为宝录殿。景福殿后为云厨，大有堂后曰众妙堂。左知宫位三素堂，右副知宫位九真堂。北极阁在宝录殿后，众妙堂后曰震灵堂。又有港神庵，在堂后。"[③]

此时的元符万宁宫规模宏大，共有道院十三房，殿阁楼宇四百余间（图2-59）。

---

① 土屋昌明，胡佳菁译. 茅山华阳洞天北门·第三十二小洞天良常山考[J]. 洞天福地研究，2013（6）.
② （元）刘大彬编，（明）江永年增补，王岗点校. 茅山志[M]. 卷26. 上海：上海古籍出版社，2016.
③ （元）刘大彬编，（明）江永年增补，王岗点校. 茅山志[M]. 卷17. 上海：上海古籍出版社，2016.

南宋建炎年间（1127—1130年）毁于盗火，后高宗敕命重建，宁宗、理宗朝也屡有扩建。明代则在元符万宁宫设华阳正副灵官以管理茅山道教事务，弘治年间（1488—1505年）江宁李君华父子再次增修，基本恢复旧有规模。后经太平天国运动及抗日战争，元符宫几乎焚毁殆尽，仅存灵官殿、太元宝殿、三清大殿及四房道院，后又经拆毁，仅存万寿台及勉斋道院部分道房。1988年主体建筑完成重建并对外开放。

崇禧万寿宫，南朝时为曲林馆，《茅山曲林馆碑》说此处*"层岭外峙，遐宫内映。仄穴旁通，萦泉远镜。"*后陶弘景在此设华阳下馆，唐太宗敕建为太平观，宋初更名崇禧观。《江宁府茅山崇禧观碑铭》记载崇禧观*"南面三门则道俗出入之所由也，三清、北极、本命三殿相直，而玉皇殿乃在东隅"*。元祐六年（1091年）升为崇禧万寿宫。《崇禧万寿宫记》中记载：

"崇禧道场自昔总辖诸山，实为上帝垂休储祉之所，不有以表章之，何以名有尊？乞升崇禧为宫……延祐六年（1319年）八月二十二日，玉音自天而下，赐号曰崇禧万寿宫。"

崇禧万寿宫原有灵官殿、拜章台、玉皇殿、三清殿、太元宝殿，及复古、威仪、四圣、葆真、三茅、天师、南极、玄坛、东华、三清、七真、三官共十二道房，现被水库淹没。2008年始，重建崇禧万寿宫于旧址东侧，依旧位于楚王涧轴线之上（图2-60、图2-61）。

图 2-60 崇禧万寿
宫鸟瞰

来源：陶金摄

重建的崇禧万寿宫，
主要利用了故崇禧宫
以东的一片谷地。格
局沿袭了传统宫观院
落式布局。主殿崇禧
殿将授箓所用坛所与
供奉神像的殿堂合二
为一，其后之"圣德
仁祐之阁"、法堂，
东侧的上清宗祠、法
箓院、斋堂等设施，
均围绕以传度授箓作
为核心仪式的"宗坛"
而设置。

图 2-61 茅山道教
博物馆

来源：陶金摄

从崇禧宫鸟瞰西南侧
的道教博物馆，原本
的崇禧宫即淹没在西
侧水库之下。崇禧宫
建筑群均为近年新
建，风格仿古却又在
细节上抽象表达，重
在延续道教功能与文
化。博物馆与知道堂
一起，构成了茅山
"文化道观"重要的组
成部分。

图 2-62　九霄万福宫
来源: 陶金摄

九霄万福宫，简称"顶宫"，位于大茅峰之上（图2-62）。在三茅真君信仰取代早期玄帝信仰后，大茅峰顶建祠庙供奉三茅真君，元延祐三年（1316年）升为圣佑观，改为专祀大茅君。明万历二十六年（1598年）改圣佑观为九霄万福宫，并设毓祥、绕秀、怡云、种璧、礼真、仪鹄六道院。九霄宫内原有太元、高真、二圣、灵官、龙王五殿堂，并藏经、圣师二阁，皆毁于战火。1983年重建。重建后的九霄宫坐北朝南，自灵官殿进入，南北共四进院落，依山势层层叠上。

（二）德佑、仁佑、白云、玉晨、乾元五观

德佑观、仁佑观均建于元代延祐年间，专门祭祀二茅君和小茅君。《茅山志·元诏诰》中记载，"二茅君，定录右禁至道冲静德佑真君，中峰司命……可赐茅山二峰德佑观，特加封二茅君定录右禁至道冲静德佑妙应真君。主者施行。上天眷命，皇帝圣旨：气化为神，握阴阳而执要；物来能应，遇水旱以成功。兹山之灵，以氏为号。三茅君三官保命微妙冲惠仁佑真君，不导引而寿体，纯素为真……可赐茅山三峰仁佑观，特加封三茅君三官保命微妙冲惠仁佑神应真君。"[1]

---

① （元）刘大彬编，（明）江永年增补，王岗点校. 茅山志[M]. 卷4. 上海: 上海古籍出版社，2016.

图 2-63　德佑观外观
来源：孙世麒摄

图 2-64　德佑观内部
来源：孙世麒摄

下部的台基可见原本建筑基址，上部轻质吊顶勾勒出原本建筑的屋顶轮廓。这样的处理手法在一般的仿古建筑中不太常见，空间上的古今对话颇有趣味。

德佑观、仁佑观毁于抗日战争，2013年重建并对外开放。重建后的德佑观外观上尽量复现历史原貌，内部则以现代设计保护了原本的建筑遗址，并以现代手法展示原有建筑的信息（图2-63~图2-66）。

仁佑观所在的山顶坡地呈东西横向，为保持三峰道观的轴线一致，仍然将主要朝向设置为南向。东南角山门设于下方，并以明道教建筑常见"九曲黄河墙"与主体相连，营造了空间氛围。

这也是今天的茅山宫观建筑与其他名山建筑相比颇具特色的一点：建筑师试图以当代设计延续历史建筑的文脉与空间特色，体验与一般常见的仿古建筑不同。

白云观始建于南宋绍兴年间，因道士王景温隐居于此而著名，后敕修为白云崇福观。《茅山志》载："在白云峰下。毕阳宫知宫王景温退居于是。温以其名闻德寿宫，劫赐观额，累迁道职，遭遇四朝。宁宗皇孙时尝从受戒法即位，赐号虚静真人。徽猷阁学士戴溪撰观记。"①戊戌变法后康有为则将其母迁葬于白云观前青龙山上。

---

① （元）刘大彬编，（明）江永年增补，王岗点校. 茅山志[M]. 卷17. 上海：上海古籍出版社，2016.

195

图 2-65 复建的仁佑观外观
来源：孙世麒摄
层层山墙叠嶂，与山顶融为一体。

图 2-66 仁佑观内部景观
来源：孙世麒摄
通过在横向轴线上布置三进各自相对独立的院落，道院的内部空间呈现出了一种近似庭园的曲径通幽、小中见大的特点。

图2-67　玉晨观
来源：http://iwr.cass.cn/zjjg/djjg
/201105/t20110510_3110827.
shtml

　　玉晨观原为晋代许长史炼丹处，并保留阴阳井两口，其麻石井栏现存于句容县图书馆（图2-67）。陶弘景在此处建朱阳馆，《茅山记》载："梁天监十三年，敕贸此精舍，立为朱阳馆，将远符先征，于馆西更筑隐居住止。"[1]唐太宗则升其为华阳观，玄宗时更名紫阳观并大加扩建，并"仍劫取侧近百姓二百户，并免租徭，永充修葺。"《茅山紫阳观碑铭》记载五代时紫阳观有敕建重修："故茅山紫阳观者，今上敬为烈祖孝高皇帝元敬皇后之所重修也。"[2]宋真宗时更名玉晨观，并设道院八房。

　　乾元观位于茅山北侧郁冈峰，秦代时李明真人在此处炼丹，陶弘景改建为郁冈斋室，唐玄宗时期，"天宝中，玄静先生居之，敬建栖真堂，会真、候仙、道德、迎恩、拜表五亭"。宋真宗时期，"大中祥符二年，观妙先生筑九层坛行道"。[3]天圣三年（1025年）赐名集虚庵，后改名乾元观。抗战时为新四军第一支队司令部和政治部所在地。1993年重建并对外开放（图2-68）。

　　茅山在道教名山中颇具特色，它在历史上发展累积的神圣空间颇为凝聚：有明晰高耸的神山形态，有实际可考的华阳洞天，有立于坛上的天门，有宫观建筑遗址的保护展示与当代道教建筑的新阐释。道教学者、建筑学者陶金经过历史考察，发现位于楚王涧由华阳三馆所构建起的东西走向横轴可概括为"上清教团轴"，而由大茅、二

① （元）刘大彬编，（明）江永年增补，王岗点校. 茅山志[M]. 卷20. 上海：上海古籍出版社，2016.
② （元）刘大彬编，（明）江永年增补，王岗点校. 茅山志[M]. 卷24. 上海：上海古籍出版社，2016.
③ （元）刘大彬编，（明）江永年增补，王岗点校. 茅山志[M]. 卷17. 上海：上海古籍出版社，2016.

图 2-68　乾元观
来源：陶金摄

茅、三茅三峰构成的南北纵轴式可概括为"茅君祠庙轴"①，明晰地阐释了茅山神圣
空间的历史发展与特性。今天我们看到山顶、山坡建筑的连缀，与山谷、山涧建筑
的生长，不禁叹于洞天名山景观的丰富与深度，历史维度上的教团的修行、思想的凝
结、空间的神圣化、经典的形成——茅山的道教历史文化遗产，当得起"第一福地"
的评价。

第四节　武当山

武当山又名"太和山"，位于湖北省丹江口市西南部，于1994年入选《世界遗产
名录》。

---

① 陶金. 茅山神圣空间历史发展脉络的初步探索[J]. 世界宗教文化，2015(3):137−147.

一、武当山: "非真武不足以当"的明代道教中心

(一)永乐皇帝与武当山工程

元朝末年,政治腐败,农民起义频频爆发,统治中国不到百年的蒙古政权摇摇欲坠。1351年,红巾军起义爆发,贫苦农民出身的朱元璋在多年征战中逐渐发展壮大。1368年,朱元璋在应天府(今南京)称帝,成为明朝的开国皇帝。不久,他派兵北上攻陷了大都(今北京),将蒙古势力赶到了漠北。朱元璋把他善战的第四个儿子朱棣分封到北平(今北京),作为燕王,担负起防御蒙古的重要任务。

明太祖朱元璋驾崩时,因为太子已先去世,所以皇位传给了当时的皇太孙朱允炆,史称建文帝。年轻的建文帝有自己的政治主张,且对他那些拥兵镇守各方的皇叔们很不放心,于是开始想办法夺取他们的兵权、取消他们的藩地。在这些藩王中,强大的燕王朱棣被认为是最有潜在威胁的一位。朱棣当然不会坐以待毙,(明建文三年1401年),燕王朱棣从北平起兵南下,夺取了他侄子建文帝的皇位,是为明成祖,年号永乐。建文帝在大火中下落不明。虽然历史证明,这位永乐皇帝是一位出色的政治家和军事家,甚至可与他的父亲并列称为明朝最有作为(也是最强权、最残酷)的皇帝,但是,从朱棣起兵开始,他就开始面临此生最大的难题——皇位的正统性、合法性问题。

虽然这场兵变也可以说由建文帝的"削藩"政策挑起,但这并不意味着朱棣就有正当理由可以采取军事行动予以反抗,遑论夺位——朱棣需要一个理由向天下交代。于是,在这场你死我活的政治和军事斗争中,朱棣告诉世人,他并无意夺取皇位,而只是奉天之命,在"玄武大帝"(真武大帝)的佑护下,起兵"靖难",清除皇帝周围的奸臣。

玄武本是神话中一种龟蛇同体的动物,作为古老的"四灵"(青龙、白虎、朱雀、玄武)之一,象征水和北方(图2-69)。汉时玄武已是普遍的神,唐代时在道教中的地位开始提高,北宋时为避圣祖赵玄朗的讳而改为"真武"。至迟在南宋,真武成为人格化的神,到元代更被皇帝加封为"玄天元圣仁威上帝",信众广泛,至今都是道教供奉的主要神祇之一。从北宋开始,随着《太上说玄天大圣真武本传神咒妙经》《元始天尊说北方真武妙经》的流行,位于中国腹地中心地带的武当山,开始与真武联系起来。武当山在今湖北省丹江口市,当时属均州,在道经中被传为真武太子修真得道升天之处。真武太子得道飞升后,镇守北方,成为北方战神。

图 2-69　太和宫金殿中的龟蛇玄武铜像
来源：诸葛净摄

　　真武镇守北方，奉玉皇敕令统率神兵在天界、人间辅正除邪的传说，正可以与朱棣由藩王自北方起兵南下的行为相对应。于是，朱棣聪明地抓住了这一点，宣扬真武大帝助其"靖难"，真武信仰就成为他君权天授的神学理论依据。甚至后来还有传言说，他本人可能就是真武大帝的化身。[①]在这样的策略指导下，朱棣特别推崇真武信仰。局势基本稳定后，他开始在武当山兴修宫观，宣扬真武信仰，也昭示他皇位的合法性。为什么选择武当山？因为宋元以来，武当山作为真武太子修真得道处的传说已经广为世人传颂，并已经建有紫霄宫、五龙宫和南岩宫等道教庙宇，初具规模，而且著名的仙道张三丰也在此隐居。当然，也有传闻说："靖难"之役中，建文帝并没有死，而是隐姓埋名逃到了这一带；朱棣派人到武当山寻访张三丰，实则以此为幌子，

---

① 　关于真武显灵助朱棣"靖难"的传说故事，多与朱棣的谋臣姚广孝有关，如《荣国姚恭靖公传》："遣张玉、朱能勒卫士攻克九门，出祭纛，见披发而旌旗者蔽天。成祖顾公曰：'何神？'曰：'向固言之。吾师，北方之将玄武也。'于是成祖即披发仗剑相应。"见：李贽. 续藏书. 卷九. 见：《续修四库全书》编纂委员会. 续修四库全书[M]. 第303册. 上海：上海古籍出版社，2002：193.

　　及高岱《鸿猷录》："初，成祖屡问姚广孝师期。姚屡言未可。至举兵先一日，曰：'明日午，有天兵助，可也。'及期，众见空中兵甲，其帅玄帝像也。成祖即披发仗剑应之。"见高岱. 鸿猷录. 卷七. 见：《续修四库全书》编纂委员会. 续修四库全书[M]. 第389册. 上海：上海古籍出版社，2002：299.

　　又见传维麟《明书》："遣张玉、朱能勒卫士攻克九门，出，祭纛，见披发而旌旗蔽天。太宗顾之曰：'何神？'曰：'向所言吾师，玄武神也。'于是太宗仿其像，披发仗剑相应。"见传维麟. 明书. 160. 见：丛书集成新编[M]. 第119册. 台北：新文丰出版公司，1984：462. 现代论述见陈学霖. "真武神、永乐像"传说溯源[J]. 故宫学术季刊，1995.12（3）：1-32.

寻找建文帝，以绝心头之患。

永乐十年（1412年）三月初六日，朱棣派道士孙碧云到武当山进行前期勘测：

"（敕右正一虚玄子孙碧云）……重惟奉天靖难之初，北极真武玄帝显彰圣灵，始终佑助，感应之妙，难尽形容，怀报之心，孜孜不已。……朕闻武当紫霄宫、五龙宫、南岩宫道场，皆真武显圣之灵境。今欲重建，以伸报本祈福之诚。尔往审度其地，相其广狭，定其规制，悉以来闻，朕将卜日营建。"①

武当山宫观工程是明代皇帝动用国家力量一次性组织、规划、营建的规模最大的建筑群。永乐十年（1412年），朱棣派亲信隆平侯张信、驸马都尉沐昕，统率军夫二十余万兴修武当山宫观。工程开始时，朱棣专门为全体参与营建的官员、军人、民夫、工匠发出圣旨，除了勉励军民，也宣布工程的缘由就是为报答真武玄天上帝的显灵相助：

"（黄榜）皇帝谕官员军民夫匠人等：武当天下名山，是北极真武玄天上帝修真得道显化去处，历代都有宫观，元末被乱兵焚尽。至我朝，真武阐扬灵化，阴佑国家，福庇生民，十分显应。我自奉天靖难之初，神明显助威灵，感应至多，言说不尽。那时节已发诚心，要就北京建立宫观，因为内难未平，未曾满得我心愿。及即位之初，思想武当正是真武显化去处，即欲兴工创造，缘军民方得休息，是以延缓到今。如今起倩些军民，去那里创建宫观，报答神惠。……永乐十年七月十一日。"②

永乐十六年（1418年），武当山宫观的主体营建工程基本完成，包括净乐宫（位于古均州城内）、遇真宫、玉虚宫、紫霄宫、南岩宫、五龙宫、太和宫七座大型道宫以及百余座观、庙、堂、岩。明成化三年（1467年）敕建迎恩观，成化十九年（1483年）将其升格为宫，于是武当山共有八座大型道宫。

工程告竣，朱棣在《御制大岳太和山道宫之碑》中再次强调了真武大帝对他"起义兵靖难"的荫佑：

"天启我国家隆盛之基，朕皇考太祖高皇帝以一旅定天下，神阴翊显佑，灵明赫奕。肆朕起义兵，靖内难，神辅相左右，风行霆击，其迹甚著。暨即位之初，茂锡景

① （明）任自垣.（宣德六年）敕建大岳太和山志. 卷二 诰副墨第一. 见：中国武当文化丛书编纂委员会. 武当山历代志书集注（一）[M]. 武汉：湖北科学技术出版社，2003：98.

② （明）任自垣.（宣德六年）敕建大岳太和山志. 卷二 诰副墨第一. 见：中国武当文化丛书编纂委员会. 武当山历代志书集注（一）[M]. 武汉：湖北科学技术出版社，2003：100. 关于明成祖派军民营建武当山的史料，还可参见（明）张辅等监修. 明太宗实录. 卷129，见：明实录[M]：第8册. 南港：中央研究院历史语言研究所，1962：1597. 及（明）任自垣.（宣德六年）敕建大岳太和山志. 卷十二. 见：中国武当文化丛书编纂委员会. 武当山历代志书集注（一）[M]. 武汉：湖北科学技术出版社，2003：330等。

图2-70 "治世玄岳"石牌坊
来源：张剑葳摄

觋，益加炫耀。……朕夙夜祗念，罔以报神之休。仰惟皇考妣劬劳恩深，昊天罔极，亦罔以尽其报。惟武当神之攸栖，肃命臣工，即五龙之东数十里得胜地焉创建玄天玉虚宫。于紫霄、南岩、五龙创建太玄紫霄宫、大圣南岩宫、兴圣五龙宫。又即天柱之顶，冶铜为殿，饰以黄金，范神之像，享祀无极。"[1]

　　这样，从明永乐年开始，武当山就不仅仅是"非真武不足以当"的道教神山，而是与明朝皇帝的政权联系起来了。永乐十一年（1413年），武当山已经被朱棣在圣旨中称为"大岳太和山"，永乐十五年（1417年）正式定名。[2]明世宗于嘉靖三十一年（1552年）降旨修缮武当山宫观，在遇真宫东侧敕建"治世玄岳"石牌坊（图2-70），武当山更有了"玄岳"的官方称号。在明成祖朱棣和后继者的崇奉下，武当山的地位不仅超过了龙虎山、茅山、青城山等道教名山，而且赶超了东岳泰山、中岳嵩山等五岳名山，成为明代皇帝钦定的"天下第一名山"。

① （明）任自垣.（宣德六年）敕建大岳太和山志. 卷二 诰副墨第一. 见：中国武当文化丛书编纂委员会. 武当山历代志书集注（一）[M]. 武汉：湖北科学技术出版社，2003：107-111.
② （明）任自垣.（宣德六年）敕建大岳太和山志. 卷二 诰副墨第一. 见：中国武当文化丛书编纂委员会. 武当山历代志书集注（一）[M]. 武汉：湖北科学技术出版社，2003：103-104.

（二）作为朝圣地的武当山

虽然武当山道教宫观是明代皇帝的皇家宫观——皇帝们虽然常派钦差致祭，却从来没有亲自来过武当山——由朝廷派员提督管理、驻军守护，但武当山道教宫观并非仅供明代皇家使用。至迟从12世纪以来，在广泛的道教信众心中，武当山就已经是供奉真武大帝的著名朝圣地了，到武当山进香的信众络绎不绝。

历史上，在尚未与玄武修真飞升的神话联系起来之前，武当山已经是道教名山。武当山的名称东汉时已有；南北朝时郦道元《水经注》载武当山又名太和山、参上山、仙室、谢罗山等；唐杜光庭（850—933年）编《洞天福地岳渎名山记》已将武当山列入道教七十二福地中的第九福地。伴随着真武信仰的发展，武当山在道教中的地位持续提升。自北宋、南宋流行《太上说玄天大圣真武本传神咒妙经》《元始天尊说北方真武妙经》《玄帝实录》始，武当山被确定为传说中真武大帝修真飞升的圣地。宋代皇帝虔诚崇奉真武，屡为真武大帝加尊号，因此真武信仰在民间日益炽盛，全国各地均出现供奉真武神的道教庙宇。

元代出现《武当福地总真集》《玄天上帝启圣录》等道经后，净乐国太子在武当山修仙得道成真武大帝的故事更加完善。在元代，以武当山为中心的真武信仰已经初步具有跨地域的流布范围。各地信众形成了到武当山朝山进香的习俗，在武当山留下了朝山碑、功德碑等金石记录。元大德十一年（1307年）铸造的小铜殿上留下了捐建者籍贯、所在地的铭文（图2-71、图2-72），可以看出捐建者不仅来自长江中游和汉水流域，也已经扩大到当时的湖广行省、河南江北行省、江西行省和江浙行省[①]。

到明代，明成祖崇真武、建武当，受此影响，明代的京城及全国各地都新出现了许多真武庙或武当行宫。以武当山为中心的真武信仰扩展至全国范围，武当山成为全国各地信众心目中的朝圣神山。全国各地有能力朝山进香的虔诚信众纷纷组成进香团来武当山进香。这从武当山现存的诸多朝山碑，以及相关地方志、道经、游记、诗赋中都可以看到记载。

清代开始，虽然武当山道教宫观不再受到皇室的崇奉，但民间朝武当的习俗仍然兴盛。通过分析现存的功德碑、宫观簿、地方志等资料，可知明清时期武当山朝山的香客来自今北京、河北、山西、陕西、甘肃、山东、安徽、江西、江苏、浙江、福

---

① 张剑葳. 中国现存最早的铜建筑——武当山元代小铜殿研究[C]//贾珺. 建筑史：第27辑. 北京：清华大学出版社，2011：80-106.

图 2-71　元代小铜殿
来源：张剑葳摄

图 2-72　武当山朝山碑
来源：张剑葳摄

那些路转山头忽现的朝山碑，记载了12世纪以来络绎不绝到武当山进香信众的记录和善心。

图 2-73　南岩宫山道上的武当功
夫修习者
来源：张剑葳摄

建、河南、湖北、湖南、广西、广东、云南、四川等地区。[①]

　　作为世界文化遗产地，武当山道教建筑群并不仅仅是历史上的道教圣地，直到今天，武当山仍然是道教真武信仰的中心。除了建筑、造像等有形文化遗产外，武当山的道教经籍、武术、道教音乐都是武当文化、中国道教文化的重要组成部分，具有非常重要的价值。现在，武当山每年都迎接大量来自华语文化圈的国内外信众前来进香，武当功夫的修习者更是遍布海内外（图2-73）。正如明代杰出的人文地理学家王士性所描述的："太和山……山既以擅宇内之胜，而帝又以其神显，四方士女，持瓣香戴圣号，不远千里号拜而至者，盖肩踵相属也。"[②]

二、武当山建筑：中国古代后期的道教建筑艺术高峰

（一）从人间到天界：大尺度的规划设计

　　以今天的眼光来看，武当山古建筑群在群体规划、艺术成就、技术成就、宗教文

① 关于武当真武信仰分布的讨论见：杨立志. 武当进香习俗地域分布刍议[J]. 湖北大学学报（哲学社会科学版），2005，32
（1）：14-19；王光德，杨立志. 武当道教史略[M]. 北京：华文出版社，1993：220-221；John Lagerwey. The Pilgrimage
to Wu-tang Shan[C]. In: Susan Naquin, Chün-fang Yü, eds. Pilgrims and Sacred Sites in China. Berkeley, Los Angeles[M].
Oxford: University of California Press, 1992. 293-332；梅莉. 明代云南的真武信仰——以武当山金殿铜栏杆铭文为考察中心
[J]. 世界宗教研究，2007（1）：41-49；顾文璧. 明代武当山的兴盛和苏州人大规模武当进香旅行[J]. 江汉考古，1989（1）：
71-75；梅莉. 明清时期武当山香客的地理分布[J]. 江汉论坛，2004（12）：81-85；等等。
② 王士性. 太和山游记. 见王士性地理书三种·五岳游草[M]. 卷6. 上海：上海古籍出版社，1993：121.

化内涵等方面均具有突出的价值，它与北京故宫、天坛、陵寝等建筑共同铸就了中国古代后期的一波建筑艺术高峰。综合考虑设计、投入、规模等各方面因素，能与之媲美的，如今大概只有明成祖朱棣的另一项大型工程——北京的紫禁城皇宫。

　　紫禁城皇宫是皇帝居住、施政之处，理应采用最高形制，壮丽以重威。可是，要营建怎样的宫观建筑才符合大岳太和山的地位呢？负责勘测、营建武当山工程的官员和道士在工程的进行过程中不断画"祥瑞图"呈给明成祖朱棣审阅（图2-74）。工程的指挥者带领各级工匠、二十万军民，忠实地实现了皇帝的"大手笔"设计——武当山的宫观既要适应山势地形，又要让天下人和朝山进香的信众都能感受到，这里是真武大帝修真飞升的福地，这里是真武大帝扶正祛邪、治理宇内之所，这里还与大明皇室有着密切联系。

　　中国传统的宗教建筑（尤其道教建筑），喜欢占据山峰，脱离尘世、接近上天。武当山道教建筑群也不例外，但显然，规模庞大的武当山道教建筑群，在规划上的立意并未止步于此。

　　武当山建筑群与山势地形是融为一体的，山脉、群峰，都成了建筑群整体的一部分。如此大的格局之下，秩序、等级、层次——规划者组织出这样一套宫观体系，使无论是看"瑞图"的皇帝，还是亲历山中的进香信士，都能迅速领会、融入武当山建筑群的意味中。

图2-74　太和山瑞图中的五龙宫、天柱峰（局部）
来源：张剑葳摄。原图藏于北京白云观，武当山博物馆展出了复制品。

206

武当主峰天柱峰海拔1612m，异峰突起，周围有"七十二峰""三十六岩""二十四涧"等胜景环绕，气势宏伟、风光旖旎。武当山古建筑群就分布在以天柱峰为中心的群山之中，规划严密，主次分明，布局考究。从建筑选址上看，尤其注重与环境结合，讲究与山形、水脉的和谐布置。将遇真宫、玉虚宫、紫霄宫、南岩宫、五龙宫这五座主要道宫安排在山中内聚型盆地或山麓台地之上，藏风聚气（图2-75～图2-79）。从属于主要道宫的次一级宫、观、祠、岩、堂等，分布位于主要道宫的附近地带，或深藏山坳，或濒临险崖。这些宫观与地形上的山峰、低谷达成了等级秩序上的"同构"，形成一套完整的建筑网络——不仅是等级上的，也是朝山者心理上的：在山中的进香神道上行走，三至五华里到达一组小型建筑，八至十华里到达一组大型建筑。人们在这样极富节奏感的序列中行进、渐次升高，所获得的心理感知也是有序的、成体系的。在海拔逐渐升高的过程中，人们感知到——武当山是雄伟的自然胜景，可竟又时常峰回路转、殿宇翼然——仿佛由下至上缓缓展开的道教内经图，重重境界。人们不由期待着最高处的升华，渴望见到统摄诸峰的，究竟是怎样的仙宫楼阁？

图 2-75　南岩宫大殿与天乙真庆宫石殿
来源：张剑葳摄

图 2-76　五龙宫鸟瞰
来源：湖北省丹江口市五龙宫考古队（湖北省文物考古研究所、北京大学等）

图 2-77　从五龙宫外的曲墙看宫内的碑亭
来源：张剑葳摄

图 2-78　五龙宫内部院落与天池、地池
来源：张剑葳摄
　　五座水井不对称分布在院中，或与五龙
有关。大殿台阶前的圆形、方形水池分
别是天池与地池。

图 2-79　五龙宫鸟瞰以及日池、月池池底的石刻

来源：鸟瞰，高勇摄；石刻，江汉考古微信公众号《湖北"六大"终评项目——武当山五龙宫遗址》，见：https://mp.weixin.qq.com/s/2g9D5fykb8Dlr2rl3h2zKg

2020年以来五龙宫经过考古发掘，发现了完整的日池、月池（鸟瞰照片中央），清出淤泥，池底基岩上显露出五龙石雕与龟、玉兔石雕，充满了神圣氛围。

太和宫被布置在主峰天柱峰之下的一小块坡地上，形成高潮来临前最后的铺陈。而位于武当之巅——天柱峰顶的，就是著名的太和宫金殿。金阙玉京，万峰来朝，以一座奇异的金色神殿来统摄武当山道教建筑群。这样的总体布局，建筑等级层次分明，又与环境浑然天成，体现了人工与自然的高度和谐。

如果我们进一步分析武当山建筑群的规划，会发现规划设计者的匠心不止于让成体系的宫观建筑群与自然环境完美结合，他们更是以天才的创造力，将方圆八百里的山、川、建筑统一成一个立体的作品，赋予道教思想和传说，精心营造出可供感知、体味的空间序列和极富精神内涵的宗教圣境。

武当山规划的核心理念，就是根据《太上说玄天大圣真武本传神咒妙经》《元始天尊说北方真武妙经》《玄帝实录》等相关道经，以净乐国太子修真飞升为真武大帝的故事为蓝本，将武当山的空间序列按照"人间""仙山""天界"三大阶段来组织。[①]

第一阶段"人间"：将武当山空间序列的起点延伸到均州古城（今丹江口市），根据真武降生于净乐国为太子的故事，永乐十七年（1419年）在均州古城修建了占地十万平方米的大型道宫净乐宫[②]，内设玄帝殿、圣父母殿等殿。尤其是设有一"紫云亭"，附会传说中太子降生时"有紫云弥罗"。[③]这里是展现真武大帝传说故事的第一站。净乐宫外一条长达30km的石板官道，直通武当山麓。人们从这里出发，就开始意识到将循着净乐国太子的神迹，逐渐脱离尘俗，进入神山仙境。

第二阶段"仙山"：循着净乐国太子的神迹，逐渐脱离尘俗，逐渐进入"仙山"。从进"治世玄岳"牌坊到武当半山腰，有三层境界。第一层境界，太子得紫元真君点化，辞别父母入山修炼。修炼之初，思凡下山，后经真君点化回心归山复真修炼。据此建遇真宫、玉虚宫（图2-80）、回龙观、回心庵、磨针井、复真观（图2-81）。第二层境界，演绎太子越水过关、潜心修炼，建龙泉观、天津桥、仙关、紫霄宫、太子洞等。第三层境界表现太子修真日久、渐入佳境，建黑虎庙、乌鸦庙、南岩宫、梳妆台、飞升岩等，以比附道经中的"黑虎卫岩""灵鸦报晓""紫霄圆道"等典故。

---

① 对此规划理念的概括参考：湖北省建设厅. 世界文化遗产——湖北武当山建筑群[M]. 北京：中国建筑工业出版社，2005：35–51. 原文分为"人间""仙山""天国"三个部分。

② 1958年兴建丹江口水库，净乐宫原址淹没于水库。其中大石牌坊和御碑等石质文物搬迁至丹江口市金岗山。

③ （明）任自垣.（宣德六年）敕建大岳太和山志. 卷八. 见：中国武当文化丛书编纂委员会. 武当山历代志书集注（一）[M]. 武汉：湖北科学技术出版社，2003：276.

图 2-80　玉虚宫遗址（2009 年，复原保护之前）
来源：张剑葳摄

图 2-81　复真观顺依山势建的夹道墙
来源：张剑葳摄

夹道墙俗称"九曲黄河墙"，在依山而建的主体建筑之前形成一个完整的引导空间，武当山五龙宫前也有遗存。
穿行其间，曲回波折，空间层次丰富了许多。这是明代道教建筑的一个显著手法，颇具空间趣味，南京朝天宫明
代也曾如此设置。

绕过南岩宫，建筑不拘泥于中轴线，而随山势地形布置，颇有太极功夫道法自然之势。张三丰当然不那么容易寻见，而老神仙自己大概也料算不到，五百年后，武当功夫不仅在中国成为巅峰，在海外也多有修习者。当然，这也有作家金庸一份功劳。

　　第三阶段"天界"：进了一天门，正式进入"天界"。

　　榔梅祠（图2-82）、会仙桥、朝天宫、一天门、二天门、三天门、太和宫、紫金城，海拔已至1500m。至此，仙气升腾，建筑占峰据险，生于云雾缭绕之中，俨然一派天界仙境。从古均州到天柱峰共60km，其中均州至玄岳门约30km，玄岳门至南岩宫约20km，南岩宫至天柱峰约10km，它们所表达的"人、地、天"三者的比例正是3：2：1，又从象术上符合了道教经典中"道生一、一生二、二生三、三生万物，万物负阴而抱阳，冲气以为和"的观念。在这三大阶段的空间规划控制之下，武当

图2-82　榔梅祠
来源：张剑葳摄
武当的榔梅在明初为专供皇家的贡果禁物。徐霞客来武当，向道士反复讨要，最终以诚心讨得两枚——"形侔金橘，漉以蜂液，金相玉质，非凡品也。"徐霞客不馋，下山回家，"以太和榔梅为老母寿"。（据湖北省的专家考证，榔梅其实就是猕猴桃）

山道教建筑与自然环境浑然一体而又内涵丰富，既是皇帝展现出的帝国伟力，又是道经中出现的缥缈仙山，成为一项超大尺度的建筑与环境设计的作品。

具体到各个大型宫观的选址或改造，武当山道教建筑又凝聚着负阴抱阳、藏风聚气的风水思想。风水堪舆是中国古代建筑环境学的经验总结，武当山工程在处理建筑与环境的关系时，对此也多有运用。为了保护武当山的自然环境，朱棣还下令不得扰动天柱峰的山体；武当山建筑所用的大木材料也多为从外地置办的"神木"，从水路运到武当山。

（二）武当山建筑与承前启后的明官式建筑

武当山道教建筑群不仅为今天认识和理解中国古代建筑关于大尺度规划、处理人地关系的智慧提供了绝好的案例，也真实记录了元、明时期，尤其是明官式建筑的样式和构造，是建筑史上的宝贵遗产。

除了南岩宫的天乙真庆宫石殿（1314年以前完工）、小铜殿（1307年造）、琼台石殿等少量元代建筑遗存外，武当山古建筑群中现存的大多宫观建筑，无论是门座、大殿、碑亭，还是焚帛炉，虽经明嘉靖三十一年（1552年）修缮，仍都或多或少保留了明朝前期的营造特点。

作为明代皇帝使用国家力量兴建的官式建筑，武当山道教建筑群在形制、技术上体现出的高等级、高规格仅次于明代的皇宫与皇陵建筑。例如玄天玉虚宫，永乐十一年（1413年）落成，嘉靖三十一年（1552年）扩建，占地达50万m^2。现存部分12万m^2，大致为永乐年间所建部分的范围。玉虚宫是明代兴建武当山工程时的大本营，也是武当八宫中最大的建筑组群。主要建筑沿中轴线布置，次要建筑在东、西两侧展开布置。其多进宫城、弧形玉带河的设置，以及宫墙围合出的纵向与横向院落广场的组合方式，很难不让人联想起明代皇宫紫禁城的金水河以及多重宫门、广场的布局。四座巨大的御题石碑（永乐两座、嘉靖两座）以及覆盖石碑的碑亭，以可观的体量彰显着皇帝的青睐与崇奉。这种大型碑亭的设置，在15世纪以后的皇家寺庙、陵寝或文庙中常能见到。

如果说玉虚宫因为位于武当山山麓，沿山地布置建筑的特色并不特别突出的话，紫霄宫、南岩宫则分别可算是在山地沿中轴线建设，以及利用绝壁和缓坡灵活布置建筑这两种建设方式的杰出代表。

紫霄宫位于武当山东南的展旗峰下，始建于北宋宣和年间（1119—1125年），明永乐十一年（1413年）重建，嘉靖三十一年（1552年）扩建，清嘉庆八年至二十五

图 2-83　紫霄宫碑亭与紫霄殿
来源：张剑葳摄

年（1803—1820年）大修，是武当山八大宫观中现存建筑最完整的。紫霄宫依山就势，宫门前引玉带河蜿蜒流过，中轴线上用八字墙配合殿座的形式，将建筑群划分为三进空间，分布在逐段抬升的五级台地上，大殿和父母殿分别位于中轴线的次高和最高处。拾级而上，人们能在空间的收放、开合中体会宗教建筑的秩序感、韵律感，从而感知真武大帝的神力和他佑护下的明代皇权（图2-83）。

　　南岩宫位于武当山南岩，始建于元至元二十三年（1286年），明永乐十年（1412年）扩建。南岩宫建筑群可分为南坡与北坡两部分，南坡开凿于绝壁之上，由元代住持张守清创建，天乙真庆宫石殿以及著名的龙头香就位于此。北坡建筑为明永乐十年（1412年）所建，像武当山其他明代道宫一样，沿中轴线、分几级台地布置殿宇（图2-84）。

　　中国古代建筑的一大特点，在于通过屋顶的形式、斗栱的复杂程度、建筑开间的多少、天花藻井的配置等建筑形制、形象的差别来表现建筑本身的等级，进而表达建筑使用者的社会等级。例如紫霄宫的主体建筑紫霄殿，是武当山现存最有代表性的木构建筑殿堂，建在三层崇台之上。大殿面阔、进深各五间，重檐歇山顶，比例优美，装饰华丽、灵动而不繁复。下檐平身科斗栱为五踩（出两跳），上檐为七踩（出三跳）。武当山其他大型道宫的正殿斗栱，基本也采取了此种规格。与此对比鲜明的是：位于天柱峰，象征真武大帝所居金阙的太和宫金殿则采用了重檐庑殿顶——这是中国建筑的最高规格屋顶；斗栱为下檐七踩、上檐九踩，也达到最高规制。建筑的等

图 2-84　南岩宫绝壁上的龙头香

来源：张剑葳摄

人们需要冒着生命危险走到龙头上烧香，以表孝心。中国类似表孝心的机会还有舍身崖之类的，一命换一命。龙头香太危险，康熙十二年（1673年）官府就明令禁止了。

级性，通过建筑形制的差异清晰地体现出来。

如果把武当山建筑放在中国建筑技术史的发展历程中，则能看到武当山建筑所反映出的明官式建筑在宋《营造法式》与清《工部工程做法》之间的过渡作用。明官式是在洪武朝、永乐朝的大量建设工程中得以定型并持续发展的，武当山道教官观正是这一过程中的重要案例。这从一系列建筑技术细节中可以看出：

从柱子来看，紫霄殿的柱子仍然保持有"生起"的做法，意思是建筑面阔方向两侧的柱子比中央的柱子逐渐略微增高，以使柱顶连线形成平缓曲线。紫霄殿的生起值远小于宋《营造法式》的规定，但仍然存在。而明中期以后的建筑，已经没有生起。紫霄殿的做法，处于两者之间。

从斗栱来看，武当山的明初官观喜欢使用溜金斗栱，如紫霄殿、遇真宫大殿和太和宫金殿等。明代以前的斗栱，常使用斜向构件"昂"；明代建筑的斗栱，虽然仍有昂的形象，但已经不是斜向杆件，而只是昂型华栱。武当山紫霄殿和遇真宫大殿溜金斗栱中的某些昂，却仍然是斜向的杆件。另外，从平身科斗栱的数量来看，武当山建筑的平身科斗栱数量比宋《营造法式》多，但仍不如明末以后的多。这些都体现出过渡的特征。

从建筑平面设计的模数来看，清官式的平身科斗栱间距规定为11斗口，斗栱间距也就成为控制建筑平面尺度的模数。明代以前的建筑则不以斗栱间距为控制平面尺度的模数。而根据建筑史学者的观察，在武当山明初官观建筑中，斗栱间距已经开始成为平面尺度的控制模数了。[①]

如此种种技术细节尚多，这里就不一一举例介绍。虽然并不是只能在武当山见到明初建筑的遗构，但总体来看明初官式建筑遗构现在也并不多见。也正是有了武当山建筑群，我们才能从更集中的案例中，更接近历史本来面目地总结出明初官式建筑的一些特征。明代官式建筑向清官式建筑的过渡，不仅仅是样式、构造的随机变化，它反映的是中国传统木构建筑结构的整体稳定性进一步加强的过程，也是规格化生产进一步加强的过程。而这也正从一个方面体现了武当山建筑群所具有的见证中国木构建筑发展，同时影响后世建筑发展的价值。

---

① 祁英涛. 北京明代殿式木结构建筑构架形制初探[M]//祁英涛古建论文集. 北京：华夏出版社，1992：336；郭华瑜. 明代官式建筑大木作[M]. 南京：东南大学出版社，2005：144，196.

三、武当山代表性建筑：金殿及其深远影响

太和宫盘踞在天柱峰之下的一小块坡地上，是"天界"高潮来临前最后的铺陈。进入太和宫，孤峰耸峙，海拔急剧升高。位于武当之巅——天柱峰顶的，正是著名的太和宫金殿。金阙玉京，万峰来朝，一座奇异的金色神殿统摄着武当山道教建筑群。

（一）太和宫金殿及其影响

"大岳太和宫在天柱峰大顶。旧有小铜殿一座，以奉玄帝香火。永乐十年（1412年）敕建宫宇。皇上独重其事，冶铜为殿，饰以黄金，范神之像，置于天柱峰之顶。缭以石垣，绕以石栏，四辟天门，以像天阙，磅礴云霄，辉映日月，俨若上界之五城十二楼也。"[①]

众峰拱卫的天柱峰，自元大德十一年（1307年）起就有一座铜殿，象征真武大帝所居之金阙——这也是中国现存最早的铜建筑。[②]然而，这样一座悬山屋顶的小铜殿，在明成祖朱棣看来，规制不够，显然与他想象中武当之巅应有的金殿太不相称。于是，永乐十四年（1416年），他下令将小铜殿迁至小莲峰，而在天柱峰顶重新树立了一座重檐庑殿顶的铜殿——太和宫金殿（图2-85）。

在武当山道教建筑群的等级体系中，金殿毫无疑问占据了最高峰，这与它在武当山空间体系中的实际位置也非常吻合。金殿从屋顶到柱础，全部用黄铜仿照木结构建筑的样式分构件铸造再组装而成，并且通体表面鎏金（图2-86、图2-87）。天柱峰大顶立金殿的意象从此牢牢树立在天下信众的心中。元代小铜殿与太和宫金殿的建筑材料特殊——全用铜合金铸造，这在中国建筑史上并不多见。它们将中国传统神仙思想、道教典籍中对仙境金殿的追求用实体表达了出来，见证了中国的本土宗教——道教在建筑史上的原创贡献。仅就这点来说，两座铜殿就已经具备了突出的普遍价值。太和宫金殿的铸造和装配工艺纯熟、精湛，构件之间甚至找不到明显的缝隙，代表了当时冶金铸造科技的最高水平（图2-88）。

---

① （明）任自垣.（宣德六年）敕建大岳太和山志.卷八.楼观部，见：中国武当文化丛书编纂委员会.武当山历代志书集注（一）[M].武汉：湖北科学技术出版社，2003：272.

② 张剑葳.中国现存最早的铜建筑——武当山元代小铜殿研究[C]//建筑史：第27辑.北京：清华大学出版社，2011：80-106.

图 2-85 《太和山纪略》中的
太和宫图
来源：张剑葳．中国古代金属建筑
研究[M]．南京：东南大学出版社，
2015: 249. 原图自（清）王概，姚世信．
大岳太和山纪略．卷二．清乾隆九年，
1744: 9.

图 2-86 武当山金殿鸟瞰
来源：张剑葳摄

图 2-87　太和宫金殿正立面
来源：张剑葳摄

图 2-88　金殿正脊与吻兽
来源：张剑葳摄

太和宫金殿在北京铸造，构件装船运至南京，然后再溯长江、汉水而上运至武当山。金殿作为武当山工程中登峰造极的一笔，意义至为重大。"皇上独重其事"——朱棣对金殿是如此重视，以至于连下了好几道敕令。永乐十四年（1416年）九月初九日，明成祖敕都督何浚：

"今命尔护送金殿船只至南京，沿途船只务要小心谨慎。遇天道晴明，风水顺利即行。船上要十分整理清洁。故敕。"续一件："船上务要清洁，不许做饭。"[①]

这还不够，永乐十七年（1419年）明成祖又下令给天柱峰加建了一圈厚重的围墙：

"今大岳太和山大顶，砌造四围墙垣，其山本身分毫不要修动。其墙务在随地势，高则不论丈尺，但人过不去即止。务要坚固壮实，万万年与天地同其久远。故敕。永乐十七年五月二十日。"[②]

这就是紫金城墙。它将天柱峰包围，四面设四座天门，其中仅南天门可供通行，其余三门不可开启，仅有门的形象（图2-89、图2-90）。南天门外为太和宫建筑群，海拔约1552m；南天门内异峰突起，太和宫金殿即位于海拔1612m的峰顶。云烟缭绕之下，紫金城、四天门拱卫下的太和宫金殿所营造出的天界仙宫金阙的意境，正如《史记集解》描述的："昆仑玄圃五城十二楼，此仙人之所常居也。"[③]

金殿立于武当山天柱峰顶，至今已近600年。虽然太和宫金殿并不是建筑史上最早的铜殿，但无疑是影响最大、最广的一座，在明代至清代早期引发了一波铜殿建设的潮流。作为对道教典籍中仙境金阙、金殿的实物描摹和演绎，金殿形成的艺术意象，成功地深入道教信众之意识中。也就是说，作为武当山最高级别的建筑，金殿代表了武当的真武信仰。它不仅影响了15世纪以后的建筑，也深入影响了宗教文化。从这以后出现的道教铜殿乃至几座佛教铜殿中，都可以看到武当山太和宫金殿这一创意对它们的影响和启发。如：

昆明太和宫铜殿："前明万历壬寅年（1602年）道士徐正元叩请云南巡抚陈公用宾会同黔国公沐公昌祚、右都督沐公叡、御史刘公会于是山之巅，仿照湖广武当山七十二峰之中峰修筑紫金城，冶铜为殿铸供真武祖师金身。名其宫曰太和，亦仿照武

① （明）任自垣.（宣德六年）敕建大岳太和山志. 卷二. 诰副墨第一. 见：中国武当文化丛书编纂委员会. 武当山历代志书集注（一）[M]. 武汉：湖北科学技术出版社，2003：104.
② （明）任自垣.（宣德六年）敕建大岳太和山志. 卷二. 诰副墨第一，见：中国武当文化丛书编纂委员会. 武当山历代志书集注（一）[M]. 武汉：湖北科学技术出版社，2003：106.
③ （汉）司马迁. 史记[M]. 北京：中华书局，1959：484.

图 2-89　被紫金城墙环抱的天柱峰
来源：张剑葳摄

图 2-90　从太和宫外看天柱峰顶的金殿
来源：张剑葳绘制

坐在太和宫门正对的转运殿外看天柱峰顶，此时正
好焚帛炉内燃烧的香纸冒气滚滚浓烟，直冲苍穹。

222

当山中峰宫名也。"①

泰山碧霞祠天仙金阙铜殿："金殿在元君殿墀中。创于明万历间，中官董事，制仿武当，突兀凌霄，辉煌映日。"

峨眉山铜殿："是安得以黄金为殿乎？太和真武之神，经所称毗沙门天王者，以金为殿久矣，而况菩萨乎？"

此论流露出对武当山金殿的羡慕和欲造佛教铜殿以比之的心理。文献表明，妙峰禅师所建的三座铜殿不仅在概念上受到了武当山金殿的启发，而且都采用了荆州地区的工匠、技术。

山西霍山铜殿："真武庙：旧志曰元帝殿在霍山绝顶，距城六十里。因明季南路阻塞，香火不通武当，崇祯癸未（崇祯十六年，1643年）邑贡士郭养正领衾香众祷神卜地撰文首事，遂于山之巅铸建铜殿一座，四面设铜栏杆；铜牌坊一座，上下俱饰以金。后殿一座，东西香火院数十间，左右钟鼓楼，周围砌以石垣，金碧辉煌，一如武当之胜。"②

武当宫观营建时，永乐皇帝曾下令从直隶、浙江、江西、湖广、河南、山西、陕西等布政司选录一批道士到武当山。在来自七个布政司的全部292名道士中，来自山西平阳府的道士最多，有60名。③而山西平阳府在全国范围内看又是铜殿最密集的地区，在明末清初接连出现了至少四座真武铜殿。④为什么当地会出现这么多真武铜殿？这显然与平阳地区流行的武当真武信仰有关——武当山金殿的建成，使"金殿（铜殿）"成为武当真武信仰传播的重要标志，在真武信仰的传播过程中发挥了符号功能。

① 张剑葳，周双林. 昆明太和宫金殿研究[J]. 文物，2009 (9)：73–87.
② 原文详见：（明）萧协中著，（民国）赵新儒校勘注释. 泰山小史[M]. 泰安：泰山赵氏刻本，民国21年（1932年），第十二页；（明）傅光宅. 峨眉山金殿记，见：（清）印光法师. 峨眉山志[M]. 卷六. 上海：国光印书局，民国23年（1934年），第八页；（清）释德清. 妙峰禅师传，见：（清）释德基. （康熙）宝华山志. 卷二. 见：四库全书存目丛书编纂委员会. 四库全书存目丛书[M]. 史236册. 济南：齐鲁书社，1996：404–405；（清）李升阶纂修. （乾隆）赵城县志. 卷九. 坛庙. 见：稀见中国地方志汇刊（第七册）[M]. 北京：中国书店，1992：171.
③ "永乐十一年：礼部泰武当山住持道士事. 奉圣旨：'着道录司行文书，去浙江、湖广、山西、河南、陕西这几处，取有道行至诚的来用。钦此。'"见：（明）任自垣. （宣德六年）敕建大岳太和山志. 卷二. 大明诏语；道众名录见：（明）任自垣. （宣德六年）敕建大岳太和山志. 卷八. 见：中国武当文化丛书编纂委员会. 武当山历代志书集注[M]. 武汉：湖北科学技术出版社，2003：102–103，281–285.
④ 分别为霍山真武庙铜殿、洪洞青龙山玄帝庙铜殿、汾西姑射山真武庙铜殿、石楼县飞龙山铜殿，笔者均已赴现场找到碑铭证据，可与方志记载相验证。

图 2-91　平阳府信众朝山送来的铜铸武当山金顶模型
来源：张剑葳绘制、摄

　　前文谈到，元、明以后，朝武当进香的香客的地域分布已具有全国性。在武当信仰的传播过程中，武当山金殿作为形象标志，直接引发了前述几座铜殿的建造。但并不是所有地区都有财力造铜殿，因此它所起到的形象标志作用还表现在：

　　来自云南的真武信众，于万历十九年（1591年），专门为太和宫金殿捐建了铜皮栅栏，带到武当山来安装。他们在遥远的云南，却细致地考虑到金殿的防护安全问题，可见金殿作为武当的代表和符号，已经深入道众之心了。

　　武当山博物馆保存有一座明万历四十四年（1616年）的铜铸武当山金顶模型（图2-91），由山西平阳府绛州在城会首信士、香头、官吏等集资铸造，朝山时送来。其铭文包括一百多位信士的姓名和捐资数额等。[①]此模型表现了一座铜殿立于天柱峰顶、紫金城中央，其与山体的不协调比例将铜殿突显为视觉中心。由此再次见到金殿在平阳地区信众的信仰认识中所占的重要地位：金殿已然成为武当真武信仰的符号和象征。

---

① 杨立志. 武当进香习俗地域分布刍议[J]. 湖北大学学报（哲学社会科学版），2005，32（1）：14-19.

图 2-92 《大明玄天上帝瑞应图录》中的真武显圣图像
来源：采自明版《正统道藏》本《大明玄天上帝瑞应图录》

《广东新语》卷十六"佛山大爆"条载："每年三月上巳节醮会，市民们以小爆层累为武当山及紫霄金阙，周围悉点百子镫，其大小镫、灯裙、灯带、华盖、璎珞、御炉诸物，亦皆以小爆贯穿而成。"[1]

苏州玄妙观三清殿内有一座铜殿模型，通高约1.2m，面阔三间，重檐庑殿顶，内奉真武大帝像。苏州三山滴血派道教与武当清微派之间的渊源颇深，该铜殿模型显然就是武当山金殿的象征。

从《大明玄天上帝瑞应图录》中的真武显圣图像来看，十一幅真武显圣图中有十幅都是以天柱峰太和宫金殿为背景（或前景）来表现的（图2-92）。[2]可见在官方的图像中，金殿已经成为武当信仰的重要符号。

综上所述，我们看到，金殿的价值不仅在于它反映的中国传统建筑在建筑艺术、工程技术上的成就，还在于它在真武信仰、宗教学上影响深远的符号价值。屹于天柱峰、紫金城拱卫的金殿，其材质、形象是对天界仙宫金阙的成功描摹和演绎，是长久

---

① 屈大均. 广东新语[M]. 卷十六. 广州：广东人民出版社，1987.
② 《大明玄天上帝瑞应图录》，采自明版《正统道藏》本《大明玄天上帝瑞应图录》。

以来存于中国人意识中的神圣建筑概念之完美投射。有了天柱峰金殿这一点睛之笔，在明代的道教图像系统中，以天柱峰金殿为构图中心、万峰环布的武当山图，也成了道教完美圣山的图示。①

（二）金殿真武像：艺术形象背后的政治神话

在皇帝的支持下，道教思想与朱棣的政治神话交织着，成为指导武当山古建筑群中建筑、雕塑等多种艺术形式整体设计的内在理念。而这种在建筑和相关艺术形式中蕴藏、体现宗教思想、哲学思想或与国家政权相关理念的整体设计方法，正是中国传统建筑艺术的重要特点和价值之一（图2-93、图2-94）。

从永乐皇帝最重视的金殿来看，在这座以铜合金建造、表面鎏金的神殿之内，有一尊真武大帝的铜坐像，他脚边置龟蛇同体玄武铜像，左、右分别有捧册灵官、捧宝玉女（图2-95），以及执旗、捧剑二将铜像。玄帝像尺度较真人稍大，四位从神像的尺度较真人略小。这组铜像与金殿同时铸造，工艺精湛，人物刻画极具神韵，具有很高的艺术价值，与金殿构成了一套完整的作品。

关于金殿内的玄帝像，最流行的传说莫过于"真武神，永乐像"的故事了。大意说朱棣宣扬真武显灵助其"靖难"，下令大兴武当道场，塑造真武神像。起初工匠造的像都不合永乐皇帝的意，后来找到一位高丽工匠姬某。姬某觐见永乐皇帝的时候，领会了暗示，决定按照皇帝的相貌去塑造真武像。由于皇帝当时刚刚洗完澡，披头散发，所以塑造的真武像也是披发跣足。

这个故事深入人心，至今仍广为流传。然而据学者考证，明代文献中，只在嘉靖、万历年间出现了朱棣起兵时披发仗剑、仿效真武形象的故事，而没有发现永乐年间按照朱棣形象塑造真武像的记载或传说。②并且，通过对比故宫博物院所藏之明成祖像与《大明玄天上帝瑞应图录》（庆祝武当工程完工所编的图录）中的真武神像，可知明代的真武神像实际上沿用了宋元时期形成的真武形象，而非永乐皇帝的形象。因此，"真武神，永乐像"的说法并不是事实，而是明代晚期以后才附会出来的传说。

---

① 对金殿价值的详细论述可参见：张剑葳. 武当山太和宫金殿：从建筑、像设、影响论其突出的价值[J]. 文物，2015（2）：84-96. 关于武当山在道教图像系统中地位作用的详细论述，可参见：林圣智. 明代道教图像学研究：以《玄帝瑞应图》为例[J]. 美术史研究集刊，1999（6）：131-194.
② 陈学霖. "真武神、永乐像"传说溯源[J]. 故宫学术季刊，1995，12（3）：1-32.

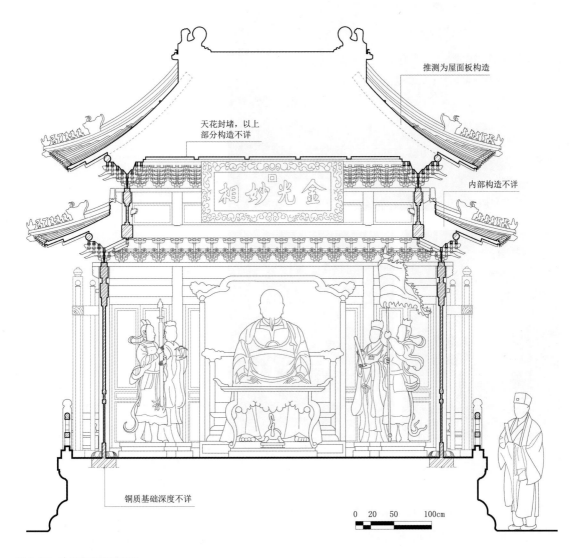

推测为屋面板构造

天花封堵，以上
部分构造不详

内部构造不详

金光妙相

铜质基础深度不详

0 20 50 100cm

图 2-93 太和宫金殿剖面图
来源：张剑葳绘制

图 2-94　金殿中的玄帝铜像
来源：张剑葳摄

图 2-95　玄帝左右的捧宝玉
女、捧册灵官
来源：武当山宗教文物局

　　在真武助朱棣"靖难"这一系列政治神话中，会衍生出"永乐即真武"这样的传说并不出人意料。史料表明，朱棣对武当山金殿和武当山的玄帝像确实非常关切——因为这都是他政治神话的形象化演绎和参证。当时武当山太子岩及太子坡二处，要造玄帝童身真像，朱棣即命张信、沐昕画图样给他审阅："尔即照依长短阔狭，备细画图进来"①，何况是他最重视的金殿中的神像。因此，值得我们今天认真审视的，不仅是像设的具体形象，更重要的是它们背后所凝聚的设计思想和皇帝的意图。②

① 永乐十七年（1419年）五月二十日。（明）任自垣.（宣德六年）敕建大岳太和山志. 卷二. 大明诏诰. 见：中国武当文化丛书编纂委员会.武当山历代志书集注[M].武汉：湖北科学技术出版社，2003：106.
② 具体论述详见张剑葳.武当山太和宫金殿——从建筑、像设、影响论其突出的价值[J].文物，2015（2）：84-96.

玄帝左右灵官、玉女手中的册和宝，为我们提供了解读金殿像设意义的一个视角：它们是皇家"册宝"制度在明代道教最高级建筑——武当山金殿中的应用。

　　册、宝是给皇帝、太上皇、皇后、皇太后等上尊号、谥号以及册封皇太子、亲王、公主、嫔妃等皇室人员的实物凭证。天子之宝玺是天子发号施令的凭证，册是皇帝受尊号、谥号的证明。①太后、皇后、太子、亲王、嫔妃们的册、宝，则是他们皇族身份的证明。《明实录》中记载朱棣攻克南京后，去明孝陵祭拜父亲，回程时被诸王、群臣拦住，奉上宝玺。悲伤的朱棣一再拒绝，然而众意难违，他被拥戴登皇帝位。②这段故事虽然未必是史实，但至少从中可以看出，宝玺是登帝位的必要条件。

　　据《明史》《明实录》记载，上谥号、尊号均需进册、宝③，而且在各种仪式中，册、宝的摆放方位有明确定制，明代为册在左、宝在右，或册在东、宝在西④（从皇帝面南的方向来看，也是册在左，宝在右）。

　　册、宝作为皇权的象征，还被设计成石雕，陈设于明、清北京紫禁城中。北京故宫太和门前的"石匮"与"石亭"就是册宝制度的实物象征（图2-96）。它们的摆放方位也正是册（石亭）在左（东），宝（石匮）在右（西）。⑤在明及清初"御门听政"之场所太和门设此石雕，是对皇权正统极为形象的提示和象征。

　　与人间的太子受册封的形式相合，传说中静乐国太子道满飞升，被册封为真武大帝的仪式中也要用到册和宝：

　　"玄帝降生于静乐之国，名招摇童光，号云潜氏。……是时，轩辕黄帝御世治民，岁在庚寅，九月九日凌晨……玄帝拱手立于台上，须臾群仙、骑从、车舆、旌节降于台畔，非凡见闻。五真捧太玄玉册前进曰：奉帝命召自上升。玄帝祗拜。其词

① 需注意的是：明代皇帝生前不受尊号，故明代皇帝在位时不受相关册、宝，只死后有谥册、谥宝。按《宋史》《元史》，宋、元时皇帝生前所受尊号，由群臣进册或册、宝。如"（乾德元年十一月）甲子，有事南郊，大赦，改元乾德。百官奉玉册上尊号曰应天广运仁圣文武至德皇帝"。见：（元）脱脱，等. 宋史[M]. 卷一. 本纪第一. 北京：中华书局，1977；13；卷二"（开宝元年十一月癸卯）宰相普等奉玉册、宝，上尊号曰应天广运大圣神武明道至德仁孝皇帝"。元代相关规制见：（明）宋濂. 元史. 卷67. 志第十八·礼制一·群臣上皇帝尊号礼成受朝贺仪[M]. 北京：中华书局，1976；1670.

② （建文四年六月）"己巳，上谒孝陵，欷歔感慕，悲不能止。礼毕，揽辔回营。诸王及文武群臣备法驾，奉宝玺迎上于道遮，上马不得行。上固拒再言，诸王及文武群臣拥上登辇……上不得已升辇……遂诣奉天殿，即皇帝位。"（明）张辅等监修. 明太宗实录. 卷9，见：明实录[M]. 第6册. 南港：中央研究院历史语言研究所，1962；135.

③ 参见：（清）张廷玉. 明史[M]. 卷51. 礼志五，加上谥号条. 北京：中华书局，1974；1325–1327；（清）张廷玉. 明史[M]. 卷53. 礼志七. 上尊号徽号仪条. 北京：中华书局，1974；1362–1363.

④ 见：（清）张廷玉. 明史[M]. 卷53. 礼志七. 上尊号徽号仪条. 北京：中华书局，1974；1362–1363；（明）张辅等监修. 明太宗实录. 卷29. 见：明实录[M]. 第6册. 南港：中央研究院历史语言研究所，1962；526–527；明实录[M]. 第1册. 南港：中央研究院历史语言研究所，1962；439–440. 其余向皇太后、嫔妃等授册、宝之记载尚多，兹不赘录.

⑤ 张剑葳. 悬疑三百年：紫禁城太和门前的石匮与石亭[J]. 紫禁城，2006(5)：98–104.

图 2-96　故宫太和门前的石匦与石亭
来源：张剑葳摄

曰：上诏学仙圣童静乐国子（玄帝姓名），学玄元之化，天一之尊，劝满道备，升举金阙。可拜太玄元帅、判元和迁校府公事。……宝印、龙剑，羽盖琼轮。九光九节，十绝灵幡。八鸾九凤，天丁玉女。亿乘万骑，上朝帝廷。诏至奉行。玄帝拜帝命。"①

　　在太和宫金殿（金阙）中，从真武大帝的朝向来看，正是灵官捧册在其左，玉女捧宝在其右，与明代册宝制度及故宫太和门陈设的方向吻合。朱棣敕建的两个最主要的国家工程——北京紫禁城与武当山宫观中，都在显要位置以艺术化的形式布置了册宝主题的陈设，这恐怕不是巧合。这让我们再一次领会到：帝位的正统性问题显然是朱棣非常在乎的一个重要主题。

　　金殿中的像设，不仅指代了玄帝飞升传说中的册与宝，与金殿、玄帝像及其他塑像一起，对神话传说进行了具象演绎，艺术地展现了真武大帝的传说。更重要的是，它暗含着人间皇家的册宝制度，与远在北京的紫禁城遥相呼应，表面上展现的是道教真武大帝受过册封的正统地位，实际上强调的是人世间的大明皇帝——明成祖朱棣皇位"天授"的正统性与合法性。政治与宗教神话相交织，以建筑和艺术的形式，构成了武当山建筑群丰富的设计理念和文化内涵。

　　明成祖朱棣的心结是否随着真武大帝助其"靖难"的政治神话，随着武当山道教建筑群的精心设计、大兴土木而真正解开，六百年后的我们无从得知。但他举国家之

---

① （明）任自垣.（宣德六年）敕建大岳太和山志. 卷三. 玄帝纪第二，杨立志点校. 明代武当山志二种[M]. 武汉：湖北人民出版社，1999：77-79.

力兴建、明代后继皇帝精心维护的武当山道教建筑群，不仅是建筑规划设计的杰作，见证了中国古代后期建筑艺术的一波高峰，而且也造就了道教信仰的中心地。政治斗争、皇位征战在帝国的王朝中也许是当时的国之大事，但在历史的长河中也不过转瞬即逝。而武当山古建筑群有幸保存至今，作为世界文化遗产，其凝聚的智慧和价值将在我们的努力下永传后世。

第一节　峨眉山

> 峨眉山月半轮秋，影入平羌江水流。
> 夜发清溪向三峡，思君不见下渝州。

唐开元十三年（725年），李白二十五岁"仗剑去国，辞亲远游"，初离蜀地时写下了这首《峨眉山月歌》。这首绝句，四句用了五地名，空间、思绪广阔，峨眉山月代表着诗人的故乡，随着诗人往长江中下游而去；峨眉山月也随着太白佳境神韵，成为在文学史上影响颇多的意象。

一、峨眉："山之领袖"

在成都平原西部、四川盆地的西南边缘，耸立着大峨山、二峨山、三峨山和四峨山四座山，其中大峨山属于峨眉山系——通常所说的峨眉山即大峨山。峨眉主峰海拔3099m，与峨眉平原相对高差达2600多米，观感上极具崇山峻岭的雄姿（图3-1）。

峨眉山自然景色优美，海拔高且地形陡峭，地质地貌景观多样，动植物资源丰富、种类繁多，有3000多种植物，2300多种动物，23种国家重点保护植物，其中有100个以上的物种以峨眉山命名。从峨眉山脚到山顶，自然景观差异大：山顶一年中有一半时间被冰雪覆盖，山脚则是亚热带景观。从地质上看，峨眉山保存了相当完整的沉积地层，沉积厚度达8198m，由于其地层特征的典型性，数十年来共有11个在峨眉山创建并以

图 3-1　峨眉山地形渲染图

来源：国家地理信息公共服务平台 天地图网站

在天地图网站上看峨眉山地形渲染图，画面右侧为北方。可以看到在峨眉山市的西侧，一座大山拔地笋起，覆盖着雪顶。

峨眉山区的地名命名的地层单元。峨眉山丰富的自然资源使其成为探索地球与生命演化的理想场所。

自然景观与文化景观均蔚为可观，使得峨眉山成为中国名山的又一典型代表。1996年，峨眉山—乐山大佛联合作为文化与自然双重遗产被列入《世界遗产名录》。北宋以来，峨眉山被认为是普贤菩萨道场，明清时期愈发繁盛，至今仍有寺庙30余座。峨眉山有"日出、云海、佛光、圣灯"四大奇观，自然现象与佛教传说结合，互相烘托和解释，以一种互文的形式使人们对景观的理解与阐释达到了更高层次。正如峨眉金顶华藏寺明代《峨眉山普贤金殿碑》所言："普贤者，佛之长子；峨眉者，山之领袖。"峨眉山正是自然与人文融合的典范案例。

"峨眉"之名可追溯至春秋时期，但来源其说不一。今按顾祖禹《读史方舆纪要》："亦曰蛾眉山，以其两山相对，如蛾眉然。"

峨眉山虽位于中国西南腹地，但一直为世人重视，甚至将其和中国神话体系中占据核心地位的昆仑山相比，不仅称其"伯仲昆仑，所来久矣"[1]，有时还将对昆仑的描述附着给峨眉——释印光在《峨眉山志》中就称"峨眉若地轴矣"。如此，峨眉就超脱了世俗，成为和昆仑一样具有强烈象征意义的山，一座理想中的神山和宗教名山（图3-2）。

---

① 胡世安. 译峨籁[M]. 四川：四川大学出版社，2017.

图 3-2 《天下大峨眉山胜景图》

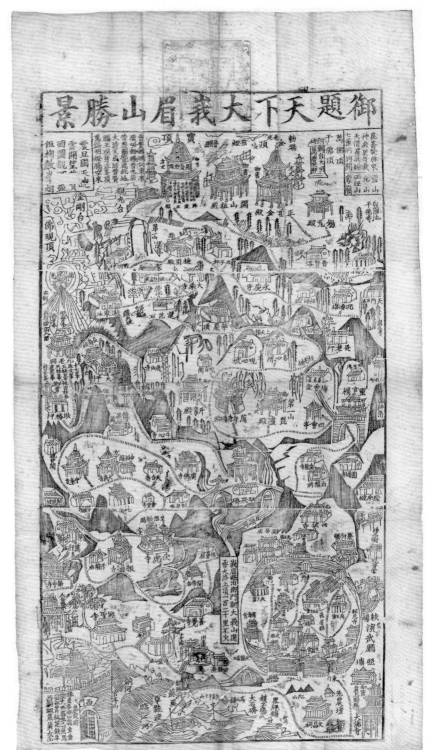

来源：加泰罗尼亚地图学会（Institut Cart Cartogràfic I Geològic de Catalunya）网上数据库 Mapes d'Àsia, Oceania i illes del Pacífic (s. XVI–XX), https://cartotecadigital.icgc.cat

画面左下角是嘉定府城西门，右下角是峨眉县城。下方中部题："峨眉县出南门朝大峨山进香大路上顶一百二十里不少"，读者就可随着视线向上方迤逦上升，主要庙宇、名胜次第展开，逐渐登顶。佛光、圣灯（慈灯）在图中均有描绘和题注，云海亦有简单描绘。如果仔细端详，还能发现植被随着海拔升高在变化：山脚的树木是阔叶树，从半山腰开始到全顶，图中的树木主要就是高直的针叶树了。

235

二、峨眉山建筑景观：从道教洞天到普贤道场

峨眉山现在以普贤菩萨道场著称，在早期却是一座重要的道教名山（图3-3）。东汉张道陵入蜀创立道教，称"五斗米道"，巴蜀本地的巫文化也对道教产生了一定影响。张道陵在划分"道教二十四治"时有二十三治（教区）在四川境内，但是峨眉山并不单列一治，而是在中八治第六治的"本竹治"中提到"有龙穴地道通峨眉山。"①到张鲁时期，道教进一步发展，在"二十四治"之外又设"游治"，峨眉山被列入第二游治中的第八治。晋代，葛洪所持鲍靓所著《三皇经》中认定峨眉山是《山海经》中"皇人之山"。宋代，《云笈七签》将峨眉山列为三十六洞天之中的第七洞天，张君房更将峨眉山奉为天真皇人授予轩辕黄帝《灵宝经》所在之神山。至此，峨眉山道教名山的地位得到了确立。

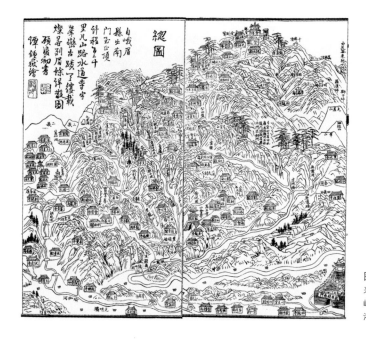

图 3-3 《峨山图志》峨山总图
来源：（清）黄绶芙，谭钟岳.新版峨山图志 [M].费尔横，译.香港：香港中文大学出版社，1974.

峨眉山的佛教圣山地位"后来居上"。东汉永平年间佛教传入汉地，最初流行在中原地区的社会上层，后来开始吸收黄老和儒家思想，逐渐"华化"；伴随大乘佛教的流行，菩萨信仰也逐渐获得更广泛的群众基础，至隋末唐初，大乘菩萨信仰就已成

---

① 张君房.云笈七签[M].北京：中央编译出版社，2017.

为普遍的大众信仰。在此背景之下,"五台、峨眉、普陀三大佛教名山的形成便是菩萨信仰在民间盛行的客观表现"[①]。

蜀地的佛教活动最早可以上溯到东晋时期,法和及稍后的昙翼入蜀,但这两位僧人并没有在蜀地滞留太久,也没有在此弘法,因此只能作为蜀地佛教肇始的象征,而真正使蜀地佛教发展的当属僧人慧持。梁《高僧传》中有对慧持详细的记载:"(慧)持后闻成都地沃民丰,志往传化,兼欲观瞩峨眉,振锡岷岫。乃以晋隆安三年辞远入蜀……遂乃到蜀,止龙渊精舍,大弘佛法,井络四方。"[②]慧持在蜀地弘法十三年,影响深远,后世将其尊为五百罗汉之一,万年寺内也塑有慧持的造像。

《峨眉县志》《峨眉山佛教志》等书均记载慧持主持修建了峨眉山第一座佛教寺院——普贤寺。年代久远,普贤寺是否为慧持所创难以确证,但从圣积寺铜钟铭文、《高僧传》《五灯会元》"木中定僧"的记载中能判断峨眉山佛教开端与慧持有着直接的关系,慧持在峨眉建寺也很有可能[③]。

峨眉山优越的自然条件和奇异的自然景观对其佛教名山的形成有着极大的影响,山顶日光衍射的光芒被解释为释迦牟尼眉宇间的"佛光",夜晚的磷火现象被解释为"圣灯",高海拔湿润气候下形成的云海现象被解释为"兜罗绵世界"——此三种现象被合称"金顶三相"。对"金顶三相"最早的记述可以追溯到南宋范成大在淳熙四年(1177年)游览峨眉后的记录。[④]

一方面利用自然现象进行宗教感营造,另一方面也注重对佛教经典的援引和比附。《华严经》中,释迦牟尼、文殊菩萨、普贤菩萨合称"华严三圣",其中普贤住树提光明山,而峨眉山即称为"银色世界"大光明山,以此附会《华严经》中普贤的光明山道场。据金顶华藏寺明代《峨眉山普贤金殿碑》记载:

"震旦国中,有大道场者三:一代州之五台;一明州之补怛;一即嘉州峨眉也。五台则文殊师利,补怛则观世音,峨眉则普贤愿王。是三大士,各与其眷属千亿菩萨,常住道场,度生弘法。普贤者,佛之长子,峨眉者,山之领袖。"

碑文反映出明代民间对三大名山作为三大菩萨道场的基本认同。

① 韩坤. 峨眉山及普贤道场研究[D]. 成都:四川省社会科学院,2007.
② (梁)释慧皎. 高僧传[M]. 北京:中华书局,1992:230.
③ 韩坤. 峨眉山及普贤道场研究[D]. 成都:四川省社会科学院,2007.
④ 范成大《吴船录》,见(宋)范成大. 范成大笔记六种[M]. 中华书局,2002:202.

佛教在峨眉山不断发展，与其早期道教名山的身份发生冲突，峨眉山的佛道之争在所难免。东晋至唐，佛道两教整体和谐共存。唐初皇帝推崇道教，孙思邈两上峨眉炼丹采药，可以认为是唐初峨眉山道教兴盛的表现。李白的名诗《登峨眉山》中"蜀国多仙山，峨眉邈难匹…倘逢骑羊子①，携手凌白日"则可看出对峨眉的描摹显然更倾向仙山的形象。至唐中期，日本僧人金刚三昧去天竺朝佛路上来到峨眉礼普贤，可知此时的峨眉作为佛教名山已声名远扬。

安史之乱后，唐皇室入蜀逃难，许多高僧也随行入蜀弘法，四川佛教成为中国佛教中心之一②，峨眉山佛教的地位逐渐提高。大历年间澄观游峨眉观普贤圣像，将文殊普贤合称"二圣"："况文殊主智，普贤主理，二圣合为毗卢遮那，万行兼通，即大华严之义也。"③ 而澄观也在此次峨眉之行后，坚定决心重新注释《华严经》，成就"华严疏主"之名。蜀僧知玄也因深谙佛法而被召入长安，武宗时曾命其在麟德殿与道士抗论，宣宗时更诏其在大内讲经，封为三教之首赐紫袈裟，僖宗幸蜀时也赐肩舆随行，封为悟达国师。根据《宋高僧传》中"入于岷峨，再见悟达"，推测悟达国师回蜀后也选择在峨眉山继续弘法。《峨眉山志》卷六中此时也第一次出现了皇帝在峨眉山敕建寺院的记载："唐僖宗敕建黑水寺，赐额永明华藏。又赐住持慧通禅师，藕丝无缝袈裟一领，以黄金白玉为钩环，及诸供器，今失。"

唐末五代，北方的混乱政局使得更多僧人进入蜀地，峨眉山确立了"银色世界"的说法。至此，峨眉山"普贤境界"已经初步形成。

北宋建立，宋初皇帝崇佛，对佛教不再禁毁，热衷用菩萨祥瑞来强调政权的合法性。峨眉山普贤道场的确立也与官方有着直接的关系。首先是普贤的显像：《佛祖统纪》记载太祖时期"（乾德四年）敕内侍张重进，往峨眉山普贤寺庄严佛像，因嘉州屡奏白水寺普贤相见也"。太祖即派人"庄严佛像"。《湘山野录》则记载太宗时期"兴国七年，嘉州通判王衮奏：'往峨眉山提点白水寺，忽见光相寺西南瓦屋山上皆变金色，有丈六金身。次日，有罗汉二尊空中行坐，入紫色云中"。太宗就此进行了系列活动，包括在成都铸造金铜普贤像，重修峨眉五寺④，并将铜像供奉于白水普贤寺。

---

① "骑羊子"即葛由。《列仙传》："葛由者。羌人也。周成王时，好刻木羊卖之。一旦骑羊而入西蜀，蜀中王侯贵人追之上绥山。山在峨眉山西南，高无极也。随之者不复还，皆得仙道。"

② 林建曾. 世界三大宗教在云贵川地区传播史[M]. 北京：中国文史出版社，2002.

③ （宋）赞宁著，范祥雍校. 宋高僧传（上、下）[M]. 北京：中华书局，1987.

④ 韩坤. 峨眉山及普贤道场研究[D]. 成都：四川省社会科学院，2007.

图3-4 万年寺普贤菩萨像
来源：李林东摄

　　这一系列活动中，万年寺普贤骑象铜像的铸造标志着峨眉山正式成为普贤道场（图3-4）。太平兴国五年（980年）开始铸造大像之后，后续又在峨眉山大量铸造供奉普贤像，整个峨眉山被打造成普贤道场，而这尊大像也直到大中祥符年间（1008—1016年）才完成。

　　此后，道教在峨眉山逐渐式微，转而向二峨山发展。峨眉山作为普贤道场，在北宋正式确立后日渐繁盛。至明清，皇家多次敕建修缮峨眉庙宇，敕赐法器、经藏、造像等，形成"无峰不寺，独尊普贤"的局面。《峨眉山佛教志》统计鼎盛时峨眉山大小寺庙多达110余座。明末至今，峨眉山作为中国佛教四大名山之一，香火繁盛，具有广泛的信仰基础。

三、峨眉山代表性建筑

（一）"入峨第一大观"——伏虎寺

伏虎寺是进入峨眉山后所见第一大寺院。伏虎寺何以得名？一说寺后山形如虎仆伏，山名伏虎岭，寺因山而取名；一说宋代寺周围多虎，常伤行人，行僧士性募猎者除之。并于虎溪北岸立尊胜石幢以志其事，寺因以得名。[①] 但据最早对伏虎寺的记录，唐末四川诗人唐求的《赠伏虎寺僧》一诗，唐代已有寺名，当以前一说为是。

明末胡士安《峨眉山道里纪》记载："饰径高峙，隔虎溪即伏虎寺。"而后伏虎寺毁于明末清初的战火。顺治八年（1651年）在贯之和尚与可闻禅师的主持下，伏虎寺重建。

明末清初战乱时期，蜀地经济艰难，峨眉山诸寺也难以维持，贯之和尚四处化缘接济峨眉各庙，并应众生重修伏虎寺的请求，在山脚结茅修建虎溪精舍，接待前来峨眉的僧侣信众。历经二十余年，带领众僧重建了伏虎寺。同时还在伏虎寺内创学业禅堂，弘扬临济正宗，培养了大批佛学人才（图3-5）。

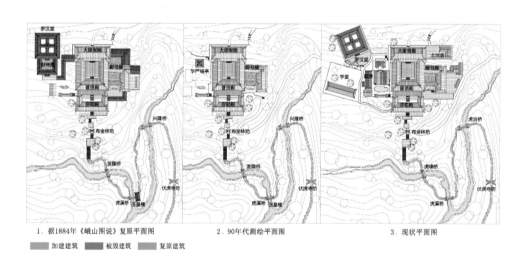

1. 据1884年《峨山图说》复原平面图　　2. 90年代测绘平面图　　3. 现状平面图

▨ 加建建筑　▨ 被毁建筑　▨ 复原建筑

图3-5　伏虎寺格局变迁图
来源：李晓卉.峨眉山伏虎寺建筑群研究[D].重庆：重庆大学,2017.
清末近代战乱中伏虎寺又遭破坏，1953年修缮，1979年整体恢复。

---

① 陈述舟.峨眉山伏虎寺及其铜塔[J].四川文物，1988（2）.

图3-6 《峨山图志》伏虎寺图

来源：（清）黄绶芙，谭钟岳.新版峨山图志[M].费尔朴，译.香港：香港中文大学出版社，1974.

据《峨山图志》：伏虎寺"由路左顺上，过木坊，榜曰伏虎寺。经兴隆桥（今虎浴桥），土地庙，玉皇楼，再前虎溪桥（今虎啸桥）。桥下石子细润如玉。屈曲上行，路左有龙神庙。渡发隆桥（今虎溪桥），经观音堂，即伏虎寺……前后左右，凡十有三层，崇隆广大，为入峨第一大观也"。

可闻禅师是贯之和尚的徒弟，因奉命护送一尊普贤像而来到峨眉山。跟随贯之和尚之后，历时共五十年，最终修成伏虎寺。此时的伏虎寺已经具备完备功能，回廊、僧舍、方丈、厨房、浴室齐备，堪称"入峨第一大观"。[①]

伏虎寺自此成为峨眉山修建庙宇的范本。

《峨山图志》准确呈现了山林寺院的特点，不仅表达了围墙或院落内的建筑，而且将其周边和途中相关的景致、建筑都予以记录。伏虎寺的前导空间始于画面正下方的四柱三间木牌坊，进入牌坊，要跨过虎溪上的三座桥，随着山道迤逦而上，才来到"布金林"牌坊——伏虎寺前的空间节点（图3-6）。画面中心，伏虎寺掩映在一片高大的树林中。这片树林是海拔550～700m之间的一片楠木古树群，乔木层以48株楠木和柏木、灯台树、黄葛树、樟、板栗、杉木为主。楠木是高级名贵的木材，由于明清以来的严重砍伐，已经濒于枯竭。此处是一片难得的珍贵保护植物种群。木构廊桥、牌坊、寺院在高直的楠木林下，显得形体更加水平舒展，楠木则显得愈加挺拔，建筑与树林在此形成了一种互相衬托与成就的景观关系，正是"密林藏伏虎"（图3-7～图3-9）。

---

① 李晓卉.峨眉山伏虎寺建筑群研究[D].重庆：重庆大学，2017.

图 3-7　伏虎寺木牌坊
来源：张剑葳摄

图 3-8　虎浴桥、虎啸桥、虎溪桥
来源：张剑葳摄
三座桥虽然都是木构廊桥，乍看形态相近，细看桥头、桥尾的牌楼形式却各不相同。屋顶形式、屋檐组合穿插各有特点，从技术上体现了穿斗结构的灵活，从形式设计上则体现了在统一中求变的匠心。

图 3-9　从虎溪精舍回望"布金林"牌坊
来源：张剑葳摄
可闻禅师的弟子寂玩上人率众在伏虎寺周边种下桢楠树林，被誉为"布金林"。"布金"典出《佛说阿弥陀经》"彼佛国土，常作天乐，黄金为地"。

图 3-10　伏虎寺鸟瞰

来源：李晓卉. 峨眉山伏虎寺建筑群研究 [D]. 重庆：重庆大学,2017.

相较于其他禅寺追求五重、七重进深的规模，伏虎寺更注重自然朴实之风。三重院落层层叠进，又因地制宜顺应山势，层层筑台抬升，表现出山地禅寺丛林的特征。

伏虎寺虽然历经破坏与改建，中轴线上的三进次序却没有改变：山门（布金林牌坊）—弥勒殿（虎溪精舍）—普贤殿（离垢园）—大雄宝殿。西序罗汉堂重建时与轴线发生偏移，东序重建时恢复了原有的生活空间，并增加浴室。其格局基本符合《百丈清规》对"东西两序"的禅寺空间要求，即主要殿宇设在中轴线，西序管理宗教事务，东序管理日常生活（图3-10）。

（二）圣积寺华严铜塔

伏虎寺现有一座明代华严铜塔，原在距离峨眉山市南2.5km处的圣积寺内，1959年曾计划运至重庆冶化，后未实施，但须弥座下半部分受损，之后安放在伏虎寺内（图3-11）。"华严宝塔"得名于塔身正面"南无阿弥陀佛华严宝塔"的铭刻，同时塔身还塑有《华严经》"七处九会"题材。华严铜塔代表了明代峨眉山曾经出现过的一批铜塔，独具艺术和建筑史价值。

华严铜塔残高4.9m。形式上，华严铜塔融楼阁式塔和喇嘛塔于一体，须弥座呈"亚"字形，上承窣堵波覆钵状塔瓶，正面开壶门，根据梁思成《西南建筑图说（一）——四川部分》可知覆钵上相轮原为十三层，现存十二层。相轮做成密檐塔的形式，现第7层相轮（原第8层）比其他相轮大，挑檐更远，形如伞盖（图3-12）。伞盖之上一层塔身较高，做成天宫的形式，开壶门，内空（图3-13）。天宫以上四层塔身，最顶为葫芦形塔刹。

华严铜塔的结构为套筒状塔身，分层铸造后层层叠置而成。铜塔表面的装饰内容极其繁复。塔身自下至上由佛像、菩萨像在水平方向划分成多层。窣堵波的覆钵部分除了正面开壶门外，其余七面根据《华严经》中记载的"七处九会"说法场景塑造了七处地方（其中有三会在同一处地方），分别为："六会他化天""九会逝多林""三会仞利天""初会菩提场""四会夜摩天""二会普光明殿、七会普光明殿、八

图 3-11 华严铜塔
来源：张剑葳摄

图 3-12 华严铜塔天宫与"密檐窣堵波"状塔身柱
来源：张剑葳摄

图 3-13 华严铜塔天宫及其蟠龙柱
来源：张剑葳摄

图 3-14 "五会兜率天"局部
来源：张剑葳摄

会普光明殿""五会兜率天"，其名题写在匾额中。每会的最上部均为华严三圣毗卢
遮那佛、文殊菩萨、普贤菩萨像（图3-14）。

　　每层塔檐之间的转角处都做出柱子顶立于上下塔檐间，而除了天宫的柱子是蟠龙柱外，其余每层塔身的柱子又都做成"密檐窣堵波"状。

塔刹上刻《金刚般若波罗蜜经》，塔身上刻《妙法莲华经》。

华严铜塔总体比例隽秀，自下至上由须弥座、塔瓶、相轮（塔檐）、伞盖、天宫、塔刹形成特别的节奏，且表面氧化后形成了优雅的铜绿色，是一个优秀的铜塔作品。其细节非常丰富，对铸造的要求很高，而且这种繁复、丰富程度较一般中原佛教艺术更甚，浮雕中部分神祇似有密教风格。

华严铜塔的铸造时间学界存有争议，主要有五种观点：一是元代万华轩施造；二是万历陈太后捐造八塔，山门一座、山顶七座；三是万历年间妙峰禅师募造；四是万历乙酉（万历十三年，1585年）年秋永川信士万华轩施造；五是永川万华轩施造（年代未提）。这五种说法，各有所自。结合历史文献梳理，并对比五台山显通寺东、西铜塔，结合铜塔的成分分析（青铜），可基本判断该华严铜塔应建于万历十三年至三十一年（1585—1603年）。[①]

从现存其他密檐窣堵波形式的铜塔实例来看，明万历后期寓居昆明的永川、江津人有造这种形式铜塔的风气。那么，相传由永川信士万华轩出资的圣积寺华严铜塔，是否也有可能在此时由昆明工匠铸造呢？我们虽不能确定这位万华轩也曾寓居昆明，但是考虑到妙峰禅师很可能作为云南与四川的往来联络者，其可能性还是很大的——按《峨眉山志》：（金殿）"殿左右有小铜塔四座。明万历年间寺僧妙峰至滇募铸。"[②]据此，峨眉山顶的这批铜塔可能正是由妙峰禅师从云南募造来的，而亦有文献记载称圣积寺铜塔原本也计划置于山顶："传为峨山金刚台物，因体重难上，留置于此。"[③]

如此，则华严铜塔的建造时间很有可能为万历年间，且不会晚于黄铜铸造的峨眉山金顶铜殿（万历三十一年建成，1603年）。

华严铜塔这类密檐窣堵波的形式设计独特，从立面看，自下而上一般分为五部分：须弥座、塔瓶（覆钵）、密檐（十三天相轮）、天宫佛龛、塔刹。设置天宫这一设计颇有古风，既不见于一般窣堵波式塔，亦不见于密檐塔，而见于宋代出现的少量经幢中，如常德铁经幢，以及苏州瑞光塔真珠舍利宝幢，均有此种设置。云南

① 张剑葳. 明代密檐窣堵波铜塔考[M]//陈晓露. 芳林新叶——历史考古青年论集（第二辑）. 上海：上海古籍出版社，2019：339-364.

② （清）蒋超.（康熙）峨眉山志. 卷三. 第一页. 见：故宫珍本丛刊第268册[M]. 影印道光七年（1827年）刻本. 海口：海南出版社，2001：50.

③ （清）江锡龄《峨山行纪》，转引自：熊锋. 峨眉山华严铜塔铸造年代初探[J]. 四川文物，2006（5）：90-93.

南诏大理佛教研究的重要图像资料张胜温画
《梵像卷》中，亦能见到此种带有天宫的经
幢形象（图3-15）。但宋代以后无论实物还
是图像中似均难再见到此类经幢形象。

华严铜塔还有一显著特征，即在塔身上
重复表达自身形象。例如塔檐的擎檐柱就使
用了与自身形式相同的密檐窣堵波形象。这
一手法在历史上其他类型的塔上并不常见，
能给观者带来一种"同义反复"的观感：观
者无论在整体层面还是细节层面驻留视线，
都能看到密檐窣堵波这一形象反复出现，得
到强化。通常，人们在观看造型艺术时，能
够通过切换目光聚焦的层面来感知空间的纵
深，密檐窣堵波的循环反复不是简单的同尺
度复制，而是在空间纵深上的反复，增加了
作品的深度。

华严铜塔表面有繁复、立体的佛教人物
像和浮雕，其铸造不仅使用了范铸法，也大
量使用了熔模铸造法（失蜡法）。失蜡法能
够铸造出立体、复杂的造型。铜塔的规模都
不大，尺度与人接近，因此人们常会对铜塔
进行近距离观察。这种情况下，就需要用丰
富、立体的人物形象来表达佛教中的典故，

图3-15　张胜温《梵像卷》中的经幢形象
来源：台北故宫博物院藏品

传达教义。圣积寺铜塔、五台山显通寺西铜塔、东铜塔上一排排横向展开的佛尊、菩
萨、明王、诸天、罗汉等，显宗、密教人物俱有，令人很难不与云南张胜温画《梵像
卷》中的佛教人物相联系。圣积寺华严铜塔华严宗主题与密宗神祇形象共存的现象，
恰与张胜温绘《梵像卷》反映的这一项特点相符。[1]华严铜塔造于云南的可能性很大。

---

① "我们认为，在画卷中出现这种情况与其说是混乱，不如说是南诏大理佛教构成的一种真实反映。由于当时既有密教
存在，同时又传入了华严宗，所以在《画卷》里一起表现了出来。"见：侯冲. 从张胜温画《梵像卷》看南诏大理佛教[J].
云南社会科学，1991（3）：81-88.

（三）万年寺

万年寺位于峨眉山半山处，初名普贤寺，据传是东晋慧持所建。至唐僖宗敕建永明华藏寺之时，峨眉古寺皆遭焚毁，为此改山寺之名，华严改名"归云"，中峰改名"集云"，牛心改名"卧云"，华藏改名"黑水"，普贤改名"白水"——白水寺之名也由此得来。又因为万年寺一带秋天风景奇佳，故而被誉为"白水秋风"，成为峨眉山十景之一。进入北宋，由于皇帝在峨眉山极力打造普贤道场，因此白水寺又更名为普贤白水寺（亦称白水普贤寺）。宋太宗铸造金铜普贤像并重修寺宇，真宗时继续增修（图3-16、图3-17）。

至明代，几经火灾的白水寺再次复兴。万历年间，李太后好佛，曾多次派人前往峨眉礼佛，并向白水普贤求子，果然得子后赐予白水寺大量经书法器银钱——其中贝叶《华严经》成为万年寺三宝之一。明神宗本人对白水寺也十分重视，万历二十七年（1599年）下诏在白水寺印造大藏经，三十年（1602年）又完成对白水寺的大修，

图 3-16　万年寺鸟瞰
来源：李林东摄

图 3-17 《峨山图志》中万年
寺局部
来源：（清）黄绶芙，谭钟岳. 新版
峨山图志 [M]. 费尔樸，译. 香港：香
港中文大学出版社，1974.

并名"圣寿万年寺"，赐铜印一枚，刻"普贤愿王之宝"——这是万年寺三宝之二。
万年寺还有一宝是"上古佛牙"，实际是从斯里兰卡带回的南方剑齿象牙化石，距今
二十万年。

万年寺主体部分坐西朝东，位于自东至西逐渐升高的三级台地上。由低至高分别
是观音殿与南北厢房，砖殿与两侧的贝叶楼、行愿楼，大雄宝殿与巍峨宝殿。

万年寺最引人瞩目的就是砖殿，亦称"无梁殿"（图3-18、图3-19）。具体修建
时间见嘉定知州袁子让于万历三十年（1602年）游览峨眉山所撰《游大峨山记》：

"修于世庙时，旋复就毁，去年奉慈圣诏，遣中贵二，鼎新一创之，尽革其故。
今年七月，大功告成。上差中使立碑，御书题其额曰圣寿万年寺，盖为慈圣祝禧之
意。"①

砖殿曾遭火又重建，后来又因漏雨而建木楼阁将其覆盖于内部。相关记载见胡世
安《译峨籁》："万历间，奉慈诏新建万年寺普贤一殿。螺结砖甃，颇称精固。乘象
金身，峨然丈六。祝融稍戕其焰，惟是寄木穴顶，导霖直注大士髻中。顷僧建阁四
层，高帱其上。"

1946年万年寺火灾，除砖殿外皆被焚毁，现有的主要殿宇都是1953年及1986年
重建的，砖殿是万年寺内现存最古的建筑。砖殿如今的样式颇为独特，平面呈方形，
前后开券门，覆钵状屋顶四角和正中都安放一座藏式佛塔，正面中部安置两尊山羊，
背面安置白象青狮各一尊，整体外观类似金刚宝座塔。

---

① （明）胡世安著，艾茂莉校注. 译峨籁校注[M]. 成都：四川大学出版社，2017：46.

图 3-18　万年寺砖殿
来源：李林东摄

墙体向上收分，墙壁上做仿木作雕刻额枋，并用仿木垂莲柱将每面分为三间。额枋上承平板枋，其上做斗栱，每面共16攒，斗栱上做仿木檐枋、檐檩，檐檩上做叠涩出檐。

图 3-19　万年寺砖殿内部穹顶
来源：李林东摄

屋顶分为两层，上层为圆形底面穹顶，下层为方形底面坡顶，下层与上层相交处以抹角斜切的形式完成方圆相接。

　　这样独特的屋顶形式，使得一些学者认为其受到藏传佛教建筑或海外建筑的影响。然而万年寺砖殿并非一开始就采用了这种形式，而是近代才改建成此种形式。

　　中国营造学社刘致平先生在1941年对万年寺进行了调查，并于1953年发表在《西川的明代庙宇》一书中，记录了火灾前万年寺砖殿的情况：屋面损毁，檐部保留椽孔。美国人维吉尔·C. 哈特（Virgil.C.Hart）在1887年的《中国西部：佛教圣地峨眉山之旅》中记录了万年寺砖殿；德国建筑学者伯世曼（Ernst Boerschmann）在1925年的《中国建筑》中简要复原了万年寺砖殿的重檐歇山屋顶（图3-20）。从这些史料可知万年寺砖殿原本并不是现在这种奇异的形式。

现在的穹隆屋顶形式应为民国时期改建。李林东在《峨眉山万年寺砖殿复原研究》一文中详细讨论了万年寺砖殿的复原，并结合穹隆高度比例判断，原有屋顶应为汉式重檐歇山顶（图3-21）。

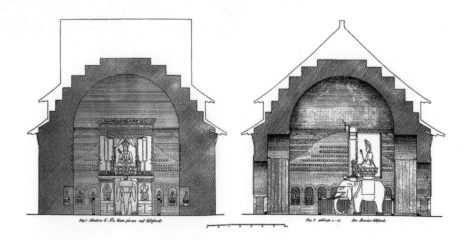

图3-20　伯世曼绘制的万年寺砖殿复原示意图
来源：Ernst Boerschmann.Chinesische Aechitektur[M]. Berlin: E.Wastum,a.g.1925.

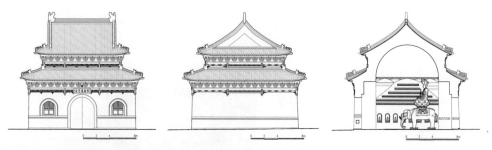

图3-21　万年寺砖殿复原图 [①]
来源：李林东. 峨眉山万年寺砖殿复原研究 [J]. 建筑史，2019(1)：52-62.
结合天宁寺凌霄塔、苏州开元寺砖殿的做法，复原转角为老角梁加子角梁的做法；上檐长度缩减和斗栱形制均参考万历年间其他砖殿的做法；上下檐使用同形制斗栱，并将上檐角柱向内推进约半间。

---

① 李林东. 峨眉山万年寺砖殿复原研究[J]. 建筑史，2019（1）：52-62.

（四）金顶铜殿、铜塔

峨眉山的中、下部分布着花岗石、变质岩及石灰岩，山顶部盖有玄武岩。金顶由大面积抗风化强的玄武岩覆盖，构成了倾角在10°～15°间的平坦山顶面。金顶的东侧为古生代碳酸岩，由于流水沿背斜裂隙强烈溶蚀，形成了高达800m的陡崖和深涧，这就是"舍身崖"之所在。悬崖绝壁之上，日出、云海、佛光、圣灯四大标志性奇观逐渐成为峨眉山在民间流传最盛的特色（图3-22、图3-23）。金顶也成为全山佛教文化活动的高潮。在《天下大峨眉山胜景图》中也能看出，金顶部分的建筑画得都更大一些，比例超过了山中其他寺院。

金顶原本最著名的建筑是明代的铜殿和几座铜塔，现在均已不存，但是通过文献记载、近代照片和记录以及部分残存构件也可以对其原本形制略知一二。据清江锡龄《峨眉山行纪》记载，铜殿毁于清咸丰十年（1860年）的火灾。[1]现在峨眉山金顶的金殿是2004年重建的，形象已与原铜殿无关，但其内部保存有王毓宗

---

① "楞严阁灾，延烧铜、锡、渗金三殿皆毁"。见：（清）江锡龄. 峨眉山行纪，清同治十年刻本. 转引自：熊锋. 峨眉山华严铜塔铸造年代初探[J]. 四川文物，2006（5）：92.

图 3-22　峨眉山金顶
来源：孙静摄

图 3-23　峨眉山云海
来源：孙静摄

《大峨山新建铜殿记》、傅光宅《峨眉山金殿记》铜碑，和一块仅存的铜隔扇，是研究峨眉山铜殿的重要文物。

1. 建造缘起

古时铜亦称为金，铜殿就是金殿。峨眉山、宝华山、五台山三座铜殿的倡建者均为明万历年间的著名禅僧妙峰（1539-1612）。《峨眉山志》《宝华山志》《清凉山志》都有妙峰募建铜殿的事迹，均出自明万历年间高僧憨山大师释德清所作之《妙峰禅师传》：

（妙峰）"师素愿范渗金三大士像，造铜殿三座送三大名山。己亥春（明万历二十七年，1599年），杖锡潞安，谒沈王。王适造渗金普贤大士送峨嵋。师言铜殿事，王问费几何，师曰每座须万金。王欣然愿造峨嵋者，即具辎重，送师至荆州，听自监制，用取足于王。殿高广丈余，渗金雕镂诸佛菩萨像，精妙绝伦，世所未有。殿成送至峨嵋。

"大中丞霁宇王公抚蜀，闻师至，请见，问心要有契。公即愿助南海者，乃采铜于蜀，就匠氏于荆门。工成载至龙江①，时普陀僧力拒之，不果往。遂卜地于南都之华山，奏圣母赐建殿宇安置，遂成一大刹。

"师乃造五台者②，所施皆出于民间，未几亦就。乙巳春（明万历三十三年，1605年），师恭送五台，议置台怀显通寺。上闻，请御马监太监王忠，圣母请近侍太监陈儒，各赍帑金往视卜地，于寺建殿安奉。以丙午（万历三十四年，1606年）夏五月兴工鼎新创新，以砖垒七处九会大殿，前后六层，周币楼阁，重重耸列，规模壮丽，赐额敕建大护国圣光永明寺……"③

妙峰禅师从山西至南方朝拜普陀，"因受潮湿，遍身生瘠。发愿造渗金文殊、普贤、观音三大士像并铜殿，送五台、峨嵋、普陀，以永供养"④。

三座铜殿虽均属佛教建筑，但其创意亦受启发于武当山太和宫铜殿。傅光宅在《峨眉山金殿记》说，他于万历二十九年（1601年）暮春登峨眉山，见"积雪峰头，寒冰涧底。夜宿绝顶，若闻海涛震撼，宫殿飞行虚空中"。他惊叹："是安得以黄金

---

① "龙江"即今南京。《峨眉山志》此处记载即为"金陵"，见印光法师编. 峨眉山志. 卷五[M]. 上海：国光印书局，民国23年秋月（1934年），第十三页.

② 《宝华山志》此处为"乃就龙江造峨眉者"，见（清）刘名芳.（乾隆）宝华山志. 卷十二. 第十页. 台北：文海出版社，1975：491.

③ （明）释德清. 憨山老人梦游集. 卷十六. 见《续修四库全书》编纂委员会编. 续修四库全书[M]. 1377册. 上海：上海古籍出版社，2002：628-632.

④ 印光法师. 峨眉山志[M]. 卷五. 上海：国光印书局，民国23年秋月（1934年），第十二页.

为殿乎?"道教真武早就有金殿
了，佛教菩萨难道不该有吗?[①]
这虽然不是妙峰禅师本人想法的
直接记录，却应能代表不少佛教
信众的心声。

2. 建造地点

三座铜殿的所在地与其铸造
地点都不一致，都是先分件铸造
好再运至各山组装的（图3-24）。

峨眉山铜殿、宝华山铜殿的
铜料采于蜀，却要远送至荆州地
区铸造，这是因为湖北、荆州地
区冶铸业发达、技术成熟，工匠
掌握了铜殿铸造技术，且有两座
武当山铜殿先例可以参考。

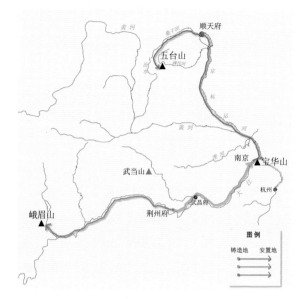

图 3-24　妙峰三铜殿铸造地与所在地分布图
来源：张剑葳绘制

峨眉铜殿的铸造资金，据明傅光宅《峨眉山金殿记》[②]以及王毓宗《大峨山新建
铜殿记》[③]可知，一部分为沈王（朱珵尧，万历十二年袭封，崇祯六年薨）、王霁宇
（王象乾，万历二十九年以后任兵部左侍郎，总督四川、湖广军务）、税监等官员的
捐助。万历皇帝的母亲慈圣太后（李太后）的赏赐则主要用于铜殿造好后，置办一些
配套的"焚修常住"设施。

但从峨眉山铜殿仅存的一块隔扇上记录的铭文来看，该隔扇的捐建者来自山东。
其分省记录的格式与五台山铜殿中的铭文记录相似，推测其他隔扇上应当也曾有其他
省份的捐建记录。因此除了上述几位显贵外，峨眉山铜殿应当也集合了全国多省份信
众的资金。

3.铜殿形制

清《峨眉山志》卷三有铜殿的详细尺寸记录：

---

① "太和真武之神，经所称毗沙门天王者，以金为殿久矣，而况菩萨乎?"见：印光法师.峨眉山志[M].卷六.上海：国光
印书局，民国23年秋月（1934年），第八页.
② 印光法师.峨眉山志[M].卷六.上海：国光印书局，民国23年秋月（1934年），第八页.
③ 同上：第七页.

"有渗金铜殿，沈王捐巨万金新建者。高二丈五尺，广一丈四尺五寸，深一丈三尺五寸。上为重檐雕甍，环以绣棂琐窗。中坐大士，傍绕万佛。门枋空处镂饰云栈剑阁之险及入山道路逶迤曲折之状，制极工丽。傍列铜窣堵波三，高下不等。此皆背岳向西，以晒经山为正对。铜殿右则铁瓦殿，古名光相寺。"①

史料记载的峨眉山铜殿为重檐，坐东向西，四壁雕镂万佛及"全蜀山川形胜水陆程途"。铜碑上刻明傅光宅之《峨眉山金殿记》对铜殿尺寸的记载也基本相同："殿广一丈四尺四寸，深一丈三尺五寸，高二丈五尺。"

19世纪末20世纪初西方探险家、传教士在中国西部旅行时，有不少到过峨眉山，留下了一些关于铜殿遗构的文字记录甚至照片。他们见到铜殿的时候，铜殿已经毁坏，但从废墟中仍可读出一些信息。最早对峨眉铜殿进行描述的可能是英国领事官贝德禄（Edward Colborne Baber），他在1882年发表的《中国西部旅行与研究》（《华西旅行考查记》）中详细描述了铜殿遗存的模样。②

美国传教士赫斐秋（Virgil C. Hart）于1887年游览了峨眉山，他在《中国西部：佛教圣地峨眉山之旅》（《华西：峨眉旅行记》）中描述了铜殿。③

英国皇家地理学会会员立德（Archibald John Little）在1901年发表的《峨眉山及峨眉山那边：藏边旅行记》中写道：

"不管怎样，铜殿已经不存，但还有些碎片放在金顶背后的岩石上。它们的体量和工艺令我们称奇，从照片中可以看到我们成功拍到的一些零件。像其他中国建筑一样，虽然这个铜殿完全由青铜建成，却是仿照一般木构建筑而来——围护作用的隔扇嵌到榫卯结构的框架中。这些隔扇的大小和形状与中国民居中冬天装在客堂南面或院落那面的普通折叠门扇一样。隔扇下部装饰着山楂、玫瑰、桃花等浮雕纹样，并用凿子作精细的修饰处理。隔扇上部图案仿照窗格，也就是常贴窗纸的那部分。其他隔扇则完全用佛像浮雕覆盖。青铜瓦片与普通陶制筒瓦一样大，屋顶角部用张嘴的龙代替了角兽。铜殿在成都（省会）铸造，能将它们运上山简直是个奇迹。据我判断，许多碎片重达半吨。虽然已经有四百多年历史了，这些构件仍然光亮如新，雕工精准得就像昨天才造的一样。"④

① 印光法师. 峨眉山志[M]. 卷三. 上海：国光印书局，民国23年秋月（1934年），第二十一页.
② Edward C. Baber. Travels and researches in western China[M]. London: John Murray, 1882:140。翻译见：张剑葳. 中国古代金属建筑研究[M]. 南京：东南大学出版社，2015：157.
③ Virgil C. Hart. Western China: a journey to the great Buddhist centre of Mount Omei[M]. Boston: Ticknor and Company,1888: 240–245。翻译见：张剑葳. 中国古代金属建筑研究[M]. 南京：东南大学出版社，2015：158.
④ 笔者译自Archibald J. Little. Mount Omi and Beyond: A Record of Travel on the Thibetan Border[M]. London: William Heinemann, 1901: 88–89.

该书不仅有铜殿的记录，而且还留有一张宝贵的铜殿照片（图3-25）。从中可以看见铜殿的构件遗存散乱地堆积在金顶，与五台山铜殿对比可知它们的形制、尺度均极为相似。

英国人庄士敦（Reginald Fleming Johnston，曾任溥仪帝师）在1908年发表的《从北京到曼德勒：自华北穿过四川藏区和云南到缅甸的旅行》中也引用了本节开篇所用的《天下大峨眉山胜景图》。可以看见图中最高处的"正顶金殿"。金殿四坡盝顶，面阔、进深均为三间。其屋顶形式未必准确表达，但至少能看出是一座三开间的二层楼阁（图3-26、图3-27）。

图3-25 立德1901年发表的峨眉铜殿构件遗存照片
来源：Archibald J. Little. Mount Omi and Beyond: A Record of Travel on the Thibetan Border[M]. London: William Heinemann, 1901.

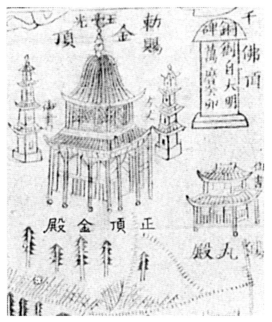

图3-26 《天下大峨眉山胜景图》中的金殿
来源：张剑葳. 中国古代金属建筑研究[M]. 南京：东南大学出版社，2015.
将图上部的金顶部分放大，可以清晰地看到铜碑、金殿、铜塔。本处使用的是庄士敦《从北京到曼德勒：自华北穿过四川藏区和云南到缅甸的旅行》中影印的《天下大峨眉山胜景图》，与本节图3-2题名内容相同，但为不同版本。庄士敦使用的原图版本更佳，但该书影印质量不如前图。

图 3-27　峨眉山铜殿隔扇（正面、背面、正面隔芯大样）

来源：张剑葳摄

正面为四抹头隔扇、六边形棂子，绦环板上饰凤凰牡丹；裙板图案分内外两圈，外圈为卷草，内圈为鲤鱼跃龙门图案。与五台山铜殿下檐隔扇对比，可知其尺寸相同，装饰题材相同，纹样相近，显然具有很强的相关性。背面分上下两段，上段为八列十一行坐佛浮雕，下段阴刻来自山东的捐建人名录，构图形式也与五台铜殿隔扇相同。

4. 铜塔

　　金顶之上除了铜殿，还有铜塔。康熙《峨眉山志》中虽记载万历陈太后购青铜造塔八座，一座在山下，七座在山顶，但康熙《峨眉山志》其他章节的记载与此记载冲突，因此八座铜塔的数字未必确切。这批铜塔也并非全由陈太后捐造，而可能只是捐了一定费用。综合考虑各方记载，推断金顶原来应有四座铜塔，至清初剩下三座。证据见康熙《峨眉山志》卷三：

　　"峰顶为渗金小殿。一名永明华藏寺。殿左右有小铜塔四座。明万历年间寺僧妙峰至滇募铸。"[①]

　　"渗金小塔四座在山顶铜殿侧，妙峰募造。"[②]

　　以及释彻中《大峨山记》：

　　"右为金殿，殿以铜成……极人工之巧。四隅□铜塔四座。有铜碑纪事。"[③]

[①] （清）蒋超.（康熙）峨眉山志. 卷三. 第一页. 见：故宫珍本丛刊第268册[M]. 影印道光七年（1827年）刻本. 海口：海南出版社，2001：50.

[②] （清）蒋超.（康熙）峨眉山志. 卷三. 第十四页. 见：故宫珍本丛刊第268册[M]. 影印道光七年（1827年）刻本. 海口：海南出版社，2001：56.

[③] （清）蒋超.（康熙）峨眉山志. 卷九. 第八十六页. 见：故宫珍本丛刊第268册[M]. 影印道光七年（1827年）刻本. 海口：海南出版社，2001：134.

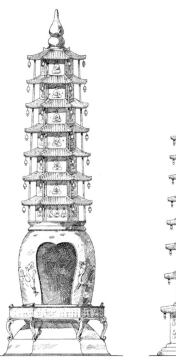

图 3-28　峨眉山金顶铜塔照片（不晚于 1931 年）
来源：Ernst Boerschmann. Die Baukunst und religiöse Kultur der Chinesen. Band III: Chinesische Pagoden[M]. Berlin und Lepzig: Verlag von Walter de Gruyter & Co., 1931. 348, 349（《中国宝塔》）.

图 3-29　伯世曼绘制的峨眉山金顶铜塔立面
来源：Ernst Boerschmann. Die Baukunst und religiöse Kultur der Chinesen. Band III: Chinesische Pagoden[M]. Berlin und Lepzig: Verlag von Walter de Gruyter & Co., 1931. 348, 349（《中国宝塔》）.

清胡世安《登峨山道里纪》：

（铜殿）"傍列铜窣堵波三，高下不等，此皆背岩向西以晒经山为正对。"[1]

胡世安逝于康熙二年（1663年），说明清初时应当就只剩三座铜塔了，现在均已不存。根据伯世曼的记载，可确定山顶在民国时至少还曾有过三座铜塔（其中一座残损严重），伯世曼拍摄了照片，并绘制了测图（图3-28、图3-29）。[2]

三座铜塔中，当时保存尚好的两座据刘君泽《峨眉伽蓝记》：

"殿后岩边有铜塔二：一刊翰林院检讨赐进士王毓宗施造，高七尺许，八重六方，黑色如铁；一刊万历壬辰（二十年，1592年）李姓立，刻镂精致"。[3]

---

[1]（清）蒋超.（康熙）峨眉山志. 卷九. 第二十页. 见：故宫珍本丛刊第268册[M]. 影印道光七年（1827年）刻本. 海口：海南出版社，2001：99. 胡世安为明崇祯元年（1628年）进士，入清后官至武英殿大学士兼兵部尚书，少师兼太子太师，卒于康熙二年（1663年），《清史稿》中有传.

[2] Ernst Boerschmann. Die Baukunst und religiöse Kultur der Chinesen. Band III: Chinesische Pagoden[M]. Berlin und Lepzig: Verlag von Walter de Gruyter & Co., 1931: 348, 349（《中国宝塔》）.

[3] 刘君泽. 峨眉伽蓝记[M]. 乐山：乐山诚报印刷部，1947：37.

王毓宗是万历戊戌科（二十六年，即1598年）进士，不久即辞官，有诗《辛丑还山中》。辛丑是万历二十九年（1601年），故该铜塔可能造于万历二十九年或稍迟。他施造的"八重六方"的铜塔应当是指图3-29左边那座密檐窣堵波型铜塔。另一座李姓施造的铜塔建造年代更早，形制也颇独特，为八层楼阁式塔上再加十三层密檐塔（图3-29右）。

从山脚的华严铜塔、圣积铜钟到半山的普贤铜像，再到金顶的金殿、铜碑与形象神秘的铜塔，这些贵重的宗教文物自成线索，串起了由宋至明以来峨眉山普贤道场的生长。

峨眉山不仅吸引了文人雅士，近代以来也吸引了多位中外自然科学家前来考察地质地貌、动植物等自然资源。随着《峨山图志》《天下大峨眉山胜景图》从峨眉山脚到山顶，即使以点带面，也已经能体会峨眉山作为中国西部佛教文化中心和重要自然遗产地的丰富景观与文化内涵。

峨眉山作为一座典型的中国名山，除了地质地貌、动植物、气象、建筑景观、宗教文化之外，最重要的还在于它已成为蜀地乃至整个华西的意象，在人们的观念中隽永流传。

唐乾元二年（759年），是李白离开蜀地的第三十四年，李白遇赦归至江夏（今湖北武昌），恰遇故友蜀地僧人来自峨眉，前往长安。他想起了多年前仗剑去国时的故乡月，于是写下了这首《峨眉山月歌送蜀僧晏入中京》。诗人反复吟唱"峨眉月"，在八行诗中竟然出现了六次：

我在巴东三峡时，西看明月忆峨眉。

月出峨眉照沧海，与人万里长相随。

黄鹤楼前月华白，此中忽见峨眉客。

峨眉山月还送君，风吹西到长安陌。

长安大道横九天，峨眉山月照秦川。

黄金狮子乘高座，白玉麈尾谈重玄。

我似浮云殢吴越，君逢圣主游丹阙。

一振高名满帝都，归时还弄峨眉月。

第二节　五台山

一、五台：清凉圣地

五台山位于山西省忻州市五台县东北，属于太行山系北端。五座山峰耸立，峰顶部平坦如台，故得"五台"之名。五台分别为：东台望海峰、南台锦绣峰、中台翠岩峰、西台挂月峰、北台叶斗峰。其中北台最高，海拔3061m，有"华北屋脊"之称（图3-30）。

五台山自然景观独特，地质构造复杂多样，地层结构完整丰富，特别是前寒武系地层典型奇特，山体主要由古老结晶岩构成。五台山经过了"铁堡运动""台怀运动""五台运动""燕山运动"，形成了以"五台群"绿色片岩及"豆村板岩"构成的"五台隆起"，具有高亢夷平的古夷平面、十分发育的冰川地貌、独特的高山草甸景观（图3-31），更有第四纪冰川及巨大剥蚀力量造成的"龙磐石""冻胀丘"等冰缘地貌的奇观。

图 3-30　五台山地形图
来源：国家地理信息公共服务平台 天地图网站
北台覆盖着雪顶，画面中央山谷为台怀镇，左下为南台。

图 3-31　五台山东台草甸雪景
来源：张剑葳摄

　　从气温和降水的宏观格局看，五台山是华北半湿润半干旱区域背景上的一个寒冷和湿润的中心。因此五台山冬有积雪，夏季凉爽。中台顶（海拔2895.8m，1956—1990年数据）年均气温－4.03℃，1月均温－18.03℃，7月均温9.55℃，年降水878.6mm，最高可达1363.5mm（1979年），是华北山地气温最低、降水最高、湿度和风力最大的地方。[①]北台顶阴坡有多年积冰。日本僧人圆仁入唐巡礼时描述五台山："谷深而背阴，被前岩遮，日光不曾照着，所以自古以来雪无一点消融之时矣"[②]，故称"千年冻凌"或"千年冰窟"。五台山被称为"清凉山"，从气候和地形来看名副其实。

　　从植被景观来看，五台山过渡性的气候格局在中国植被区划上构成一条明显的景观界线，从东南面的华北平原向西北的黄土高原，逐渐由暖温带落叶阔叶林景观

① 曹燕丽，崔海亭，等. 五台山高山带景观的遥感分析[J]. 地理学报，2001（3）：297-306.
② （日）圆仁撰. 白化文、李鼎霞等校注，周一良审阅. 入唐求法巡礼行记校注[M]. 北京：中华书局，2019：282.

过渡为草原景观。在五台山林线以下海拔1800～2800m的高中山阴坡上部，分布着亚高山针叶林，主要是华北落叶松、云杉、冷杉，形成阴坡最显著的垂直景观带[1]，"岭上谷里树木端长，无一曲戾之木"[2]。往林线以上，在海拔2800～3061m的五台山顶，则分布着低矮的嵩草属植物占优势的高山草甸，这是半湿润高山草甸的代表性类型[3]，"去台四畔各二里，绝无树木，唯有细草霍靡存焉"。圆仁记录了五台山顶这种高山、亚高山草甸的典型景观："遍台水涌，地上软草长者一寸余，茸茸稠密，覆地而生，蹋之即伏，举脚还起。步步水湿，其冷如冰。处处小洼，皆水满中矣。"[4]五台山顶是我国东部地区高山草甸的唯一分布区，低海拔地区很难见到高山草甸，因此状如蒲团的草甸也就成了五台神异的象征之一。[5]

从地貌来看，五台山断块山地顶部的夷平面是华北残存的最古老的准平原，五台山也是我国华北地区唯一有冰缘地貌发育的高山区。北台"顶上往往有磊落石，丛石涧，冽水不流"，在诸多冰缘地貌景观中，中台的太华池、北台的热融湖塘成为引人注目的神圣景观"龙池"。热融湖塘实际就是"多年冻土的地下冰融化、沉陷而形成洼地，又由于冻结层融水和大气降水而形成湖塘。多呈浑圆形，直径几米至十几米，水深几十厘米至一米多，是台顶上用水的唯一来源"。[6]这些热融湖塘，被巡礼的僧侣称为龙池[7]，与佛教传说中"毒龙"所居之雪山龙池相合。文殊菩萨也正是因此说法并镇压毒龙，北宋《太平御览》引《水经注》说的相当明确："五台山，其山五峦巍然……其北台之山，冬夏常冰雪，不可居，即文殊师利常镇毒龙之所。"[8]

从五台山的五台结构来看，有唐代僧人澄观将其比附为文殊菩萨的"五方之髻"。五座山峰也很容易比附为文殊菩萨于"佛涅槃后四百五十岁"所至之雪山——雪山的空间结构正是五峰，其上还有"阿耨达池"，见隋天竺沙门达摩笈多译《起世因本经·阎浮洲品》：

"诸比丘！过金胁山，有山名曰雪山，高五百由旬，广厚亦尔。其山微妙，四宝

① 曹燕丽，崔海亭，等.五台山高山带景观的遥感分析[J].地理学报，2001（3）：297–306.
② （日）圆仁撰.顾承甫，何泉达点校.入唐求法巡礼记[M].上海：上海古籍出版社，1986.
③ 崔海亭.关于华北山地高山带和亚高山带的划分问题[J].科学通报，1983，28（8）：494–497.
④ （日）圆仁撰.顾承甫，何泉达点校.入唐求法巡礼记[M].上海：上海古籍出版社，1986.
⑤ 李智君.中西僧侣建构中土清凉圣地的方法研究[J].学术月刊，2021（9）：187–202.
⑥ 朱景湖，崔之久.五台山冰缘地貌的基本特征[J].冰川冻土，1984（1）.
⑦ （日）圆仁撰.顾承甫，何泉达点校.入唐求法巡礼记[M].上海：上海古籍出版社，1986.
⑧ （宋）李昉辑.太平御览[M].卷45.上海：上海商务印书馆四部丛刊三编景宋刻配补日本聚珍本，1935–1936：3–4.

所成，金银琉璃及颇梨等。彼山四角，有四金峰挺出，各高二十由旬。于中复有众宝杂峰，高百由旬。彼山顶中，有阿耨达池，阿耨达多龙王在中居住。其池纵广五十由旬，其水凉冷，味甘轻美，清净不浊。"①

雪山五峰中，中峰高五百由旬，其余四峰都是二十由旬。五台山实际上最高的是北台，但在唐代《古清凉传》作者慧祥的笔下，最高峰是中台。慧祥巡礼过五台，他这样写，有可能是为了树立中台的尊崇地位，也有可能是为了将五台山比附为雪山五峰。② 五台顶的高山湖泊则可顺理比附为雪山顶上的阿耨达池（图3-32）。

《大方广华严经》言"东北方有菩萨住处，名清凉山"，就是文殊菩萨所在处，不过并没有明确说这座清凉山在中国。而五台山从海拔、气候、地貌、形态上都具备了成为佛教雪山圣地"清凉山"的条件。五台山在北魏时已成为文殊菩萨道场，唐代以来确认为文殊菩萨所居之清凉山，逐渐发展成汉传佛教和藏传佛教共同的道场，庙宇林立。历代皇帝多在五台山敕造寺院，盛清历任皇帝甚至亲谒五台礼拜，大规模修建五台山寺庙、行宫和道路，还主导编写了钦定版山志。在中国四大佛教名山中，五台山实际的历史影响最深远。

五台山的自然地貌和佛教文化融为一体，成为独特而富有生命力的文化景观，至今具有广泛的影响力，于2009年被列入《世界遗产名录》。

二、五台山建筑景观：中土雪山，文殊道场

（一）五台山文殊信仰的形成与发展

在佛教中，文殊菩萨被视作是智慧的化身，代表般若智慧，并协助释迦牟尼弘扬大乘佛法，地位十分尊崇，常化身为各种形象在世间普度众生。

西域僧人常在纂集和翻译佛经时，将中国的地理信息整合进佛教典籍，并在中原流通。③ 在这个历史过程中，一些佛经中的地名就与中国的地理信息对应起来。五台山正是这样而与文殊菩萨所居之清凉山联系起来的，让菩萨东来定居是菩萨信仰随佛教中国化发展的重要表现之一。东晋佛驮跋陀罗所译《大方广佛华严经》菩萨住处品有云："东北方有菩萨住处，名清凉山，过去诸菩萨常于中住。彼现有菩萨，名

① 达摩笈多译. 起世因本经. 卷1阎浮洲品. 大正藏[M]. 第25 册：367.
② 李智君. 中西僧侣建构中土清凉圣地的方法研究[J]. 学术月刊，2021（9）：187-202.
③ 同上.

图 3-32　敦煌莫高窟第 61 窟的《五台山图》
来源：赵声良. 敦煌壁画五台山图 [M]. 南京：江苏凤凰美术出版社，2018.
敦煌莫高窟第61窟内著名的《五台山图》，成图于五代时期，详细描绘了五台山的佛教景观。《五台山图》每个台
顶上都绘有绿色的龙池，但只有北台顶上有众龙环绕，且池中有毒龙台，此地正是菩萨降服五百毒龙之处。敦煌
文书《五台山赞》载："北台毒龙常听法，雷风闪电隐山泉。不敢与人为患害，尽是龙神集善缘。"（S.0370）

文殊师利，有一万菩萨眷属，常为说法。"① 可知文殊菩萨以清凉山为道场，但是将五
台山与清凉山等同起来，北魏、唐代以来，则还经过了道宣、慧祥、菩提流支、澄观
等高僧的不断论证。

　　唐代僧人慧祥的《古清凉传》是将五台山建构为清凉山的重要文本。而最终坐实
五台山是"出于金口、传之宝藏"之文殊道场的《佛说文殊师利法宝藏陀罗尼经》，
则很可能是南印度僧人菩提流志为了迎合中土信众建构清凉圣地的需要而在西域伪
造的一部佛经；抑或至少是他在佛经翻译时，添加了有关中土五台山的地理信息。②
菩提流志于唐隆元年（710年）译出的《佛说文殊师利法宝藏陀罗尼经》载："尔时

---

①　佛驮跋陀罗译. 大方广佛华严经. 卷29. 大正藏[M]. 第9册：590.
②　李智君. 中西僧侣建构中土清凉圣地的方法研究[J]. 学术月刊，2021（9）：187-202.

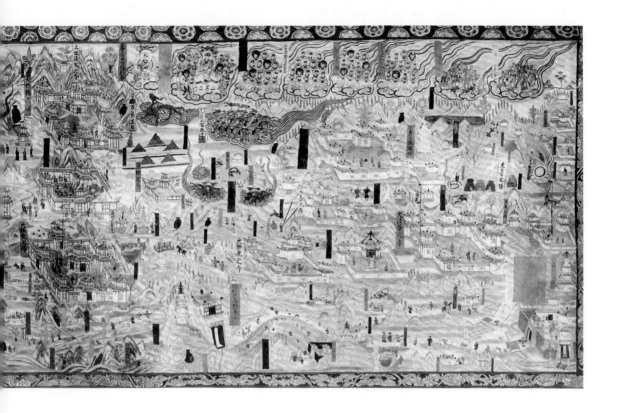

世尊复告金刚密迹主菩萨言："我灭度后，于此赡部洲东北方，有国名大振那，其国中有山，号曰五顶，文殊师利童子游行居住，为诸众生于中说法。'"① 可见，在该经中，佛祖亲口说出中土五台山为文殊师利道场，文殊菩萨将在佛灭度后为众生说法。

这样，至唐代，中土五台山文殊道场基本建构完成，成为印度之外新的佛教信仰中心。

文殊信仰在唐代中国达到巅峰，特别是武则天执政后扬佛抑道，佛教在这一时期得到了极大的发展。皇家寺庙的兴建带动各地寺庙的建设，僧侣和信众也随之大增。同时，出现了大量关于文殊菩萨及文殊信仰的经书，《大正藏》中以"文殊"字样命名的就有73部之多。② 五台山位于山西，李唐皇室将五台山所处的太原、忻州地区视作"龙兴之地"，加之五台山文殊道场的身份，使得五台山为唐代帝王所关注。根据明《清凉山志》记载，唐太宗时即称五台山"文殊固宅，万圣幽栖，境系太原，实我

---

① 菩提流志. 佛说文殊师利法宝藏陀罗尼经. 大正藏[M]. 第20册：791.

② 周晓瑜. 五台山文殊信仰研究[D]. 太原：山西大学，2009.

祖宗植德之所，切宜祗畏"。高宗时先后两次派遣使者巡礼五台文殊，使者带回了五台山地图和《清凉山略传》，文殊信仰在长安进一步流行。

武则天时，利用一些有关文殊的经书进行护国、护王，并重用华严高僧法藏，以华严学为载体的文殊信仰也得到了发扬。武周建立后，武则天也派人巡礼五台文殊，并在五台塑像、建塔立碑。武则天在五台每个台顶敕建有铁塔，圆仁于唐开成五年（840年）巡礼至五台山，在各个台顶见到了武则天为镇五台而铸的几座小型铁塔。圆仁还描述了各个台顶的龙池、佛像等建筑景观：

（中台）"台南面有求雨院。从院上行半里许，到台顶。顶上近南有三铁塔，并无层级相轮等也。其体一似覆钟，周圆四抱许。中间一塔四角，高一丈许。在两边者团圆，并高八尺许。武婆天子镇五台所建也。武婆者，则天皇是也。铁塔北边有四间堂，置文殊师利及佛像。从此北一里半是台顶，中心有玉花池，四方各四丈许，名为龙池。"

（西台）"台顶平坦，周围十町许。台体南北狭，东西阔，东西相望，东狭西阔。台顶中心，亦有龙池，四方各可五丈许。池之中心，有四间龙堂，置文殊像。于池东南，有则天铁塔一基，圆形无级，高五尺许，周二丈许。"

（北台）"台顶周圆六町许。台体团圆，台顶南头有龙堂，堂内有池。其水深黑，满堂澄潭，分其一堂为三隔。中间是龙王宫，临池水上置龙王像。池上造桥，过至龙王座前。……龙宫左右，隔板墙，置文殊像。于龙堂前，有供养院。……台头中心有则天铁塔，多有石塔围绕。"

（东台）"台东头有供养院，入院吃茶。向南上坂二里许，到台顶。有三间堂，垒石为墙，四方各五丈许，高一丈许，堂中安置文殊师利像。近堂西北有则天铁塔三基，体共诸台者同也。"[1]

安史之乱后，五台山文殊信仰在唐代宗时期迎来新的发展高潮。这一时期，内有藩镇割据，外有吐蕃侵犯，佛教成为社会重要的精神寄托。文殊信仰中"护国、护王"的功用也被再次利用。密宗高僧不空在此时通过推行文殊信仰，特别是五台山文殊信仰，宣扬密宗教义，文殊信仰影响力得到了进一步的扩大。神像改制中，普贤、观音也分别"犹拂而为侍，声闻缘觉护持而居后"[2]，文殊在神像体制中的地位进一步提高，寺庙建制中也流行起文殊阁院的设置。此时的五台山金阁寺文殊殿易以金光夺

① （日）圆仁撰. 顾承甫，何泉达点校.入唐求法巡礼记[M]. 上海：上海古籍出版社，1986.
② 佛说文殊师利菩萨现宝藏陀罗尼经. 大正新修大藏经[M]. 第42卷. 1990：3.

目的鎏金铜瓦，见于新、旧唐书等历史文献：

"五台山有金阁寺，铸铜为瓦，涂金于上，照耀山谷，计钱巨亿万。"[①]

"代宗广德元年（763年）十一月，土番陷京师。帝在华阴，文殊现形，以狄语授帝。及郭子仪克复京师，驾还长安，诏修五台文殊殿，铸铜为瓦，造文殊像，高一丈六尺，镀金为饰。"[②]

进入北宋，宋太祖一改后周的"抑佛"政策，佛教重新恢复发展。延续唐代的文殊信仰，宋代皇帝也十分重视五台山文殊信仰，并在五台山建造大量寺院。宋太宗本人就十分尊崇文殊菩萨，给予五台山在建寺、度僧、免税上许多优待。真宗时更赐五台山真容院钱一万贯修建大阁供奉文殊像。而至徽宗时，在初期的佛道并举政策下，张商英大力宣扬五台山文殊菩萨灵应，五台山再度兴盛一时。五台山的圣地模式广受统治者青睐和复制，西夏政权借助佛教来建构政治合法性，于11世纪在贺兰山制造了"北五台山"，契丹和蒙古的统治者也如法炮制出"小五台山"。[③]

图3-33　敦煌61窟《五台山图》中的西台顶
来源：赵声良. 敦煌壁画五台山图[M]. 南京：江苏凤凰美术出版社，2018.

唐宋时期的五台山文殊信仰是具有世界性的，来自印度、斯里兰卡、尼泊尔、日本、朝鲜等国的僧人都曾前往五台山朝拜，并回到本国构建自己的"五台山"。五台山文殊信仰快速波及全国，向西传播至敦煌、河西一带，敦煌莫高窟和榆林窟中现存仍有八幅《五台山图》（图3-33～图3-37）。同时也向西对吐蕃佛教产生了极大的影响，不仅唐向吐蕃

图3-34　敦煌61窟《五台山图》中的中台顶
来源：赵声良. 敦煌壁画五台山图[M]. 南京：江苏凤凰美术出版社，2018.

① （后晋）刘昫. 旧唐书. 卷118. 北京：中华书局，1975：3418.《新唐书》中亦有相关内容，见（宋）欧阳修，宋祁. 新唐书. 卷145. 北京：中华书局，1975：4716.
② 释印光重修. 清凉山志[M]. 卷五. 第三页. 台北：明文书局，民国22年（1933年）：209.
③ 张帆. 非人间、曼陀罗与我圣朝：18世纪五台山的多重空间想象和身份表达[J]. 社会，2019（6）：149-186.

图 3-35　敦煌 61 窟《五台山图》中的北台顶
来源：赵声良. 敦煌壁画五台山图 [M]. 南京：江苏凤凰
美术出版社，2018.
画面下方可见"大佛光之寺"。

图 3-36　敦煌 61 窟《五台山图》中的东台顶
来源：赵声良. 敦煌壁画五台山图 [M]. 南京：江苏凤
凰美术出版社，2018.

图 3-37　敦煌 61 窟《五台山图》中的南台顶
来源：赵声良. 敦煌壁画五台山图 [M]. 南京：江苏凤
凰美术出版社，2018.

图 3-38　敕建五台山文殊菩萨清凉圣境图

来源：（清）佚名.中国国家图书馆藏山川名胜舆图集成[M].第五卷.山图·佛教名山.

本图表现的五台山情况在1814—1830年间。与峨眉山图类似，本图从画面右下方的龙泉关开始入山，形成纵向的构图，造成逐渐登顶的视觉效果。在实际的地理环境中，南台顶与画面顶部的其他四台在空间上是并列关系。但在本图中，南台顶位于图的中下部，其他四台与顶端中央的骑狮文殊像组成了新的五顶，仿佛文殊菩萨自身就构成了一座山峰。

269

派遣僧侣，吐蕃也派僧向唐求法，并曾向唐求取《五台山图》，在长庆四年（824年）传入西藏。[①] 这也使得五台山逐渐成为多派佛教的交流之处，五台山文殊信仰表现出极强的兼容性（图3-38）。

（二）五台山藏传佛教的发展

西藏佛教与汉地佛教在五台山的交流可上溯至唐朝，至北宋年间，更多的藏传佛教僧人前往五台山学习，而五台山也成了汉藏佛教交流的平台，文殊菩萨也成为藏传佛教的祖师。[②] 随着元帝国崛起，汉地和藏地均纳入元朝统治，在备受元朝皇室重视的藏传佛教萨迦派高僧的影响下，五台山再次通过与萨迦诸位高僧法王的联系而进入藏传佛教的叙事中。

蒙古进入中原后，主要以喇嘛教作为政治统治工具，文殊菩萨作为藏传佛教的祖师，其在五台山的道场也为蒙古统治者所重视，被选为内地总禅林。元世祖帝师八思巴在五台山居住一年并学习密法及疏释、大乘瑜伽行派经论，并弘扬萨迦教法，在五台山铸玛哈葛拉（大黑天）金像。忽必烈也在八思巴的建议下谒见喇嘛教高僧胆巴，封为"金刚上师"，命其主持五台山寿宁寺——五台山正式成为元代国教藏传佛教的驻地。

明代时，黄教兴起，黄教即藏传佛教格鲁派。为了安抚蒙古、藏势力，明代统治者采取了扶持黄教的政策，并继续以五台山作为黄教在内地的中心。明成祖时封黄教祖师宗喀巴弟子释迦也失为"大慈法王"，并新建五座黄教寺院。经过元明两朝的经营，汉传和藏传佛教分别在五台山建立了自己的僧伽传承。明代的五台山僧官被称为"钦依提督五台山监管番汉僧寺"，此时的五台山已经基本形成汉僧（青庙）与番僧（黄庙）并存的格局。五台山此时也成为汉、蒙、藏人民密切联系的纽带。

清代，由于"满洲"与"文殊"在满语中发音相近，满族统治者对文殊信仰格外青睐。入关后，清朝统治者十分重视民族关系，尤其是团结蒙、汉、藏来巩固自己的统治，黄教成了实现这一目标的重要工具。顺治九年（1652年），五世达赖喇嘛觐见顺治皇帝，顺治皇帝赐予五世达赖喇嘛"西天大善自在佛所领天下释教普通瓦赤拉咀喇达赖喇嘛"称号，达赖喇嘛同时授予顺治皇帝"人世之上、至上文殊大皇帝"称号。此后，清朝皇帝对"文殊大皇帝"的称号极其推崇，乾隆皇帝不仅在与藏地的公文信件往来中自称"文殊大皇帝"，在官制藏传佛教造像中也常常自我塑造为文殊菩

---

① 赵改萍. 藏传佛教在五台山的发展及影响[D]. 西安：西北大学，2004.

② 周晓瑜. 五台山文殊信仰研究[D]. 太原：山西大学，2009.

萨的形象，他还亲自撰文将"满族"的族源追溯到"文殊"。^①五台山作为在元、明两朝形成的内地黄教中心受到清朝皇帝的关注，康熙皇帝五临五台，乾隆皇帝六谒五台，在帝王的支持之下，五台山黄教发展到新的高峰，雍正时期的五台山黄庙至少有26所之多^②。

五台山的黄教体系可分为两大系统：达赖喇嘛系统和章嘉呼图克图活佛系统。其中章嘉活佛作为内蒙地区最大的转世活佛，在黄教中地位仅次于达赖、班禅和哲布尊丹巴。清代，由于满族与内蒙关系密切，因此将章嘉活佛尊为黄教之首，赐驻五台山镇海寺。而五台山的达赖喇嘛系统则是由达赖喇嘛选派僧官管理本系寺庙，并由朝廷任免，其僧官称札萨克达喇嘛。康熙年间，为了团结西藏，将札萨克达喇嘛所驻菩萨顶寺改为琉璃黄瓦，与皇家建筑同等规模，以示重视。

康乾之后五台山的藏传佛教逐渐衰落，嘉庆、道光、光绪虽都巡幸过五台山，但是次数都无法与前期相比。随着清朝国力衰微，五台山也再没有大规模的敕建活动。蒙藏高僧前往五台山的次数减少，嘉庆年间也只有四世章嘉呼图克图和四世哲布尊丹巴呼图克图分别前往五台山。^③

值得一提的是，道光十一年（1831年）出版的《圣地五台山志》，是由藏传佛教高僧章嘉·若必多吉主导、蒙藏喇嘛们合作编写的，针对的读者是蒙藏佛教徒，它并不仅是对汉文资料的整合，更重要的是将五台山的时空"坛城化"，以藏传佛教的世界观重构了五台山的地景。^④

根据这部山志描述，"世上有五处被加持的殊圣之地：中央是金刚座，东方是五台山，南方是布达拉，西方是空行之士的国度乌仗那，北方是高贵之人的国土香巴拉"。

在把五台山置入藏传佛教的世界坛城中之后，继而把五台山自身也转化为坛城："中峰为身，东峰为意，南峰为功德，西峰为语，北峰为业。五峰依次是毗卢遮那佛、阿閦佛、宝生佛、阿弥陀佛、不空成就佛。"这样，五台山的五座山峰又与金刚界曼陀罗中央的五方佛相对应起来。而坛城的护法神则是文殊菩萨的一个愤怒相"阎摩罗"，同时也是格鲁派著名的护法神（图3-39）。

---

① 张帆. 非人间、曼陀罗与我圣朝：18世纪五台山的多重空间想象和身份表达[J]. 社会，2019（6）：149-186. 本段综合引用了William Rockhill, David Farquhar, Ning Chia, Matthew Kapstein, Yumiko Ishihama, Pamela Crossley等学者的论著。

② 周晓瑜. 五台山文殊信仰研究[D]. 太原：山西大学，2009.

③ 赵改萍. 藏传佛教在五台山的发展及影响[D]. 西安：西北大学，2004.

④ 张帆. 非人间、曼陀罗与我圣朝：18世纪五台山的多重空间想象和身份表达[J]. 社会，2019（6）：149-186.

图3-39　五台山圣境图
来源：（清光绪）佚名.中国国家图书馆藏山川名胜舆图集成 [M].第五卷.山图·佛教名山.
本图中五台的布局与纵向图卷不同，将南台与其他四台在画面上部并置，从左至右依次是南台、西台、中台、北台、东台。中西僧侣仿照雪山五峰建构了五台山这座理想的佛教圣地。但现实中的清凉圣地，从僧侣和俗众的宗教活动空间来看，清凉山都是中台独大，而非五峰竞秀。

三、五台山代表性建筑

（一）南山寺

南山寺位于台怀镇南2.5km的案山中麓，自上而下由万圣佑国寺、善德堂、极乐寺三部分组成（图3-40、图3-41）。根据光绪九年（1883年）李自蹊所撰的《南山寺碑文》："南山寺建在梁代之间，唐、宋、元、明累代补葺重修。元时，大承天护圣寺住持、崇禄大夫、司徒广公真慧国师重创建焉。"梁时北方为北魏、北齐时期，正是佛教发展的时期。但之后的唐宋资料中并没有南山寺之名，因此最初南山寺应只是禅修用的茅庐之所。[1]

程钜夫《雪楼集》中《凉国敏慧公神道碑》记载，万圣佑国寺始建于元代元贞元年（1295年），是元成宗为其母徽仁裕圣皇太后所建，大德元年（1297年）建成，徽仁裕圣皇太后亲至万圣佑国寺拈香，并赏赐监造该寺的尼泊尔工匠白银万两。之后皇后幸五台的情况更多，根据《元史》，武宗时昭献元圣皇太后、英宗时皇妹大长公主均曾前往五台礼佛。元代万圣佑国寺作为五台山皇家道场之一，达到僧三百人，寺田

---

① 肖雨.南山寺佛教史略[J].五台山研究，1997（4）：7-14.

图 3-40　南山寺天王殿
来源：张剑葳摄

图 3-41　南山寺全景
来源：五台山佛教协会网站，http://www.wutaishanfojiao.com/content-19-732-1.html

三百顷的规模。文宗时期，真慧国师重建万圣佑国寺。

　　到明代，嘉靖二十年（1541年）法亨禅师重修万圣佑国寺。此前万圣佑国寺是华严道场，法亨禅师作为重修万圣佑国寺的功臣，也得到了五台诸寺方丈僧官等的支持，成为该寺的禅宗祖师，万圣佑国寺成为一处禅宗丛林。清代，根据《钦命五台山敕建万圣佑国南山极乐禅寺碑记》可知，乾隆皇帝"因感菩萨之显佑，国泰民和"而重修万圣佑国寺。光绪三年（1877年）普济和尚因深感万圣佑国寺规模远不及显通、塔院等寺，亲往河南、河北、山东、东北募化布施，并募集东省众多善人回到五台

大兴土木，重修万圣佑国寺并改称"极乐寺"。进入民国后，善人姜福忱继续扩建，并将极乐寺、善德堂、万圣佑国寺合为一体，统称"南山寺"。[1]

　　南山寺坐东向西，依山势而建，前后三组寺院，共七进大殿，十八处院落（图3-42）。背依案

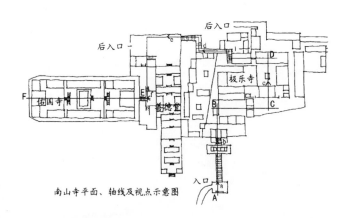

南山寺平面、轴线及视点示意图

图 3-42　南山寺平面图
来源：曹如姬．山西五台山寺庙建筑布局及空间组织 [D]．太原：太原理工大学，2005.

---

[1]　贵和．南山寺建筑与塑像概述[J]．五台山研究，1997（4）：20-25.

山，面朝清水河，视野开阔，可以望见五台山南、中、北、西四台，又称"望峰台"。建筑群的组织依山坡而上，遇到转折则随形就势将轴线旋转横置，这样院落穿插相连且不拘泥于一条中轴线，使得南山寺内部的空间更具趣味（图3-43、图3-44）。

图 3-43　南山寺的竖向交通
来源：张剑葳摄

图 3-44　南山寺的院落空间
来源：张剑葳摄

（二）显通寺

显通寺位于五台山灵鹫峰山脚，是五台山"十大青庙""五大禅处"之首，也被认为是五台山的开山寺庙（图3-45、图3-46）。《清凉山志》记载显通寺建于东汉年间，与洛阳白马寺同为我国最早建立的佛教寺院。相传，天竺高僧迦叶摩腾与竺法兰曾前往五台山，并在灵鹫峰下发现阿育王所置舍利塔，继而在五台山建寺，即大孚灵鹫寺。[①]

传说中东汉年间的大孚灵鹫寺在北魏时或已不存，北魏孝文帝巡游五台，行至菩萨顶时认为此处极好，便在此处再建大孚灵鹫寺，并在寺前种花二顷，绕灵鹫峰设十二院，故而灵鹫寺又被称为"大花园寺"。从此，灵鹫寺成为五台山首屈一指的大寺。

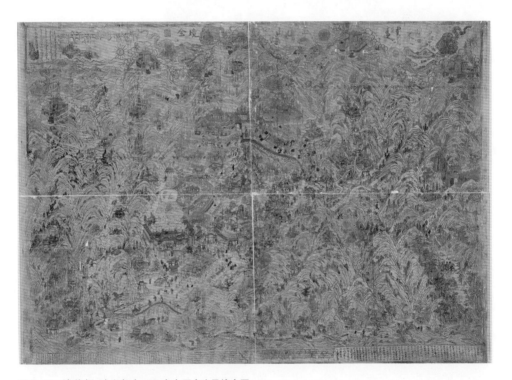

图3-45　清道光二十六年（1900年）五台山圣境全图

来源：Gelonglongzhu. "五台山圣境全图." 清道光二十六年（1846年），美国国会图书馆藏，g7822w ct002201 http://hdl.loc.gov/loc.gmd/g7822w.ct002201

本图中五台的布局从左至右依次也是南台、西台、中台、北台、东台，南台与其他四座台顶相比略微靠下，体现了空间上的相对关系。显通寺、塔院寺已成为全图画面的中心。

---

① 李广义. 五台山的开山寺庙显通寺[J]. 五台山, 2006（7）: 62-70.

图 3-46 五台山圣境全图中的
显通寺与塔院寺
来源: Gelonglongzhu. "五台山圣
境全图." 清道光二十六年（1846
年），美国国会图书馆藏，g7822w
ct002201 http://hd1.loc.gov/loc.gmd/
g7822w.ct002201

　　隋代，隋文帝就曾因梦而赏赐该寺珊瑚树以求宝珠；唐代，武则天曾派人采取大
花园寺名花万株，并敕建寺塔。龙朔三年（663年），武则天在五台山台顶各铸造铁塔
以镇台，并在大孚灵鹫寺内建造双层八角佛舍利塔，同时将《大方广佛华严经》存放
在灵鹫寺中，更寺名为"大华严寺"，大华严寺至此开始成为五台山重要的华严道场。

　　元朝帝师八思巴曾在五台山潜学一年，修葺大华严寺等十二院。明代，太祖重修
大华严寺并赐名大显通寺；成祖时敕封西藏第五世活佛哈立麻尚师为"大宝法王"，
并赐居显通寺；之后被册封为"大国师""大慈法王"的释迦也失同样赐居在显通寺，
并更名"大吉祥显通寺"。

　　明神宗时期，显通寺同样受到朝廷的重视，资助妙峰禅师增建了三座无梁殿与一
座铜殿。铜殿位于院落中轴线倒数第二进的平台上，左右各有砖砌无梁殿一座，是安
奉铜殿时配套而建。铜殿位于整个显通寺中轴线发展最高潮之处，殿前还有五座铜塔
环列，地位尊崇（图3-47～图3-49）。五台山铜殿是妙峰禅师规划的三座铜殿之一，
也是峨眉山、宝华山、五台山三座铜殿中唯一保存至今的一座，在南京铸造，经运河
运输北京，万历三十三年（1605年）送往五台山，次年在显通寺建道场安奉。铜殿

图 3-47　显通寺铜殿与无梁殿所在的"清凉妙高处"平台
来源：张剑葳摄

图 3-48　显通寺铜殿
来源：张剑葳摄

图 3-49　铜殿内部梁架
来源：张剑葳摄
黄昏时分，低平的阳光透过铜殿山花上的气孔射入室内，随着夕阳的移动，光
柱在万佛间游走。

为歇山顶二层楼阁形式，内壁、梁、枋上均刻画万佛环绕，与峨眉山铜殿仅存的隔扇相对照，可知确实是同一套设计，是研究中国古代金属建筑的重要资料。[1]这一时期，显通寺更名为"护国圣光永明寺"。

显通寺大雄宝殿后有一座无量殿，即无梁殿的谐音。显通寺的这座重檐无梁殿规模宏大，面阔七间，每间分别对应《华严经》"七处九会"。正立面上下层设有壁柱，比例考究；背面底层简化处理，不设壁柱，二层与铜殿所在平台的视线相近，故仍设壁柱装饰。各间为砖砌穹隆顶，各间之间用筒拱相连。整座建筑在外观的檐下部分精心仿木构，其壁柱的设计与建造手法纯熟，内部则全用青砖砌筑穹顶和拱券，体现出砖砌无梁殿建筑在明代已经发展到很高的设计与建造水平（图3-50～图3-53）。

清康熙时期，永明寺改回"大显通寺"。清帝西幸五台时必至显通寺，多次修建。现在的显通寺占地8万多平方米，中轴线上七进大殿，建筑四百余间，规模宏大而秩序井然（图3-54）。显通寺是五台山佛教文化的缩影，也见证了五台山佛教的发展。

图3-50 显通寺无梁殿正面
来源：张剑葳摄

① 张剑葳.中国古代金属建筑研究[M].南京：东南大学出版社，2015：164-166.

图 3-51 显通寺无梁殿背面
来源：张剑葳摄

图 3-52 显通寺无梁殿内部穹顶
来源：张剑葳摄

图 3-53 显通寺无梁殿内部的金属罗汉像
来源：张剑葳摄

无梁殿内部有几十尊铁罗汉像，面容栩栩如生，安静地坐在
这座严谨的青砖大殿中。

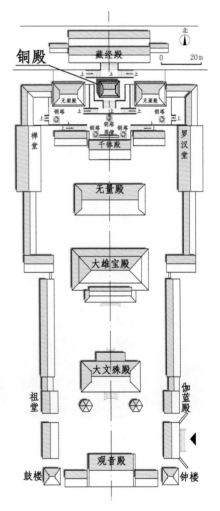

图 3-54 显通寺中轴线总平面图
来源：张剑葳绘

（三）塔院寺

塔院寺位于台怀镇显通寺之南，原本是显通寺众多塔院之一。根据明嘉靖十七年（1538年）的《五台山大塔院寺重修阿育王所建释迦文佛真身舍利宝塔碑并铭》可知，在明成祖为哈立麻尚师整修大显通寺时，因"见灵鹫山前阿育王塔，其形微隘，由是请旨复修。其称帝心，所命前项官员、近役、人夫，于此营造。凡有所费，皆出内帑。埏砖百万，基石千块，灰数千石，其余不目。经之营之，不日而成。高二百尺，阔十二丈，圆腹方基，焕然一新，视先有加。庆赞事讫，法王西归"，从此，塔院寺脱离显通寺，成为独立的寺院（图3-55）。

塔院寺建寺虽较晚，但历来被统治者所重视。哈立麻去世后，明成祖在寺中供奉其肖像。明英宗时下令不许官员、军民等人侵扰五台山佛寺，塔院寺是特别保护对象。宪宗时再次敕谕五台山都纲司，要护卫塔院寺和其他各寺。神宗时期，对塔院寺进行大规模的扩建，重修天门、天王殿、大慈延寿宝殿、藏经阁、钟鼓楼、伽蓝殿、释迦文佛舍利宝塔、文殊发塔、十方院、延寿堂，并围廊、斋舍、庖厨，极具规模。万历十年（1582年），宝塔竣工并举行百二十日无遮大会，此次大会九边八省民众前来，每日不下万人，更有众多高僧，规模盛大。两年后又举行饭僧法会。明代开始，塔院寺成为皇家的延寿道场。[①]清代皇帝对塔院寺也十分重视，是西幸五台时的重要礼佛寺院，多次在塔院寺赐匾题诗。

图3-55 五台山塔院寺
来源：张剑葳摄

---

① 萧宇. 塔院寺佛教简史[J]. 五台山研究，1996（4）：3-7.

图 3-56 塔院寺白塔
来源：张剑葳摄

图 3-57 塔院寺华藏世界转轮藏
来源：俞莉娜摄

　　大白塔是塔院寺的标志性建筑，始建于元大德六年（1302年），为尼泊尔工匠阿尼哥设计修建。白塔自下而上为塔基、双层塔座、覆钵状塔瓶，再上为十三层相轮、华盖，最上端是风磨铜宝瓶。绕塔基一圈有围廊，里面安置转经筒，围廊四角亭内安置大转经筒。白塔高56.4m，是目前中国最高的喇嘛塔（图3-56）。

　　白塔之后为大藏经阁，藏经阁为两层三檐硬山顶楼阁建筑，里面安置有华藏世界转轮藏（图3-57）。明万历年间，神宗皇帝的生母李太后崇佛，在五台山大兴佛事，贵族官民也跟风效仿，纷纷捐献书经。憨山大师即募造华藏世界转轮藏以安奉经书。华藏世界转轮藏为木制，平面八角形，共33层，高11.3m，上宽下窄，每层设小格若干放置经书。[1] 转轮藏就是能够整体旋转的藏经橱子，推动转轮藏旋转，寓意读遍了其中的经藏。

---

① 笑岩. 华藏世界转轮藏[J]. 五台山研究, 1986（1）: 31.

（四）菩萨顶

菩萨顶位于台怀镇灵鹫峰之上，《清凉山志》记载："元魏孝文帝，再建大孚灵鹫寺。环匝鹫峰置十二院，今菩萨顶即真容院"，可知菩萨顶的前身是灵鹫寺（华严寺）的真容院。

《入唐求法巡礼行记》第三卷曾提到"晚际，与数僧上菩萨堂院"礼拜文殊像。此处用"上"的动作，而非前后文用的"入"，可见是登上高处，符合今菩萨顶与显通寺的空间关系。华严寺的菩萨堂院，可能就是菩萨顶上的真容院。根据圆仁的描述，这座菩萨堂院中的文殊像超过其在五台山所见其他各处文殊像：

"开堂礼拜大圣文殊菩萨像，容貌颙然，端严无比。骑狮子像，满五间殿在，其狮子精灵，生骨俨然，有动步之势，口生润气，良久视之，恰似运动矣。"[1]

传说此像曾六造六裂，第七次经过文殊菩萨骑金色狮子化现真容方才造成。后人也将此像尊为文殊菩萨真容，"今五台诸寺造文殊菩萨像，皆此圣像之样，然皆百中只得一分也"。唐代皇帝也因此经常敕赐，"每年敕使送五百领袈裟，表赐山僧。每年敕使别送香花宝盖、珍珠幡盖、珮玉宝珠、七宝宝冠、金镂香炉、大小明镜、花毯白氎、珍假花果等，积渐已多"。[2]其在五台山的地位可见一斑（图3-58、图3-59）。

宋代，据《清凉山志》，太宗曾赐金泥书经一藏给真容院；《佛祖统纪》则记载太宗命"内侍张廷训往代州五台山造金铜文殊菩萨像，奉安于真容院"；真宗时建

图 3-58　五台山南禅寺
唐代文殊像
来源：张剑葳摄

---

① （日）圆仁撰. 顾承甫，何泉达点校. 入唐求法巡礼记[M]. 上海：上海古籍出版社，1986：117.
② 同上.

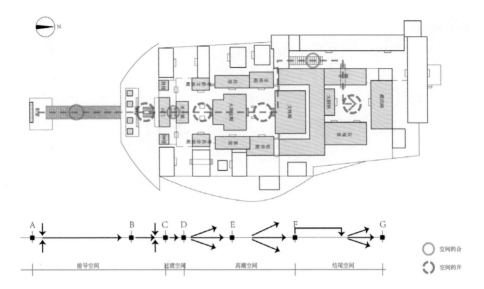

图 3-59　菩萨顶平面图

来源：王崇恩, 崔月辰. 五蕴视角下佛教寺庙空间意境营造——以五台山菩萨顶为例 [J]. 华中建筑,2021,39(2):133-136.

今天的菩萨顶依旧是五台山最大的喇嘛庙，登108级石梯来到山门前牌坊，沿轴线有五进建筑。

"奉真阁"。熙宁年间前往五台山巡礼的日本僧人成寻所撰《参天台五台山记》中记载真容院文殊阁、宝章阁、集圣阁宏伟高大，佛像众多，耀眼夺目。此时的真容院已经成为五台山诸寺之首。[①]

明成化十七年（1481年）敕命重建真容院，并赐名"大文殊寺"，令藏传佛教僧人短竹班丹主持。释迦也失在五台山兴建五座黄庙时，大文殊寺即为其中之一，成为五台山重要的黄教道场。清代的菩萨顶更加受到皇帝重视，康熙皇帝多次在此做延寿道场。康熙时还将菩萨顶所有屋顶换成黄琉璃瓦，改官式建筑，增建三十三院，长达一里，直与慈福寺相连。乾隆皇帝也多次对菩萨顶进行赏赐，并在菩萨顶修建行宫。

（五）佛光寺

五台山五峰以内称"台内"，以外称"台外"。五峰环抱的山谷就是五台中心台怀镇，附近寺刹林立，香火极盛。以上所述显通、塔院诸寺都在台怀镇附近，殿塔佛像勤经修建，几乎全是明清时期的建筑。正如梁思成先生所言，"千余年来文殊菩萨道场竟鲜明清以前殿宇之存在焉。台外情形与台内迥异。因地占外围，寺刹散远，交通不便，故祈福进香者足迹罕至。香火冷落，寺僧贫苦，则修装困难，似较适宜于古建筑之保存"。[②]

---

① 肖雨. 菩萨顶的佛教历史[J]. 五台山研究, 1996（1）：4-18, 49.

② 梁思成. 记五台山佛光寺建筑[J]. 中国营造学社汇刊, 1944, 第七卷（1）（2）.

图 3-60 踞于高台之上的佛光寺东大殿
来源：张剑葳摄

图 3-61 峰峦环抱的佛光寺东大殿
来源：张剑葳摄

1937年6月，梁思成偕营造学社学者林徽因、莫宗江及一名技工来到五台山。此前，曾有日本学者断言，在中国已经找不到比宋、辽时代更早的木构建筑。要认识中国的唐代建筑，只有到日本去参考飞鸟和奈良时代的木构实物。但是，梁思成、刘敦桢、林徽因等营造学社学者始终坚信中国还有唐代木构存世。他们不畏艰辛，致力于中国古建筑的田野调查。

　　佛光寺在南台豆村镇东北约5km之佛光山中，依山岩布置，坐东朝西。山门已是晚近时期建筑，进入院内，坐北南向者为文殊殿五间，坐南北向原有普贤殿对峙，不知毁于何时。文殊、普贤两殿间庭院中，立有唐乾符四年经幢。院落东侧尽头为高台，其下为一排砖砌窑洞。穿过窑洞中间陡长的通道登上高台，正殿佛光寺东大殿踞于高台之上，俯临庭院，东南北三面峰峦环抱，唯西向朗阔（图3-60、图3-61）。

　　梁思成曾在敦煌石窟第61窟的《五台山图》中见过"大佛光之寺"。1937年7月，在对山西古建筑的第四次调查中，梁思成、林徽因等人终于发现了唐代木构佛光寺东大殿（图3-62），用事实推翻了日本学者认为中国已无唐代木构的谬断。

　　佛光寺东大殿"魁伟整饬"，"殿斗栱雄大，屋顶坡度缓和，广檐翼出，全部庞大豪迈之象，与敦煌壁画净土变相中殿宇极为相似，一望而知为唐末五代时物也"。[①]除了对斗栱和梁架形制特征的判断外，经过仔细辨认，林徽因在梁下发现了佛殿施主的名字"宁公遇"，可与殿外唐大中十一年（857年）石经幢上的记录相对应，证实了这座唐代木构殿宇的年代身份。殿内还存有唐代塑像三十余尊，唐代壁画、题记等，是营造学社多年来实地踏查所得之唯一唐代木构殿宇，梁思成评价："实亦国内古建筑之第一瑰宝。"

---

① 梁思成.记五台山佛光寺建筑[J].中国营造学社汇刊，1944，第七卷（1）（2）.

图 3-62　佛光寺东大殿的前檐
来源：张剑葳摄

　　佛光寺相传为北魏孝文帝时期（471—499年）创建。隋唐时，佛光寺之名颇见于传记，五台县昭果寺解脱禅师"隐五台南佛光寺四十余年。……永徽中（650—655年）卒"（《续高僧传》卷二十六）。贞观中（627—649年），有明隐禅师"住佛光寺七年"（《续高僧传》卷二十五）。大历五年（770年），法照禅师自衡山至五台兴建大圣竹林寺，"到五台县遥见佛光寺南白光数道"（《宋高僧传》卷二十一）。[1]

　　中唐以后，法兴禅师"七岁出家……来寻圣迹，乐止林泉，隶名佛光寺。……即修功德，建三层七间弥勒大阁，高九十五尺。尊像七十二位，圣贤八大龙王，罄从严饰。台山海众，异舌同辞，请充山门都焉。太和二年（828年）……入灭。……建塔于寺西北一里所"（《宋高僧传》卷二十七）。[2]

① （宋）赞宁.宋高僧传[M].北京：中华书局，1987：539.
② 梁思成.记五台山佛光寺建筑[J].中国营造学社汇刊，1944，第七卷（1）（2）.

当时佛光寺颇为兴盛，寺中文殊显圣的祥瑞甚至远达长安宫廷。长庆元年（821年），"河东节度使裴度奏五台佛光寺庆云现文殊大士乘狮子于空中，从者万众。上遣使供万菩萨。是日复有庆云现于寺中"（《佛祖统记》卷四十二）。

但此后二十余年，佛光寺在会昌灭法（845年）中遭破坏，"五台诸僧多亡奔"（《佛祖统记》卷四十二）。法兴禅师所创之弥勒大阁及其他殿堂均遭破坏。今日所见之佛光寺，是唐大中年间愿诚法师重兴的成果。愿诚"太和三年（829年）落发，五年具戒。无何，会昌中随例停留，惟诚志不动摇。及大中再崇释氏……遂乃重寻佛光寺，已从荒顿，发心次第新成"（《宋高僧传》卷二十七）。大中十一年（857年），愿诚法师的趺坐等身像留在了东大殿门内南侧。

梁思成认为佛光寺东大殿与弥勒大阁同为七间，可能就是在弥勒大阁的基址上利用旧基所建。近年山西的考古工作者仍在不断寻找弥勒大阁的位置。寺内还保存有两座唐代砖墓塔，一座北魏砖塔，后者可能是佛光寺开山祖师之塔（图3-63）。

图3-63 佛光寺祖师塔
来源：张剑葳摄

286

佛光寺东大殿平面广七间，深四间，由檐柱一周及内柱一周组成宋《营造法式》所谓之"金箱斗底槽"。殿中心扇面墙内为巨大佛坛，上立佛菩萨像三十余尊。扇面墙以外，即内槽左右及后面之外槽中，依两山及后檐墙砌台三级，设五百罗汉像。佛殿梁架分为明栿与草栿，明栿在天花平闇以下，施于前后各柱斗栱之上，为殿中视线所及，均加工为月梁，轮廓秀美；草栿在平闇之上，由柱头斗栱上之压槽枋承托，殿内看不见，故只简单加工。天花方格密小者称为平闇，也是唐辽时期殿堂建筑常见特征（图3-64、图3-65）。

东大殿外观简朴古拙，单檐四阿顶，立于低平阶基之上。柱头施"七铺作双杪双下昂"，即出四跳，其下两跳为华栱，上两跳为昂。每间用补间铺作一朵。檐柱的"侧脚"及"生起"均甚显著。殿正立面居中五间均装版门，两尽间装直棂窗。两山均砌雄厚山墙，惟最后一间辟直棂窗，以利殿内后部采光。

建于金代的文殊殿也是佛光寺内的重要建筑，建于金天会十五年（1137年）。文殊殿为悬山顶，面阔七间达33m。文殊殿的特点在于室内大胆减柱，仅用4根金柱就支撑起所有梁架，因此殿内空间比一般殿宇敞阔许多。由于大量减柱，屋顶荷载就压

图3-64　佛光寺东大殿内部的唐代塑像
来源：张剑葳摄

287

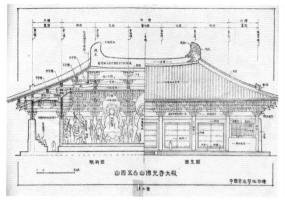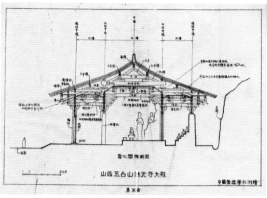

图 3-65　佛光寺东大殿立面、剖面图
来源：梁思成 . 记五台山佛光寺建筑 [J]. 中国营造学社汇刊，1944，第七卷（1）（2）.

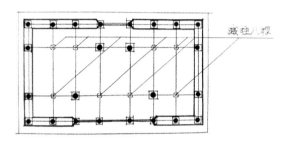

图 3-66　佛光寺文殊殿平面
来源：傅熹年 . 中国科学技术史 建筑卷 [M]. 北京：科学出版社，
2008:459.

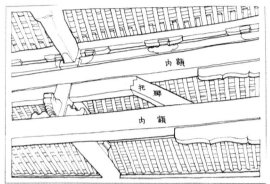

图 3-67　佛光寺文殊殿金代梁架
来源：傅熹年 . 中国科学技术史 建筑卷 [M]. 北京：科学出版社，
2008:459.

在了跨度达14m的大内额上。为了帮助大内额完成这一跨度，当时的匠师采用了近似近代平行桁架的形式，增强了这组复合内额的抗弯能力，实现了这一结构（图3-66、图3-67）。

正如梁思成精当的总结："佛光寺一寺之中，寥寥数殿塔，几均为国内建筑孤例：佛殿建筑物，自身已为唐构，乃更蕴藏唐原塑画墨迹于其中，四艺萃聚，实物遗迹中诚属奇珍；至如文殊殿构架之特殊，略如近代之truss；祖师塔之莲瓣形券面，束莲柱，朱画人字'影作'；殿后圆墓塔覆钵如印度窣堵坡原型，均他处所未见者，实皆为研究中国建筑史中可贵之遗物也。"[1]

---

[1]　梁思成. 记五台山佛光寺建筑[J]. 中国营造学社汇刊，1944，第七卷（1）（2）.

五台山在僧侣的建构与帝王的支持下，因景观而成圣地，继而崇建文殊道场，又因文殊庇佑而更进一步吸引了唐至清皇室的广泛支持。佛教名山五台山因唐代木构佛光寺东大殿的发现，也成为中国建筑史上最负盛名的山。但即使光辉耀眼如这座大佛光之寺，依然没有脱离五台山文殊菩萨道场的背景。唐代文殊显圣的传说、金代文殊殿的技术创新，无不昭示着五台山文殊信仰的深刻影响。

　　五台山因其中土雪山的地貌景观，而逐渐被建构、确认为清凉圣地，在唐代成为重要的佛教信仰中心，文殊信仰的影响远播敦煌、吐蕃、日本。唐五代时期，《五台山图》因文殊信仰而出现在遥远的河西石窟；一千年后，营造学社的学者正是循着敦煌石窟壁画《五台山图》而重入五台，发现了佛光寺东大殿这座唐代建筑。星汉斗转，不论是诏修五台文殊殿的唐代宗，入唐求法的日本僧人圆仁，募造铜殿、铜塔送来的妙峰禅师，六谒五台的"文殊大皇帝"乾隆，还是寻迹佛光之寺的宁公遇、林徽因，不同时代的人们，在台顶、台怀，台内、台外，追寻与建构着清凉圣地五台山的景观与建筑。

　　"二十六年六月，偕社友莫宗江、林徽因及技工一人入晋，拜谒名山，探索古刹。抵五台县城后，不入台怀，折而北行，迳趋南台外围。乘驮骡入山，峻路萦迥，沿倚崖边，崎岖危隘，俯瞰田畴。坞随山转，林木错绮；近山婉婉，远峦环护，势甚壮。旅途僻静，景至幽丽。至暮，得谒佛光真容禅寺于豆村附近，瞻仰大殿，咨嗟惊喜。国内殿宇尚有唐构之信念，一旦于此得一实证。"

——梁思成《记五台山佛光寺建筑》

第三节　普陀山

一、普陀："慈悲女神"的圣岛

四大佛教名山中，普陀山有着最为独特的地理位置，位于舟山群岛东部海域，沈家门渔港的西南，东邻瀚海，最高峰佛顶山海拔288.2m。茫茫海平面上高耸近300m，普陀山具备了典型的海上仙山形态。

元代吴莱《夕泛海东寻梅岑山》诗云：

"茫茫瀛海间……梵相俄一瞥。鱼龙互围绕，山鬼惊变灭。"[①]

民国4年（1915年），学者蒋维乔撰写《普陀山》画册时亦提到：

"以山而兼湖之胜，则推西湖；以山而兼海之胜，当推普陀。"

历史上的普陀山几经更名。西汉平帝时，寿春儒生梅福因不满王莽擅权而弃官到此隐居修道、炼丹。在普陀山佛教兴起之前，此山便被称为"梅岑山"，成为普陀山有文献典籍记载的最早的一个名称。

据《普陀洛迦新志》卷三：

唐文宗，嗜蛤蜊，东南沿海，频年入贡，民不胜苦。一日御馔，获一巨蛤，刀劈不开。帝自扣之，乃张，中有观世音梵相。帝惊异，命以金饰檀香盒贮焉。召惟政禅师问其故。对曰："物无虚应，乃启陛下信心，以节用爱人耳。经云：'应以菩萨身得度者，即现菩萨身而为说法。'"帝曰："朕见菩萨身矣，未闻说法。"曰："陛下信否？"帝曰："焉敢不信！"师曰："如此陛下闻其说法竟。"帝大悦悟，永戒食蛤。因诏天下寺院，各立观音像。则洛迦所从来矣。（《传灯录》旧志）

又载：

唐宣宗大中元年，有梵僧来潮音洞前，燔十指，指尽，亲见大士说法，授以七色宝石，灵感遂启，始诛茅居焉。（朱志，引《元盛熙明普陀洛迦山传》）[②]

普陀观音信仰的兴起，则始于唐代。

五代时，普陀山的影响可能就已扩大到日本，据《普陀山志》：

五代梁日本僧慧锷，从五台山得观音像，将还本国，舟触新螺礁，不能行。锷祷

---

① 王连胜. 普陀山诗词全集[M]. 上海：上海辞书出版社，2008.
② 王亨彦. 普陀洛迦新志 [M]. 上海：上海国光印书局，1927.

之曰："使我国众生无缘见佛，当从所向建立精蓝。"有顷，舟行竟止潮音洞下。居民张氏目睹斯异，亟舍所居，筑庵奉之，呼为"不肯去观音院"。①

普陀山观音道场的形成与发展，与古代"东亚海上丝绸之路"的航海路线有关。② 由于普陀山的地理位置，它在我国的海洋史上非常重要。在古代，它是朝鲜、日本和南亚的船只来往的一个重要门户。许多国家的商船曾经来来往往，等待风向和潮汐，祈求航行安全。即使在今天，山上仍然有高丽路头和新罗礁石的遗迹。

宋代山上建宝陀寺，便称之为"宝陀山"，同时又因此山光明清净，多有小白花，和《华严经》上对普陀洛迦山（补怛洛伽山）的描述吻合，且有传说，当地经常有观音菩萨显圣的祥瑞，所以又称之为"普陀洛迦山"。再后来，当地又将这里两座大山分别叫作普陀山和洛迦山，导致普陀洛迦山由两座山峰构成，但今天一般仍把"普陀山"作为它的简称。因"补怛洛迦"四字是梵语"小白华（花）"音译，故又可称其为"白华山"。在普陀山正趣峰的岩壁上，至今还留有二尺见方的"白华山"三字摩崖石刻。

德国建筑学者恩斯特·伯世曼（Ernst Boerschmann，1873—1949）于1911年在系统考察中国古建筑后出版了《中国的建筑与宗教文化》第一部《普陀山：慈悲女神观音的圣岛》，作为他向西方介绍、解读中国宗教建筑及文化的代表性案例。书名恰如其分地概括出普陀山的气氛（图3-68）。

二、普陀建筑景观：海天佛国，观音道场

明朝万历年间，曾在东南沿海的花鸟岛和浪岗岛打败倭寇的浙江指挥使侯继高，认为自己得到了观音菩萨的佑护，多次到普陀山进香，在通往山顶的祥云路上题刻"海天佛国"四字，高度概括了普陀山的特点，成为对普陀山的经典代称，历代题咏多离不开这一特点（图3-69）。

王安石曾赞："山势欲压海，禅宫向此开。鱼龙腥不到，日月影先来。树色秋擎出，钟声浪答回。何期乘吏役，暂此拂尘埃。"

明代陈继畴《题补陀》诗云：

"天下名山说补陀，孤悬海曲傍岩阿……沧溟地僻人稀到，喜共胡僧逐队过。"

---

① （明）周应宾. 普陀山志[M]. 上海：上海书店出版社，1995.

② 王连胜. 海天佛国——普陀山[J]. 佛教文化，2009（3）：8-11.

图 3-68 普陀山境全图
来源：[德]恩斯特·伯世曼.中国的建筑与宗教文化 第一部 普陀山：慈悲女神观音的圣岛[M].1931，图版4.
Ernst Boerschmann. Die Baukunst und religiöse Kultur der Chinesen, Band 1: "P'u T'o Shan: die heilige insel der Kuan Yin, der göttin der barmherzigkeit" [M]. Berlin: Druck und verlag von Georg Reimer, 1911. Tafel 4.

伯世曼在《普陀山：慈悲女神观音的圣岛》中引用的彩色风景地图。同时能在一张图上看到山峰与大海的山图、寺图，历史上并不多见。这正是普陀山的特点——山水并美，"以山而兼海之胜"。图面四角标注了山境四界，右上角显示："东址日本琉球洋为界"，画面南端偏东也没有忘记画出洛迦山。

清代高僧释斌宗在《游南海普陀山》中："禅阁齐云浮海屿，风帆过寺带潮烟。"

时人认为浙江的几座名山："天台雄胜，雁荡奇胜，普陀幽胜。"或许是指其佛教内涵与海天之寥廓相融合的氛围。

图 3-69 "海天佛国"题刻
来源：雅诺摄

（一）普陀山十二景

普陀山有"普陀八景""普陀十景""普陀十二景""普陀十六景"的说法（图3-70）。今按《钦定古今图书集成》：

"普陀旧有十二景，其名皆牵强鄙俚，不雅不真。予修之隙，登临探讨，择其最胜且切者，表而出焉：一曰'佛选名山'，一曰'短姑圣迹'，一曰'两洞潮音'，一曰'千步金沙'，一曰'华顶云涛'，一曰'梅岑仙井'，一曰'潮阳涌日'，一曰

图 3-70 南海观音像
来源：雅诺摄

'磐陀夕照'，一曰'法华灵洞'，一曰'光熙雪霁'，一曰'宝塔闻钟'，一曰'莲池夜月'。"[1]

1.佛选名山

唐代，普陀山开始以观音圣地闻名，号称"佛选名山"。

2.短姑胜迹

佛国山门东南方约300m，是短姑道头。曾为海滩，宽十余米，长百余米，小石子零散相连，两边的岩石错落有致，大小不一，形状各异。有的石上刻有"短姑古迹"，被潮水冲刷，成为天然船埠。船到短姑道头边，不能靠岸，需用长仅一丈、宽仅三尺的小舢板摆渡。

---

① （清）陈梦雷.蒋廷锡校勘重编.钦定古今图书集成.卷119[M].北京：线装书局，2016.

3. 两洞潮音

潮音洞位于岛东南，紫竹林庵前。洞半淹没在海中，深约30m，从悬崖到洞底深约10多米（图3-71）。

图3-71　潮音洞
来源：雅诺摄

4. 千步金沙

千步金沙即千步沙，在普陀山东岸，南起几宝岭北，东北至望海亭。普陀山东侧，有一条循山道路名"玉堂街"，路右侧为千步沙，南侧过朝阳门为百步沙。

5. 华顶云涛

佛顶山后有茶山，从北而西，延绵不断，多为溪涧。山上生长山茶花树，树高数丈，冬春交接之际，丹葩被谷，灿烂如珊瑚林。茶山多雾，每当日出前，茶林长雾，如身处佛国云顶。

6. 梅岑仙井

梅福庵被林木包围，规模不大。大殿东后侧的灵佑洞相传即当年梅福炼丹之所。洞中泉水十分清澈，被称为"仙水"。

7. 潮阳涌日

朝阳洞上原有朝阳庵，其下波涛汹涌，交响齐鸣。作家鲁彦曾在此写了篇散文《听潮的故事》，描绘潮音："……如战鼓声、金锣声、呐喊声、叫号声、啼哭声、马蹄声、车轮声、机翼声掺杂在一起，像千军马浑战起来……"[①]

8. 磐陀夕照

从梅福馆向西走一小段路，就能看到磐陀石。磐陀石由一上一下两石相垒而成，下面一块巨石底阔上尖，周广20余米，中间凸出处将上石托住，为"磐"；上面一块巨石上平底尖，高达3m，宽近7m，呈菱形，为"陀"。

9. 法华灵洞

在几宝岭东天门下。出洪筏房左拐登小径拾级而上，过古草茅篷（现为民房），便是"法华灵洞"。明洪陈赋诗云："试问何处佳，法华最奇特。"

---

① 鲁彦. 鲁彦选集[M]. 北京：开明出版社, 2015.

图 3-72　伯世曼 20 世纪初所见之多宝塔
来源：Ernst Boerschmann. Baukunst und Landschaft in China, 1926.（恩斯特·柏石曼：《中国的建筑与景观》）

图 3-73　海印池湖心的八角亭
来源：雅诺摄

10. 光熙雪霁

光熙峰在佛顶山东南，一名"莲石花"，又名"石屋"。从远处望去，峰石耸秀似莲花，如白雪积峰。

11. 宝塔闻钟

宝塔即普陀山三宝之多宝塔。清晨时分，站在塔院中闻听普济寺传来的悠扬钟声和百步沙海滩的澎湃潮响，互相应和，激荡心胸（图3-72）。

12. 莲池夜月

"莲池夜月"指的是海印池夜色。海印池在普济寺山门前，原是佛家信徒放生之池塘，池中湖心八角亭，颇有净土水殿之意（图3-73）。

（二）融入海山之胜的寺院与庵堂

普陀山在其顶峰时期有82座寺庙，128处茅篷，4000多名僧尼。其中，普济寺、法雨寺和慧济寺三大寺庙规模宏大，建筑考究，是普陀山古建筑的代表。

在第三次全国文物普查中，陆地面积仅12.5km²的普陀山，登记录入各类不可移动文物92处，成为舟山市文物分布最为密集的区域。而这其中，寺观塔幢、坛庙祠堂等各类古建筑占了很大的比重。这里既有昭示着恢宏气势和较高规格的敕建寺院，也有市井气息浓郁、风格简朴实用的小型庵堂民居，它们在平面布局和结构构造上丰富多彩、各具特色。以佛寺、佛塔为代表的普陀山古建筑群，是江南地区明清建筑的集中代表地之一。

整体而言，普济寺、法雨寺和慧济寺等主要建筑，其大木形制在遵循明清官式建筑体例的基础上，又融入了江南建筑风格和文人的审美情趣。伯世曼在对普陀山宗教建筑进行了细致而系统的考察之后称赞："中国人采用这些曲线的冲动来自他们表达生命律动的愿望。……通过曲面屋顶，建筑得以尽可能地接近自然的形态，诸如岩石和树木的外廓。"[1]

在背山临水、因山就势的原则下，普陀山古建筑仍尽可能保持中轴对称、主次分明。就大的格局而言，全山以普济寺、法雨寺、慧济寺这三大寺院为基点，以贯穿其间的传统香道为纽带，连接山中众多的禅院、庵堂和民居，各具特色又遥相呼应，尺度穿插对比，避免了千篇一律的枯燥乏味，层层递进，秩序井然（图3-74）。

普陀山古建筑的屋顶大致可以分为三种：第一种是大型寺庙的主殿，如普济寺、法雨寺中的圆通殿，皆采用规格较高的重檐歇山顶，并以黄色琉璃瓦覆盖（图3-75）。正脊用螭吻，戗脊置五尊神兽；第二种是大型寺庙的配殿以及小型寺庙的主殿，如普济寺天王殿等，一般采用歇山顶覆盖灰色琉璃瓦，脊兽较少或不使用，整体上规格略低；第三种是小型庵堂或者僧寮，如积善庵等，多用硬山顶覆盖灰黑色的小青瓦。这类建筑中实用功能往往更加突出，甚至一些采用南方四合院式的构造格局，正殿与厢房连为一体，内部相通，形成"回"字形屋顶。

大型建筑的屋顶多层重复出檐，构成丰富的轮廓线。而屋檐之下，最为精巧、繁复的就是斗栱和梁架立柱。斗栱的使用上，在官式做法的基础上，结合

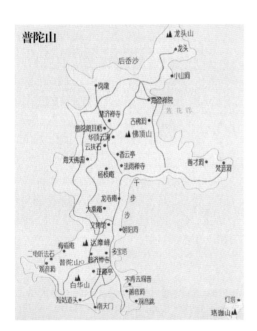

图3-74　普陀山主要寺庙分布图
来源：战国辉．普陀山古建筑之美[J].大众考古，2015（100）：82-87.

---

① Walter Perceval Yetts. Writings on Chinese Architecture [J]. 中国营造学社汇刊, 1930（1）：1–8.

图 3-75　普济寺圆通殿
来源：雅诺摄

江南地区工艺特点加以损益。普济寺圆通殿上檐采用九踩斗栱，单翘三昂，下檐用五踩斗栱，卷云嗛凤头昂。上檐柱头科不用坐斗，下檐柱头科用圆形栌斗承托挑尖梁。将撩檐枋加粗代替挑檐檩，隔架科均为一斗六升置于卷云驼峰之上。这样的构造，使得木作结构在整体上较固有比例更显得瘦高清丽。与之相对应，檐柱也较细。而殿内的老檐柱、金柱则相对较粗，配以花岗石的盘龙纹柱础。这样的区别显然是有意为之的设计。

三、普陀山代表性建筑

（一）普济寺

普济寺是全山最大的寺庙，这座始建于后梁贞明年间的皇家寺院，历代受统治者青睐。宋神宗赐名"宝陀观音寺"，宋宁宗题额"圆通宝殿"，明神宗赐名"护国永寿普陀禅寺"，清康熙钦赐"普济群灵"并因此得名"普济禅寺"，雍正赐金修缮，基本形制延续至今。

普济寺总体布局中有一条长达150余米的中轴线，分布着寺内的主要建筑，自南向北依次为：照壁、御碑亭、八角亭、御碑殿、天王殿、圆通殿、藏经殿、方丈殿。

图 3-76　普济寺平面图
来源：战国辉．普陀山古建筑之美 [J].大众考古，2015（100）：82-87.

图 3-77　伯世曼 20 世纪初所见之普济寺湖心八角亭
来源：Ernst Boerschmann. Die Baukunst und religiöse Kultur der Chinesen.
Band 1: "P'u T'o Shan: die heilige insel der Kuan Yin, der göttin der
barmherzigkeit" [M]. Berlin: Druck und verlag von Georg Reimer, 1911:19.

图 3-78　普济寺天王殿
来源：雅诺摄

图 3-79　重檐黄琉璃瓦的圆通殿
来源：雅诺摄

两侧分布次要建筑，有钟楼、鼓楼、伽蓝殿、祖师殿、白衣殿、灵应殿、关帝殿、罗汉堂、僧寮等，共计数10座殿堂。附属建筑有海印池、长埂桥、永寿桥、石牌坊等（图3-76～图3-79）。

太子塔位于普济寺左侧，建于元统二年（1334年）。由宣让王施钞千锭，主持和尚孚中购太湖石建成。塔高32m，方形五层，宝箧印式造型。上三层四面各镂古佛一尊，周檐镌蒙文；第三层四周塑观音三十二应身小像。神态温和凝重，给人亲切端庄之感。背景为十八罗汉，神态各异。每层挑台置石栏，石栏柱端刻有守护天神、狮子

298

图 3-80　太子塔（多宝塔）
来源：雅诺摄

莲花等图案。底层基座平台较宽，四周栏下雕四个龙头，张口作吐水状。1919年，印光法师与住持了余、了清等请无为居士陈性良募捐补修。元代保存至今的此种形式石塔虽非孤例，亦不多见（图3-80）。

塔院内还有诸多古迹、题刻，康有为到普陀山时曾在塔院内假山石上留题"海山第一"四字。在宝塔内还曾发现了明万历十七年（1589年）聊城御史傅光宅撰、余姚俞近旸所书的《普陀山太子塔下藏零牙志》。

（二）法雨寺

康熙年间修建大殿后，该寺于1699年改名为"法雨寺"。现在的法雨寺建筑规模宏大，有天王殿、玉佛殿、九龙观音殿、方丈殿和印光法师纪念殿等（图3-81～图3-89）。法雨寺曾多次遭受火灾和海寇，造成了不可估量的损失。在几代主持的努力下，该寺庙不断得到恢复和修缮。在"文革"期间，所有的佛像都被摧毁。

普陀山佛教协会的大规模修复工作始于1983年，重建了拜经楼，并对九龙殿进行了大修。

1987年，在天王殿外新建了两座九龙壁和两座石亭，1995年又在莲花湖畔修建了一座石碑坊。现寺宇庞大，有194个厅堂，总面积为8800m²。

九龙殿是法雨寺的主殿，重檐黄琉璃顶，48根大柱和九龙藻井如皇宫金銮殿一般的气势，使九龙殿成为中国寺院建筑规格最高的一座佛殿。清康熙三十八年（1699年），康熙皇帝批准将南京明故宫琉璃瓦、九龙藻井等物发往法雨禅寺建成九龙殿，从这个角

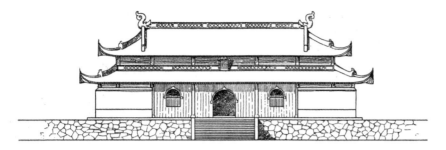

Südansicht.

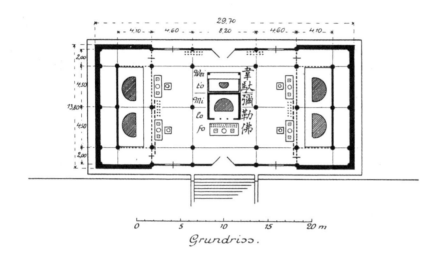

Grundriss.

韋馱彌勒佛

Wei t'o Mi Lo fo

图 3-81　伯世曼绘制的 法雨寺天王殿测绘图
来源: Ernst Boerschmann. Die Baukunst und religiöse Kultur der Chinesen, Band 1: "P'u T'o Shan: die heilige insel der Kuan Yin, der göttin der barmherzigkeit" [M]. Berlin: Druck und verlag von Georg Reimer, 1911:49.

图 3-82　伯世曼 20 世纪初所见之法雨寺钟楼
来源: Ernst Boerschmann. Die Baukunst und religiöse Kultur der Chinesen, Band 1: "P'u T'o Shan: die heilige insel der Kuan Yin, der göttin der barmherzigkeit" [M]. Berlin: Druck und verlag von Georg Reimer, 1911:49.

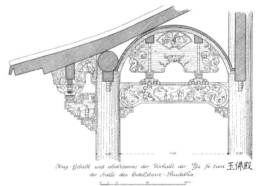

玉佛殿

图 3-83　玉佛殿廊轩细节
来源: Ernst Boerschmann. Die Baukunst und religiöse Kultur der Chinesen, Band 1: "P'u T'o Shan: die heilige insel der Kuan Yin, der göttin der barmherzigkeit" [M]. Berlin: Druck und verlag von Georg Reimer, 1911:62.

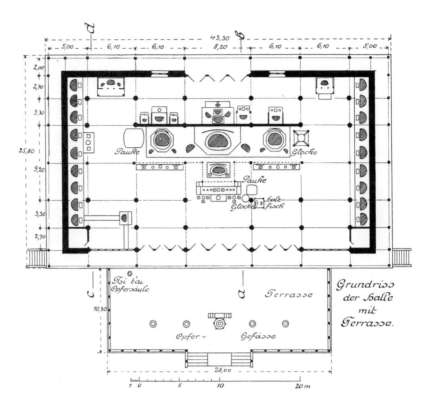

图 3-84　法雨寺大殿（九龙殿）平面

来源：Ernst Boerschmann. Die Baukunst und religiöse Kultur der Chinesen, Band 1: "P'u T'o Shan: die heilige insel der Kuan Yin, der göttin der barmherzigkeit" [M]. Berlin: Druck und verlag von Georg Reimer, 1911:68.

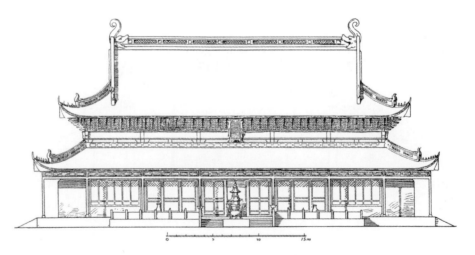

图 3-85　法雨寺大殿（九龙殿）立面

来源：Ernst Boerschmann. Die Baukunst und religiöse Kultur der Chinesen, Band 1: "P'u T'o Shan: die heilige insel der Kuan Yin, der göttin der barmherzigkeit" [M]. Berlin: Druck und verlag von Georg Reimer, 1911:67.

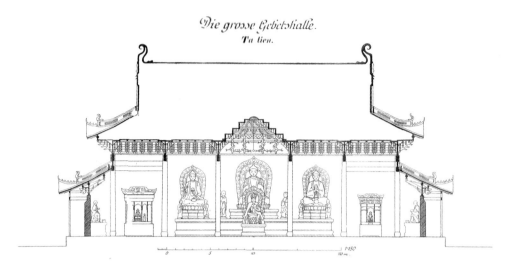

图 3-86　法雨寺大殿（九龙殿）纵剖面

来源：Ernst Boerschmann. Die Baukunst und religiöse Kultur der Chinesen, Band 1: "P'u T'o Shan: die heilige insel der Kuan Yin, der göttin der barmherzigkeit" [M]. Berlin: Druck und verlag von Georg Reimer, 1911:49, 图版 31.

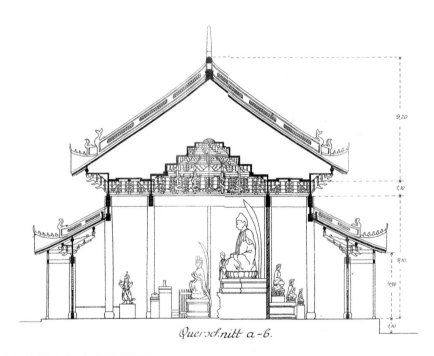

图 3-87　法雨寺大殿（九龙殿）横剖面

来源：Ernst Boerschmann. Die Baukunst und religiöse Kultur der Chinesen, Band 1: "P'u T'o Shan: die heilige insel der Kuan Yin, der göttin der barmherzigkeit" [M]. Berlin: Druck und verlag von Georg Reimer, 1911:49.

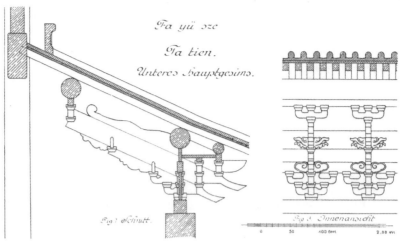

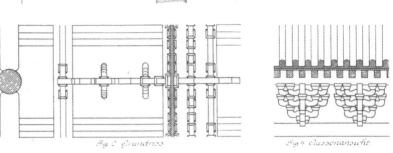

図 3-88 法雨寺大殿（九龙殿）斗栱

来源: Ernst Boerschmann. Die Baukunst und religiöse Kultur der Chinesen, Band 1: "P'u T'o Shan: die heilige insel der Kuan Yin, der göttin der barmherzigkeit" [M]. Berlin: Druck und verlag von Georg Reimer, 1911:74.

Bild 80. Das untere Hauptgesims der großen Gebetshalle. Maßstab 1 : 50.

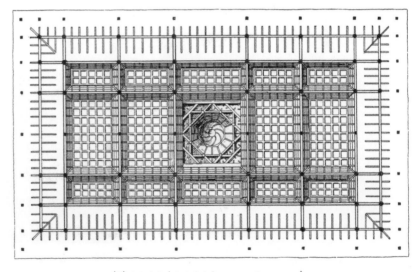

图 3-89 法雨寺大殿（九龙殿）天花仰视

来源: Ernst Boerschmann. Die Baukunst und religiöse Kultur der Chinesen, Band 1: "P'u T'o Shan: die heilige insel der Kuan Yin, der göttin der barmherzigkeit" [M]. Berlin: Druck und verlag von Georg Reimer, 1911:72.

Grundriss der Decke und des unteren Gesimses.

Bild 78. Kassettendecke und Drachenkuppel in der großen Gebetshalle. Maßstab 1 : 300.

度来说，九龙殿的规格为一般寺院建筑难以企及。其中最为珍贵的九龙藻井被安置在九龙殿内顶部中间，藻井是九龙戏珠图案，古朴典雅，一条龙盘在顶端，另外八条龙盘绕八根垂柱昂首飞舞而下。八根金柱的柱基是雕龙砖，中间悬吊一盏琉璃灯，如明珠般构成九龙戏珠的图案，造型精致立体，艺术价值很高。九龙藻井被称为普陀山三宝之一。

作为主殿，九龙宝殿的歇山黄琉璃瓦顶流光溢彩，在阳光的照耀下金光闪闪。吻兽体形较大，造型端庄，戗脊上有仙人及五尊走兽，这也是法雨寺中屋顶走兽数量最多的一座大殿。

（三）慧济寺

慧济寺位于普陀山佛顶山上，为普陀山三大寺之一，俗称"佛顶山寺"，明朝僧人圆慧初创。清乾隆五十八年（1793年）改庵为寺。清光绪三十三年（1907年）僧人德化请得《大藏经》。并经朝廷批准请得《大藏经》及仪仗，钦赐景蓝龙钵、御制玉印等。从此，一切规制与普济、法雨鼎峙。整座寺院深藏于森林之中，以幽静称绝。

慧济寺占地总面积约1.3万多平方米，其中建筑面积约6600m²，包含四殿七堂七阁，以及方丈室和库房，共145间。寺院的布局因山制宜，天王殿后（图3-90、图3-91），大雄宝殿、大悲殿、藏经楼、玉皇殿和方丈室都在同一条平行线上，与左右厢房相拥而立，为其他禅林中少见。

大雄宝殿宽25m，进深15.25m，高10.5m，殿正中供奉佛祖释迦牟尼像，左右是弟子阿难和迦叶。大殿两厢各塑有十尊"二十诸天"，后两侧供观音及千手观音木雕

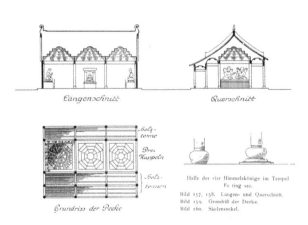

图3-90 慧济寺（佛顶山寺）天王殿

来源：Ernst Boerschmann. Die Baukunst und religiöse Kultur der Chinesen, Band 1: "P'u T'o Shan: die heilige insel der Kuan Yin, der göttin der barmherzigkeit" [M]. Berlin: Druck und verlag von Georg Reimer, 1911:170.

图3-91 伯世曼20世纪初所见之天王殿屋顶

来源：Ernst Boerschmann. Die Baukunst und religiöse Kultur der Chinesen, Band 1: "P'u T'o Shan: die heilige insel der Kuan Yin, der göttin der barmherzigkeit" [M]. Berlin: Druck und verlag von Georg Reimer, 1911:49.

像。大雄宝殿屋顶全用蓝、绿、黄、红等色琉璃瓦盖成，阳光下形成"佛光普照"的绮丽景观。寺内现存御印三枚：明万历三十三年（1605年）赐铜印，印文"敕建南海普陀禅寺观音宝印"；清乾隆六十年赐金印，印文"敕建南海普陀名山观音宝印"；清嘉庆元年（1796年）赐玉印，印文"南海普陀佛顶观音大士宝印"。

大殿东南有一座钟楼，重檐歇山顶，无楼面，上挂大铜钟，钟下供地藏菩萨，后有梯，可登攀撞钟。整个寺院古木苍郁，幽静称绝，登高四望，远山近礁，环列奔趋。

（四）十八庵院

慧济寺、普济寺、法雨寺，作为普陀山的佛顶山寺、前寺、后寺。它们是组成普陀山观音道场的三大禅寺。此外，还有分布山间的十八庵院：

不肯去观音院——唐五代时期，日本僧人慧锷从五台山请得观音像，回国途中在此遇风受阻，在潮音洞旁登岸，将观音像供奉在当地一家张姓村民家，这是"不肯去观音院"的由来。

紫竹林庵——位于不肯去观音院的上方，旧称"听潮庵"。创建于明末，清代改今名。民国8年（1919年），康有为题"紫竹林"匾额。

大乘庵——位于象王峰东麓。是供奉释迦牟尼涅槃像（即卧佛）的一所庵堂。卧佛长约7.5m，是全山第二尊大佛像。

福泉庵——位于白华园对面，旧名天后宫。康熙年间西域僧人大慧所建。除主供佛像外，又塑天后妈祖圣像。1988年，普陀山佛学院创办于此。

隐秀庵——位于广福庵上方，从客运码头旁的石阶通道可达。初建于明万历年间，重修于清同治年间。2000年重修落成，内设佛教文化研究所。

杨枝庵——位于清凉岗下，法雨寺西侧。庵内正殿供有杨枝观音碑，上刻有"普陀佛像，摹自阎公，一时妙墨，百代钦崇"等字句。画像线条流畅自然，造型优美动人。唐代著名宫廷画家阎立本传世之作甚少，若真出自其手，殊为珍贵。此碑也是根据碑拓本所刻。数百年来，寺院几经兴废，此碑保存至今，被誉为普陀山三宝之一（图3-92）。

悦岭庵——位于千步沙西南、几宝岭下，明代僧一峰、静庵师徒建。清乾隆、同治年间修葺扩建。民国18年（1929年）僧珍道翻修一新。

双泉庵——位于象王峰东北圆通岭下。明代万历年间僧人真静初建。民国12年（1923年）僧人广印扩建。

慈云庵——位于短姑道头旁。明万历年间如有和尚建，清光绪年间改建。

图 3-92　杨枝观音碑面
来源：普陀山佛教网

杨枝观音碑，高度约2.4m，宽度约1.1m，厚度约0.16m。碑的正面刻有"杨枝庵记"，背面刻有杨枝观音像，头戴珠冠，身穿锦袍，腰系流苏，右手执杨枝，左手持净瓶，端庄慈祥。此碑初刻于明万历十五年（1587年），万历二十六年殿毁于火，碑损。万历三十六年重镌，并建庵供奉，遂以"杨枝庵"命名。"文革"初期，幸得有人用石灰将其封护掩盖，该碑才免遭劫难。

梅福庵——位于圆通庵上方。为了纪念南昌尉梅福来山修道建造，殿后留有梅福炼丹遗址"灵佑洞"。

圆通庵——在西天门上方。明万历五年（1577年）僧圆献结庵山谷内。清乾、同治年间代有修建，渐具规模。民国8年（1919年）康有为寓居此，题"海山第一庵"额。

观音洞庵——位于双龟听法石下方。建在天然洞穴观音洞旁，四周壁上和石柱上均镌有观音像。

灵石庵——位于磐陀石西北侧，旧名龙泉庵。明代僧求凝建。光绪三十年（1904年），僧清福诣天竺朝圣，经锡兰请得舍利12颗，以其中3颗舍利和1尊玉佛、1部贝叶经存庵中供奉。

伴山庵——在象王峰东北麓山腰。明万历年间初成，重建于清康熙年间。现为普陀山佛学院学舍。

祥慧庵——位于去梵音洞的公路旁。院内所供西方三圣像。

西方庵——位于观音跳上方，清末创建。西厢楼上为"慧锷大师纪念堂"。

梵音洞庵——位于梵音洞上方。建于明崇祯二年（1629年），是镇海禅寺（今法雨寺）住持寂住"退休"的地方。

善财洞庵——位于善财洞侧。洞内侧陈设善财童子故事木刻浮雕，形象生动。

（五）洛迦山

洛迦山位于普陀山东南5km，是与之隔海对望的小岛。按《华严经》"于此地方有山，名补怛洛迦，彼有菩萨，名观自在"，历史上将普陀洛迦连称，这里也属于观音道场的重要组成部分。之前山上有自在、观觉、圆通、妙湛四座茅篷，今只存圆通篷一个，现扩建为圆通禅院，又新修造了大悲殿和大觉庵。

圆通禅院——在妙湛塔东。最初为圆通篷，修建于明万历年间，是洛迦山主刹。

大悲殿——在洛迦山北山腰处。大殿供千手观音。

大觉禅院——在圆觉塔旁。最初是观觉篷，修造于清末。分别供奉着阿弥陀佛、药师琉璃光王佛、释迦牟尼佛和柳瓶观音圣像。

妙湛塔——坐落于洛迦山的中央。又称"五百罗汉塔"，是1990年新建、1993年完工的仿古石塔。塔高27.6m，方形三级，形式仿普陀山多宝塔。

东北方向的小山上建造有天灯台，是在夜晚为船只指引方向的设施。明代屠隆首题："荧荧一点照迷津，光夺须弥日月轮。"[①] 现已建设成一座国际灯塔，载入航海图志，继续指引着往来航船。

400多年前的明万历三十三年（1605年），著名僧人妙峰禅师在两京十三省旅行多时，他带着铸造好的铜殿来到南京，想继续前往普陀山将铜殿送到观音道场。妙峰禅师曾立下宏愿，要给普贤、观音、文殊三位菩萨都铸造一座金殿（铜殿），分别送至峨眉山、普陀山、五台山安置。没想到普陀僧人和士人担心铜殿引来海盗而"力拒之"，"谓补陀薄南海，出没岛夷，侈名启寇，不可"。于是，万历三十四年（1606年），这座铜殿就留在了南京附近的宝华山，成就了隆昌寺的兴盛。如果铜殿当时真的到了普陀山，它会像天灯一样闪闪发光，护佑着往来航船，还是如人们所担心的引来海盗，只能留给我们去想象。

妙峰送铜殿的整整三百年后，当伯世曼1906—1909年在中国旅行考察时，他决定以观音菩萨的道场普陀山作为中国佛教建筑的集中代表来向西方世界广为介绍。伯世曼不仅记录下了普陀山寺庙建筑的形象、空间、结构，而且细致入微地观察描绘了建筑陈设、装饰、题记、楹联、僧人穿戴，还专门描述了寺院的宗教生活和运行，甚至详细记录了寺院周边的僧人和居士的传统墓葬。这部考察报告至今仍可算是普陀山寺院建筑最好的一部报告，可惜尚未有中译本出版。在报告中，伯世曼不惜笔墨地赞颂着中国建筑和宗教文化的深厚内涵与活力。

试想，如果伯世曼能见到本该立于观音圣岛的铜殿，定会更加赞叹中国宗教建筑的物质文化与丰富想象力——就像他随后在五台山所感慨的那样。

---

① 屠隆. 普陀十二景·洛迦灯火.

第四节　九华山

　　九华山古称"陵阳山""九子山"，位于中国东南部安徽省池州市青阳县境内，于2006年入选首批《中国国家自然与文化双遗产预备名录》。九华山跻身四大佛教名山的时间最晚，相传为地藏菩萨应化的道场（图3-93）。

一、九华："妙有分二气，灵山开九华"

　　九华山与黄山、天目山被列为皖南的三大山系，主体是由花岗岩体组成的强烈断隆带，以天柱峰、莲台峰、芙蓉峰、插霄峰、十王峰、天台峰、罗汉峰为主要山峰，中山多奇峰、怪石，低山多陡坡险壁，西北与南部呈丘陵起伏，常年云雾缭绕，自长江南岸遥望，群峰竞秀，状若莲花（图3-94）。九华山原名九子山，时为道教仙山，因李白《改九子山为九华山联句》与友人赋诗"妙有分二气，灵山开九华"，定名九华山而闻名天下。

（一）地藏信仰

　　地藏菩萨是大乘佛教中的四大菩萨之一，《地藏十轮经》描述其为"安忍如大地，静虑可秘藏"，因此称作"地藏"。地藏菩萨信仰在隋代已传入中土，唐代以前主要以《占察经》《业报经》《本愿经》三部经典为思想基础，三阶教出现后，《大方广

图3-93　（清）王翚《九华秀色图》轴（故宫博物院藏）
来源：〔清〕王翚．北京：故宫博物院藏

308

图 3-94　九华山奇观
来源：Lao Ma 摄
九华山绝壁危崖多奇景，如天台峰腰有"老鹰扒壁"、峰巅有"一线天"、莲台峰"五大磐石"、中峰绝顶"大钟"、莲花峰巅"出水芙蓉"等，为历代名人雅士游赏之地。

十轮经》在汉地广泛传播，促进了地藏信仰的发展，至唐高僧玄奘重译《十轮经》，地藏信仰进一步得到了僧俗两界的普遍认可。

　　隋唐以后，地藏菩萨信仰在普及过程中不断渗入民间信仰和世俗化，与中国传统文化的地狱和孝道相融合。在伪经《地藏菩萨本愿经》所记本生事迹中，地藏菩萨为幽冥教主，在过去几度救母出离地狱，并在久远劫以来应佛陀之命，发愿不将所有恶鬼度化永不离地狱，"众生度尽，方证菩提，地狱不空，誓不成佛"，因此地藏菩萨久居秽地，直到所有生灵往生西方。地藏菩萨的宏大誓愿和幽冥教主的身份，也融入种种丧葬习俗、占卜活动之中，在民间有着强大的影响力和信仰基础。

　　大乘佛教将愿、行、智、悲四种理想人格凝聚在四大菩萨之中，其中地藏菩萨表愿力，以"大愿"和"大孝"为德业，相比关怀来世和往生，地藏信仰因其对死后世界的神力而流行，缓解了信众对死后地狱煎熬的恐慌；"地藏大愿"对百姓的吸引力还在于"众生度尽"，在末法和乱世之中凡是处于水深火热者，都能求得救度"脱离苦海"。据《旧唐书》记载，安史之乱后，叛军"围李光弼于太原。光弼使为地道，至贼阵前。骁贼方戏弄城中人，地道中人出擒之。故以为神，呼为'地藏菩萨'"[1]，可见地藏信仰在动荡时局中已深入人心（图3-95）。

---

① （后晋）刘昫，等.旧唐书[M]. 北京：中华书局，1975：5378.

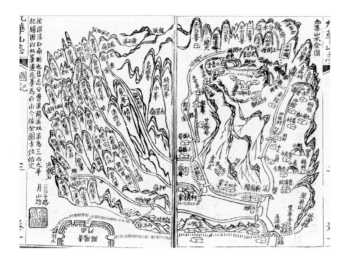

图3-95 九华山水全图
来源：（清）周赟.九华山志[M].卷一.
图记.
出自周赟《九华山志》图记，周赟
上任青阳后修纂《青阳县志》与《九
华山志》，绘制出九华山十景图与全
山图，弥补了九华山历代有志而无
图的遗憾。

（二）开辟道场

九华山与地藏信仰的结合，与新罗高僧金地藏（696—794年）密不可分。据《神
僧传》记载，佛灭度1500年后，地藏菩萨降生于新罗王族，名金乔觉，金乔觉出家
后远渡东土，于唐玄宗时至九华山苦修说法，圆寂后"尸坐石函中，越三年未腐"，
因种种灵验事迹被信众奉为地藏菩萨应化，并在化城寺附近为其营建地藏塔和月身宝
殿。其实在金地藏来此驻锡之前，佛教已传播至九华山，唐代费冠卿（生于780年？）
《九华山化成寺记》最早记录了金乔觉的传道事迹，在唐开元末年，已有行脚僧入
山，但"触时豪所嫉，长吏不明，焚其居而废志"，至金地藏修行于山上时，乡绅受
其感化，修建台殿，"当殿设释迦文像，左右备饰，次立朱台"[1]，可见此前的佛教活
动因缺少官方支持而未能扎根。直到金地藏圆寂后，神迹感化信众，九华山成为地藏
菩萨的道场，九华山寺庙建筑群也逐渐作为地藏信仰的中心，得到信徒的广泛认同：
"地藏菩萨应化在阎浮东土之九华，此东土众生莫大之幸，更九华莫大之幸也。"[2]

二、九华山建筑景观：天台化城，地藏道场

（一）历代发展

唐朝中后期，社会动荡不安，救苦救难的菩萨信仰得以流行和发展。金地藏的

---

① （唐）费冠卿.（元和八年）九华山化成寺记[M].（清）董诰，等编.全唐文.卷694.北京：中华书局，1983：7129.
② （民国）释德森.九华山志[M].卷首.见：白化文，张智.中国佛寺志丛刊 第十三册[M].扬州：广陵书社，2011：27.

图3-96　九华山丛林景观
来源：Lao Ma 摄

事迹促进了佛教在中国的传播和跨国交流，同时也得到了统治阶级的认可与支持。
从此，九华山作为说法道场成为地藏信仰稳定的传播中心，吸引了广大信众前来朝
拜、供奉以及修葺寺庙（图3-96）。在费冠卿的记述中，乡绅村民于至德初年为金
乔觉"同建台殿"，宋《高僧传》沿用了这一说法，则九华山开山寺庙化城寺的建
造不早于756年。金乔觉圆寂后尸身不腐，被认为是地藏菩萨显化，信众修建三层
石塔供奉其肉身，即"肉身宝殿"。此后天台寺、二圣殿等20余座寺庙相继于青阳
县城和后山一带兴建，早期寺庙多为纪念金地藏的种种神迹而建，其中化城寺、肉
身殿、二圣殿和天台寺四座唐寺均以地藏菩萨为供奉对象。九华山上始建于唐代的
寺庙，现存化城寺、肉身殿、天台寺、二圣殿、龙池庵、九子寺、无相寺、净信寺
和东崖禅寺共9处，另有崇圣寺、崇寿寺、会龙庵、双峰庵、白龙庙、福海寺、卧云
庵、卧龙庵、海会寺、戒香寺、妙音寺、妙峰寺、净居寺、圆寂寺、广福寺、崇觉
寺、利众院、福安院、普光寺、庆恩寺、承天寺、仙隐庵等[1]均已废弃或毁于兵燹。
由于这一时期金地藏的影响力尚限于九华山附近，上山礼拜的道路不便，寺庙的地
理位置分布也较为分散。

宋代文化高度繁荣且对佛教采取保护政策，众多文人、高僧来此传道说法，特别
是"九华诗社"的声名远播进一步扩大了九华山寺庙在全国的影响力。 同时在四方
交流中，注重心灵体验的禅宗佛教传入九华，禅宗特色也体现在宋代九华山的寺庙建

---

① 　安徽九华山志编纂委员会编.九华山志[M].合肥：黄山书社，1990：102–143.

设之中。宋代朝廷的支持和文人雅士的青睐使山上寺庙继续增加至40余座，但仍以化城寺为中心，作为地藏菩萨道场寺庙规模的累加。

元代统治者转而重视以五台山为道场的藏传佛教，九华山及汉地佛教在自然发展中基本保持了宋时的规模。直至元末农民起义爆发，九华山所在的池州成为主战场，信众难以上山，僧人失去支持，大量寺庙因长期失修而衰败。

明太祖朱元璋建立政权后，大力扶持汉地佛教，受战火重创的九华山寺庙在明中前期得以恢复和发展，终于再现"四方之登山者，岁不下十万人。佛号连天，哀求冥福"①的香火旺盛之景。九华山地藏信仰在民间的影响力之盛，使其得到了统治阶级的关注与认可。明朝廷通过敕建和敕赐的方式，在物质和政策上极大促进了九华山佛教的发展。洪武元年（1368年），地藏禅林天台寺、圣泉寺重建，次年朝廷赐银修葺化城寺，并敕封僧人妙广、无暇等，其后寿安寺、成德堂、广胜寺、无相寺、仙隐庵、延寿寺、永留寺、广福寺、崇兴寺、净信寺、福安院、石云庵均得住持僧人或地方大族募化重修，另新建有观音庵、慕仙庵、平坦寺、祇园寺、灵应殿和宝筏庵。②至万历年间，九华山的影响力随佛教世俗化的趋势而达到鼎盛，其中化城寺受神宗两次颁经，万历三十一年（1603年）遭灾被毁后"奉皇太后赐金重建"③，可见皇家对九华山道场之重视。

清朝历代帝王对佛教的支持利用和佛教世俗化的社会氛围使朝山礼拜的四方信徒持续增多，九华山更多区域被开辟出建设寺庙——以化城寺为中心分衍出东、西寮房丛林，另有祇园寺、百岁宫、东崖寺及各自中小型寺庙围绕化城寺附近，组成等级秩序分明的东、南、西、北四路。据不完全统计，清代共扩建重修九华山寺院逾150座，除东寮、西寮外，有天台路21处、化城东路6处、化城西路3处、化城南路7处和化城北路24处。④康乾南巡时，曾多次临幸九华山赐银、赐字；康熙四十二年（1703年），康熙帝驻跸江宁时将届五十大寿，下旨"至九华进香，并赐银三百两为供"，四十四年应安徽巡抚奏请，赐御书"九华圣境"悬额化城寺，四十八年再次遣使至九华进香，并赐银百两为供。⑤乾隆三十一年（1766年），乾隆帝赐御书"芬陀普教"⑥，又赐银修葺九华山主要庙宇。此时"天下佛寺之盛，千僧极矣，乃九华化城寺当承平时，寺僧且三、四千

① （明）吴文梓.建东岩佛殿碑记.九华山志[M].卷5.见：白化文，张智.中国佛寺志丛刊 第十三册[M].扬州：广陵书社，2011：240.
② （民国）释德森.九华山志[M].卷3.见：白化文，张智.中国佛寺志丛刊 第十三册[M].扬州：广陵书社，2011：135-170.
③ （民国）释德森.九华山志[M].卷4.见：白化文，张智.中国佛寺志丛刊 第十三册[M].扬州：广陵书社，2011：138.
④ （民国）释德森.九华山志[M].卷3.见：白化文，张智.中国佛寺志丛刊 第十三册[M].扬州：广陵书社，2011：135-170.
⑤ （清）周赟撰.向叶平，方明霞点校.九华山志[M].合肥：安徽文艺出版社，2019.
⑥ 同上.

人"①, 是而九华山以香火之旺、规模之盛跻身佛教"四大名山"之一。清咸丰时太平天国运动席卷全国, 九华山主要寺院被毁"仅存十之二三", 直至光绪年间重振恢复, 朝廷三次为甘露寺、百岁宫等颁赐"龙藏", 官商信士捐资捐物, 重建重修甘露寺、肉身宝殿、祗园寺、东崖禅寺、无相寺、百岁宫、九子寺、天台寺、伏虎洞等寺院50余处②, 另新建永胜庵、乐善寺、净慧庵、松树庵、沙弥庵、百岁宫下院等庙宇16处, 形成以化城寺为中心的祗园寺、甘露寺、东崖寺、百岁宫"四大丛林"格局 (图3-97、图3-98)。

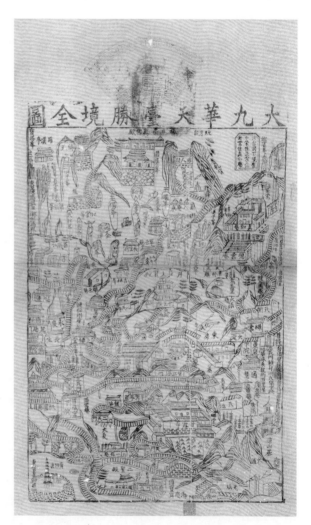

图3-97 （清）大九华天台胜境全图
来源：（清）. 佚名. 中国国家图书馆藏山川名胜舆图集成[M]. 第五卷. 山图·佛教名山.

① （清）周赟撰. 向叶平, 方明霞点校. 九华山志[M]. 合肥：安徽文艺出版社, 2019.
② （民国）释德森. 九华山志[M]. 卷3. 见：白化文, 张智. 中国佛寺志丛刊 第十三册[M]. 扬州：广陵书社, 2011：135.

图3-98 （清光绪）东南第一大九华天台山全图

来源：（清光绪）.佚名.中国国家图书馆藏山川名胜舆图集成[M].第五卷.山图·佛教名山.

中国国家图书馆藏，作者不详。九华山香火在天台峰一带尤其旺盛，从两张图中来看，清代天台峰附近除万佛殿、祗园庵、苹云庵、十王殿、甘露寺、德云庵等佛教禅院外，还有香炉峰、五鬼峰、昆炉峰等景致分布山中。四角标注四至："西至贯前通池州府为界"，"东北至宁国府通青阳县为界"，"东至徽州通陵阳为界"，"南至景德镇通南阳湾为界"。

（二）建筑特色

九华山寺庙建筑群经历代兴废营建，终至今日规模。早期的寺庙建设以开山古寺化城寺为中心，衍化出肉身殿、祇园寺、百岁宫等分寮。随着九华山佛教的影响力加强，朝拜信众增多，寺院建设范围扩大，延伸到去往天台寺一路，沿朝山道路周边建立起众多中小型寺庙（图3-99）。现存的寺院多集中在九华街和化城寺附近，九华街位于前山，地势相对平缓，转而入山冈谷地，溪涧环绕。整个九华山建筑群依山就势、高低错落、布局灵活，利用九华山"东为背，西为面，天台为首，化城为腹，五溪为足"的地理环境，于散乱中取和谐，于朴实中见庄严。由于大部分寺庙位于山腰以上，并未严格遵守"坐北朝南"的朝向，而是在传统中轴线对称布局中富有变化，与四周自然景色和古老村落交相呼应，秀雅灵妙，代表了徽派乡土建筑的优秀传统，也体现了当地高度世俗化的宗教生活。

这些寺庙建筑多采用官殿式、民居式及组合式三种建筑样式。其中大型寺庙以传统佛殿建筑样式体现宗教的严肃性，同时吸收皖南民居特色，在我国寺庙建筑中独具一格。化城寺采用四进院落式，宝殿台基层层抬高，前两进各有落水天井，全寺施硬山顶、马头墙，好似一座山中的通天古堡；百岁宫融山门至僧房为一体，屋顶形成完整的四落水顶；肉身宝殿殿前天井下建有蓄水池，殿后设佛堂僧舍，结构布局脱胎于传统皖南民居，为典型的九华山殿式建筑。建筑结构上，九华山的寺庙营建注重功用性，以抬梁式木构架为主，立面回廊立石柱，外部基础以山上花岗石砌筑，墙体用砖石加灰浆垒砌，适应于当地的气候环境。在装饰手法上，山上寺庙将木雕、石雕和砖雕技艺运用巧妙，以木雕装饰栏板、额枋、门窗及内部家具，石雕用于石柱、天井、粉墙漏窗等外部景观，砖雕置于檐口屋脊及庭院明窗，这些雕刻手法多样、题材广泛，且善于借物入景，美轮美奂，引人入胜。

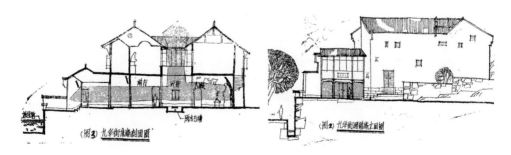

图3-99　民居式中小型寺庙
来源：张振山.九华山建筑初探[J].同济大学学报，1979(8):24-25.

图 3-100　九华山的褐瓦粉墙
来源：田雨森摄

组合式建筑又分为民居与殿式组合、民居与民居式建筑组合。"农禅合一"的民居形式中小型寺庙在九华山上大量分布，其中生活用房居多，唯在正堂内供佛像，宗教与生活空间在修行中化为一体。这些建筑外形上并无明显寺庙特征，信徒建庵时的木料石料皆就地取材，建造亦出自本地匠人之手，前厅正堂连贯一体，开敞天井采光通风，褐瓦粉墙掩映于绿荫之中，表现出因地制宜的皖南民居风格（图3-100）。

（三）九华十景

名刹古寺林立于奇峰云海间，九华山以其山水灵气同时成为文人骚客神往之地。光绪年间，时任青阳训导的周赟（1835—1911）以山为友，遍访胜境，为主纂《九华山志》提炼出"九华十景"，分别为"天台晓日、桃岩瀑布、舒潭印月、九子泉声、莲峰云海、平冈积雪、东岩宴坐、天柱仙迹、化城晚钟、五溪山色"[①]，尽显九华山佛国仙境之美（图3-101~图3-110）。

---

① （清）周赟. 九华山志[M]. 卷1. 图记.

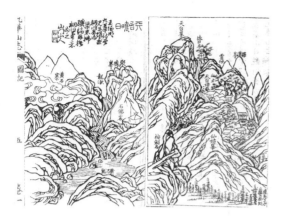

图 3-101 九华十景之 "天台晓日"
来源：（清）周赟. 九华山志 [M]. 卷一. 图记.

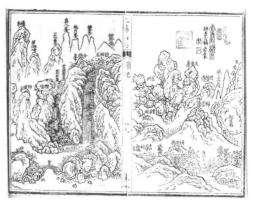

图 3-102 九华十景之 "桃岩瀑布"
来源：（清）周赟. 九华山志 [M]. 卷一. 图记.

图 3-103 九华十景之 "舒潭印月"
来源：（清）周赟. 九华山志 [M]. 卷一. 图记.

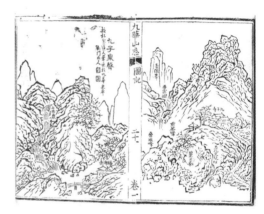

图 3-104 九华十景之 "九子泉声"
来源：（清）周赟. 九华山志 [M]. 卷一. 图记.

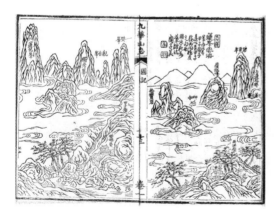

图 3-105 九华十景之 "莲峰云海"
来源：（清）周赟. 九华山志 [M]. 卷一. 图记.

图 3-106 九华十景之 "平冈积雪"
来源：（清）周赟. 九华山志 [M]. 卷一. 图记.

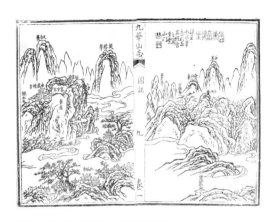

图 3-107 九华十景之"东岩宴坐"
来源：（清）周赟.九华山志[M].卷一.图记.

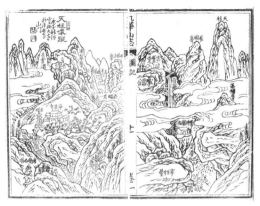

图 3-108 九华十景之"天柱仙迹"
来源：（清）周赟.九华山志[M].卷一.图记.

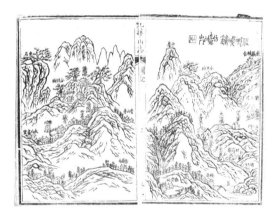

图 3-109 九华十景之"化城晚钟"
来源：（清）周赟.九华山志[M].卷一.图记.

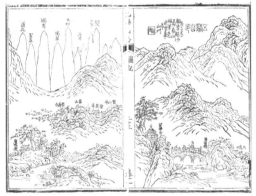

图 3-110 九华十景之"五溪山色"
来源：（清）周赟.九华山志[M].卷一.图记.

三、九华山代表性建筑

（一）化城寺

化城寺作为九华山的开山古寺，一直处于道场诸寺的中心地位。寺址在天台峰的西南角，于山顶之上的平地，东崖西岭环抱如城，因《法华经》中有佛祖点化成城的故事，得名"化城"（图3-111～图3-114）。按费氏《九华山化城寺记》记载，化城寺建于唐至德初年（756—758年），由乡绅诸葛节买下檀公旧地建寺，至建中初（780年），又经池州郡守张岩募化扩修并表奏朝廷赐额，寺中台殿初具规模，后历经修

318

图 3-111　化城寺山门
来源：田雨森摄

图 3-112　化城寺莲池
来源：田雨森摄

图 3-113　化城寺大殿内部
来源：田雨森摄

图 3-114　化城寺藏经楼
来源：田雨森摄

茸。清康熙二十年（1681年）池州知府喻成龙重修聚华楼，增建东西二序七十二寮房，化城寺遂成"九华诸寺之冠"；咸丰七年（1857年），化城寺除藏经楼外几毁于兵火；光绪十六年（1890年），信士刘含芳等捐款重建[①]，保存至今。

　　化城寺前广场中间有一月牙形莲池，传说为地藏放生池，全寺坐南朝北，从山门进入，院落四进分别为灵官殿、天王殿、大雄宝殿和藏经楼，台基依次升高。寺内藏经楼为明代建筑，大雄宝殿原有崇祯御赐匾额及洪钟一口，现已不存。

---

① （清）刘含芳. 重修化城寺记. 见：（民国）释德森. 九华山志[M]. 卷5. 见：白化文，张智. 中国佛寺志丛刊 第十三册[M]. 扬州：广陵书社，2011：243.

（二）祇园寺

祇园寺取名自释迦牟尼说法的"祇园精舍"，位于九华山插霄峰西麓。寺院始建于明嘉靖时期，清康熙年间成为化城寺东寮之一，与甘露寺、百岁宫和东崖禅寺并为九华山四大丛林。咸丰时毁于兵火，由方丈法院于同治七年（1868年）重修，光绪年间经由历任住持增修重建，祇园规制位列九华山丛林之首。

祇园寺是九华山规模最大且唯一一座殿式寺院建筑，前后由灵官殿、弥勒殿、大雄宝殿、客堂、斋堂、库院、退居寮、方丈寮、光明讲堂、藏经楼等十余座单体建筑组成。由于依山而建，地势曲折，并未按照传统中轴对称布局，山门、天王殿等均环绕在大雄宝殿周围，配殿更是采用民居形式散置，设计灵活大胆，突出实用功能。同时，祇园寺将狭小的前庭院与宏伟的大殿相结合，四周殿宇建筑随山势逐渐增加层数，踏入山门，狭小的前导空间和大尺度殿内空间形成强烈对比，极具建筑艺术效果（图3-115~图3-117）。

图 3-115　祇园寺山门
来源：田雨森摄

图 3-116　祇园寺大雄宝殿
来源：田雨森摄

图 3-117　祇园寺万佛殿
来源：田雨森摄

（三）百岁宫

百岁宫初名摘星庵，又名万年禅寺，位于插霄峰摩天岭头，岭周有飞来石、鹰石、棋盘石、伏虎洞等胜景。明万历年间，僧人海玉从五台山云游至九华山修行，结茅"摘星庵"，天启三年（1623年）海玉110岁圆寂后肉身不腐，世称"百岁公"，于崇祯三年（1630年）被敕封为"应身菩萨"，其弟子释慧广为其易安为寺，立方丈，名为"百岁"①。清康熙道光五十六年（1717年），百岁宫毁于大火，四年后住持僧三乘重建，嘉庆十九年（1814年）、道光六年（1826年）、道光十九年多次重修扩建，建首师殿，创成"十方禅林"，咸丰年间毁于太平天国兵燹，至光绪五年（1879年）重建完成。

百岁宫庙址位于山顶，地形前高后低，现存寺庙为清代民居式建筑，以岩壁为墙、岩石作基，墙基线随山势起伏而变化，在顶端保持屋顶轮廓的高度一致，融山门、大殿、肉身殿、库院、僧舍、客房和东司为一体。从南边山门进入后，地形逐次向下而佛殿依次抬高，宛如曲折幽深的迷宫，出门后回首近20m高的五层高楼，见百岁宫卧伏于万丈悬崖之上，气势恢宏，巧夺天工（图3-118）。

---

① （清）张为.（道光十九年）重修万年禅林碑记，碑藏九华山百岁宫山门前东墙壁.

图 3-118　百岁宫大殿
来源：田雨森摄

（四）天台寺

天台寺又名"地藏禅寺"，位于天台与玉屏峰之间，是九华山位置最高的寺院（图3-119）。相传金地藏曾禅居于此，留有"金仙洞""地藏井"遗迹，宋时建有庙宇，后废毁，宋代高僧宗杲曾作《游九华山题天台高处》诗云："*踏遍天台不作声，清众一杵万山鸣*。"明洪武元年（1368年）由居士阵履泰捐资，住持僧人昭莲主持，重建禅林，咸丰时毁于兵燹，现存天台寺为光绪十六年（1890年）重建。

天台寺坐北朝南，为三座硬山顶殿宇前后通连，石木结构。寺院东面以青龙背峰脊为屏，南面借玉屏台为墙身，西面、北面连接巨岩，布局奇巧，与山岩浑然一体，在凹陷山地上筑起平整台基，底部架空置蓄水井，整座建筑隐蔽于悬崖峭壁之间，坚固又能抵御风寒（图3-120）。其山门在大殿山墙南面，券拱石洞上镌有"中天世界"和"非人间"两方石刻。入山门后，三进殿堂相互通连，径直可入两层的大雄宝殿和地藏殿，由此转折向东沿岩石台阶而上，即进入三层的万佛

图 3-119　天台寺大殿
来源：田雨森摄

图 3-120　天台寺雪后初晴
来源：王磊摄，图源：https://www.hellorf.com/image/show/223
8051952?source=search&term=%E4%B9%9D%E5%8D%8
E%E5%B1%B1

殿。大殿后东西两边建有厢房，中有小院，其北建有民居式观音殿，东面青龙背石壁上有"龙华三会""登峰造极""东方极乐""高哉九华与天接，我来目爽心胸扩"等摩崖石刻。

明代思想家王阳明曾两次游访九华山，留下诗词赋文五十余篇。这位"心学"大师在官场仕途屡遭打击时，曾欲在九华山"巢居"一生，当然终于还是负了洞天蓬莱之约，出山入世。他曾作诗回忆九华山：

> 当年一上化城峰，十日高眠雷雨中。
> 霁色晓开千嶂雪，涛声夜渡九江风。
> 此时隔水看图画，几岁缘云住桂丛？
> 却负洞仙蓬海约，玉函丹诀在崆峒。
>
> 《江上望九华山 其一》[1]

---

[1] 王阳明对九华山评价颇高，在《江上望九华山 其二》中继续咏道：穷探虽得尽幽奇，山势须从远望知。几朵芙蓉开碧落，九天屏嶂列旌麾。高同华岳应天杳，名亚匡庐却稍卑。信是谪仙还具眼，九华题后竟难移。

图 3-121　天台山全图

来源：（清）齐召南. 天台山方外志要 [M]. 首一卷图《天台山全图》，齐氏息园订刊本，清乾隆丁亥（1767 年），哈佛大学燕京图书馆藏本。
图片经作者拼接，下文提到的山川名胜及古迹已标为红色。

第五节　天台山

　　小说《达摩流浪者》的末尾，凯鲁亚克写道："忽然间，我仿佛看到那个邋遢得无法想象的中国流浪汉，就站在前面，就站在雾里，皱纹纵横的脸上透着无法言诠的幽默表情。"这个"中国流浪汉"，指的就是天台山的诗僧寒山子。小说主角最初执着于追求"虚无"、摆脱尘世，为此背包苦行，舍家弃欲，却不得其门而入。最后，在与自然山川的相处之中，终于领悟了真正的自由。①

　　这一情节，正与天台山的形象暗契（图3-121）。

一、神秀山岳天台山

（一）天台山的位置和范围

　　天台山脉位于浙江省东部，《山海经》载："大荒之中，有山名曰天台高山，海水

---

① 关于天台山、国清寺与寒山子对20世纪英语文学产生重要影响的文化现象，参见Ling Chung. "Han Shan, Dharma Bums, and Charles Frazier's Cold Mountain." [J]. Comparative Literature Studies，2011，48(4): 541-565.

入焉"①，正是山海交接之地。称为"天台"，是因为天台山"当斗牛之分，以其上应台宿，光辅紫宸，故名天台，亦曰桐柏"②，以星宿命名。天台山所在的台州天台县，都是依山得名。广义上的天台山脉，是仙霞岭向北延伸的余脉，横穿天台、临海、宁海、新昌、嵊州诸县，最终入海，形成舟山群岛。这样看来，今天的天台县城正坐落在天台山脉正中央的一个盆地中。始丰溪穿县城而过，形成一个小型的河谷平原（图3-122～图3-124）。

不过，唐宋以前人们所说的天台山，范围并没有那么大。唐《天台山记》载，赤城山为天台南门。③宋《嘉定赤城志》亦载："天台山在县北三里，自神迹石起。"④据此，县城（始丰溪河谷）是天台山的南界，而河谷以南的群山，在当时不算作天台。至于天台山的北界，"在剡县金灵观"。⑤剡县即今嵊州，此处又是一个较小的河谷盆地；过了盆地再往北，在当时也不算天台山了，而是有一个更响亮的名字：会稽山。

① 引自《山海经·大荒南经》，见"中华再造善本"丛书影印宋淳熙七年（1180年）池阳郡斋刻本[M]. 北京：北京图书馆出版社，2004.

② （南朝）陶弘景撰，赵益校. 真诰. 卷十四[M]. 北京：中华书局，2011：262.

③ （唐）徐灵府. 天台山记[M]. 南京：江苏古籍出版社，1985：23.

④ （宋）陈耆卿. 嘉定赤城志[M]. 北京：中国文史出版社，2005.

⑤ （唐）徐灵府. 天台山记[M]. 南京：江苏古籍出版社，1985：23.

图 3-122　传说中寒山子的隐
居地——天台山寒岩风景
来源：王可达摄

图 3-123　始丰溪天台县城段
来源：王可达摄

图 3-124　民国《天台山胜境图》
来源：陈甲林.天台山游览志[M].上海：中华书局，1937：14-15.

（二）六朝世族云集天台

六朝时，作为天台余脉的会稽山比天台更有名，位列"四镇"之"南镇"①，交通也更为方便；特别是晋室南渡以后，一时之间，会稽山南北的山阴、剡县世族云集，兰亭雅集就在此展开。王子猷居山阴，雪夜乘舟，沿着剡溪越过会稽山，一宿就到达了剡县的戴安道家，只是"兴尽而返，何必见戴"。②

会稽山下世族既多，又往往像谢安那样"放情丘壑"③，自然增长了对周边诸山的了解。东晋以降，越来越多的士人在天台山留下足迹。宋人记载，永和九年（353年），王羲之来到天台山，有"白云先生"向王羲之传授《书诀》，传授完便"真隐"了，王羲之"遂镌石以为陈迹"④。如今天台山国清寺藏有一方"独笔鹅"碑，传说是王羲之的手迹（图3-125）。

图3-125　"独笔鹅"碑拓片
来源：连晓鸣，奇区.天台山文化初论[J].东南文化，1990(6)：1-7.

与王羲之、谢安一道参加兰亭雅集的孙绰，此时也正"居于会稽，游放山水，十有余年。"他来到天台山，感慨天台山真是"玄圣之所游化，灵仙之所窟宅"，道路曲折、幽深渺茫，世人少有能够登临的，所以，虽然其高峻堪与五岳相比，壮美能与蓬莱、方丈呼应，但是少有记载，不为世人所知。孙绰不愿见到如此绝景湮没无闻，于是"驰神运思，昼咏宵兴"，"聊奋藻以散怀"，留下《游天台山赋》⑤。赋序开篇说"天台山者，盖山岳之神秀者也"，成为对天台山的定评。

这样，东晋以后，天台山闻名于世，来这座"神秀山岳"游历、修行、隐居之人越来越多。

---

① （汉）郑玄注.（唐）贾公彦疏.周礼注疏[M].北京：北京大学出版社，1999：597.
② （南朝宋）刘义庆.（南朝梁）刘孝标注，余嘉锡笺疏，周祖谟等整理.世说新语笺疏[M].北京：中华书局，2007：893.
③ （唐）房玄龄编.晋书·卷七九[M].北京：中华书局，1974：2073.
④ 事见（北宋）朱长文《墨池编》卷二《天台紫真笔法》，又见（南宋）陈思《书苑菁华》卷十九《白云先生书诀》。此传说可能是唐代才形成的，与当时司马承祯为代表的天台山道教有关，相关考证参见韩：唐代笔法传说问题赜探[J].中国美术研究，2019（2）：137-141.
⑤ 此赋作成，孙绰对友人说："卿试掷地，当作金石声也！"上赋原文，皆引自（东晋）孙绰《游天台山赋》，见（南朝梁）萧统编.文选[M].上海：上海古籍出版社，1998：75.

（三）天台的早期修道者

赤城山被称为"天台南门"。赤城山上有"玉京洞"，名列"十大洞天"第六[①]，为三茅真君道场（图3-126、图3-127）。赤乌初年，孙权支持葛玄在天台一带开辟了法轮院、福圣观、仙坛院等宫观，还恢复了一些宫观，"度道士八百名，炼丹于天华顶、赤城、桐柏"，开辟茶园等[②]，因此，葛玄被看作是天台道教的奠基人。南齐永明间，陶弘景在天台寻访隐逸，"谒诸僧标及诸处宿旧道士"，得"真人遗迹十余卷"，最终整理成《真诰》[③]。

通常认为，避世隐居之人要去僻陬之地修道、苦行；然而，随着天台山声名日益显赫，来此"隐修"之人反而越来越多。陈隋之间的徐则，在天台山修行，而且"绝谷养性，所资唯松水而已；虽隆冬沍寒，不服绵絮"。于是隋炀帝杨广致书极力相邀，盛赞他"虽复藏名台岳，犹且腾实江淮"，把他和汉代的商山四皓相比拟。[④]

更著名的是唐代司马承祯，隐居天台山四十年，声名极显，与宋之问、孟浩然、李白等人都有往来。景云二年（711年），唐睿宗特为他敕建"桐柏观"，禁四十里内樵牧。"桐柏观"以葛玄所开法轮院为基础，如今淹没在桐柏水库之下。桐柏是天台的别名，人们因而附会天台山为桐柏真人王子乔的道场。司马承祯历武后、睿宗、玄

图3-126 天台县、赤城山、玉京洞的位置关系来源：（清）齐召南.天台山方外志要[M].首一卷图《赤城栖霞》，齐氏息园订刊本，清乾隆丁亥（1767年），哈佛大学燕京图书馆藏本。

① （清）释传灯编撰：天台山方外志[M].卷九.佛陇真觉寺藏版，光绪甲午重刊.
② 许尚枢：天台山道教发展简述[J]. 宗教学研究，1998（2）.
③ 张君房编，李永晟点校.云笈七签[M].北京：中华书局，2003：2326.
④ （唐）魏征，令狐德棻撰[M].北京：中华书局，1973.

图3-127 《天台山全图》局部
来源：（清）齐召南.天台山方外志要[M].首一卷图《赤城栖霞》，齐氏息园订刊本，清乾隆丁亥（1767年），哈佛大学燕京图书馆藏本。图片经作者拼接。

宗三朝，四次受皇帝征召入京问道。每次应召入京，司马承祯都要"固辞还山"。天台、新昌有司马悔山、司马悔桥，据说皆因其后悔赴京而得名——虽说是"后悔"，究竟还是去了京城。①

（四）寒山：天台的吟游者

不过，天台最为世人所知的隐修者，却是三位唐代诗僧——寒山、拾得、丰干。通过他们的诗作，天台山成了一个文学史的地标。然而除了诗作本身以外，三人确切的生平情形，我们知之甚少。其中最重要的寒山，他是什么年代的人物，甚至其人是否存在，是一人还是多人，都尚无定论。原先，对寒山的印象多来源于宋本《寒山子诗集》前"唐台州刺史闾丘胤"所撰的序言，详细描绘了寒山、拾得、丰干的生平事迹和《诗集》的来历。又因闾是贞观间的刺史，也就提示了三人活跃的时代。②但

---

① （后晋）刘昫等撰.旧唐书[M].北京：中华书局，1975：5128.
② "朝议大夫使持节台州诸军事守刺史上柱国赐绯鱼袋闾丘胤撰"《寒山子诗集序》，见《寒山子诗集》卷首（本文选用哈佛大学燕京图书馆藏明万历本）。

329

是，余嘉锡先生已经力证，"阊序"应当是后世托名杜撰。[1]这样，这三人的身份与年代，又再次模糊了（图3-128）。

"阊序"或是伪作，但是其中所刻画的寒山、拾得形象却影响深远，成为深入人心的文化符号。《诗集》所见，寒山年轻时曾壮游四方，三十岁时，深感"禄位用何为"，来到天台隐居。

图3-128　寒岩周边山水格局

来源：（清）齐召南.天台山方外志要[M].首一卷图《寒岩夕照》，齐氏息园订刊本，清乾隆丁亥（1767年），哈佛大学燕京图书馆藏本。

开始时，大概是在山下乡间，与妻儿一起，过着"茅栋野人居，门前车马疏"的田园生活。然而好景不长，突遇变故，最终孤身一人到天台西南的寒岩隐修。[2]他在这时遇到了僧人拾得，两人成为好友。拾得在天台国清寺掌管食堂。寒山时常徒步数十里来到国清寺，拾得把食堂的饭菜残渣收集到竹筒里，寒山把竹筒背回去，以此果腹。

胡适说，寒山"在当日被人看作一个修道的隐士，到后来才被人编排作国清寺的贫子"[3]；可见寒山最初的宗教色彩很淡，与其说是僧道，不如说是当时天台一位典型的隐修者。这样一位隐修者生活环境是怎样的呢？据其自述，他完全是栖身在山岩的自然空间中，过得是"细草作卧褥，青天为被盖，快活枕石头"的生活，恐怕连座茅草屋都没有。每写成诗，"辄题于树间石上"[4]。这一方面是因为他的隐世生活极其朴素；另一方面，也是因为天台山濒近东海，气候温润，又多有天然岩穴，可以蔽雨。据徐霞客的考察，寒山的隐居地是很开阔宜居的，"洞深数丈，广容数百人"[5]；直到今天，也还是村民们修葺、纳凉的地方（图3-129）。唐代以降，天台山像这样不结茅庐、露天隐居的修行者，应该仍然不少。

① 余嘉锡.四库提要辨证·卷二十，集部一[M].北京：中华书局，1980：1251，1260.
② 皆见《寒山子诗集》明万历本。
③ 胡适.白话文学史[M].上海：新月书店，1928：26.
④ 杜光庭.《仙传拾遗》（见《太平广记》卷五十五引）.
⑤ （明）徐弘祖.徐霞客游记[M].北京：中华书局，2009：10.

图3-129　寒岩今貌（自洞内向外看）
来源：王可达摄

在天台寒岩洞口有一处类似五匹马的印记，世称"唐帽乘马痕"（图3-130）。明《图书编》载，闾丘太守寻访寒山，寒山避之而去，闾丘派随从急追，追之不及，而寒山入山遁去，太守随从所骑的五匹马竟也随之蜕入山中，在山壁上留下影子。[①]这个故事，应当本自"闾丘胤所撰"诗序记载的寒山的结局：太守终于找到了寒山，而寒山"退入岩穴，乃云：'报汝诸人，各各努力！'入穴而去，其穴自合，莫可追之。"[②]

于是，在后人的眼中，寒山就是

图3-130　寒岩"唐帽乘马痕"今貌
来源：王可达摄

---

① 章潢.《图书编》卷六十四，《文渊阁四库全书》970册。
② 引自"朝议大夫使持节台州诸军事守刺史上柱国赐绯鱼袋闾丘胤撰"《寒山子诗集序》，见《寒山子诗集》卷首（本文选用哈佛大学燕京图书馆藏明万历本）。

图 3-131　寒岩"二人石"
来源：王可达摄

天台的一部分；很多人来到天台山，实际上是为了寻找寒山。黄庭坚就自认为是寒山后身，于是来到天台寻访寒山遗迹，在国清寺摩崖题寒山诗。日本僧人成寻入宋之后，也在天台寻访寒山子的事迹，并最早将其的诗帖带到日本。如今，《寒山诗集》较早的版本，就藏于日本宫内省。[①] 徐霞客到寒岩寻访，见一块数丈高的石头，分为两端，如有二人（图3-131），当地僧人说：这是寒山、拾得的化身。可见在那时，已经有了寒山人物主题的景点名胜了。[②]

二、天台宗祖庭天台山

寒山是游离于寺观之外、离群索居的隐修者，但是他的朋友和供养人拾得，则是在国清寺内修行的僧人。国清寺是整个天台山最重要的佛寺，是天台宗的祖庭（图3-132）。

---

① 刘明. 宋刊《寒山诗集》版本考辨[J]. 版本目录学研究, 2014（00）：427–437.
② （明）徐弘祖. 徐霞客游记[M]. 北京：中华书局, 2009：10.

图 3-132　国清寺原山门
来源：王可达摄

（一）智者大师与国清寺的创建

隋开皇十七年（597年）冬，高僧智者大师（智顗）遗命修建国清寺。[1]寺址选在天台山，既与智顗本人的经历有关，也因为佛教此时在天台山已经颇有影响力（图3-133）。

佛教传入浙东地区，可能始于汉末。灵帝末年，佛教始入会稽。康熙《仙居县志》载，仙居县东十里有东汉兴平元年（194年）创建的"石头禅院"；文物普查中，此址亦有汉晋遗物发现。如果此址在汉末就已是寺院，那么它就是台州地区最早的佛寺。[2]赤乌十年（247年）康僧会入吴，得到孙吴政权的支持，"江左大法遂兴"。[3]于是，天台山区寺院涌现。今临海博物馆藏有"建衡三年佛像砖"拓片两张，塑有结跏趺坐禅定印佛像的西晋魂瓶盖一只[4]，可证西晋时，佛教在天台地区已有广泛的影响力。

---

① （隋）灌顶. 隋天台智者大师别传. 大正藏：T. 2050.
② 周琦. 中国天台山佛像艺术概说[J]. 佛学研究, 2003（00）：223-227.
③ 《高僧传》卷一《康僧会传》。
④ 周琦. 中国天台山佛像艺术概说[J]. 佛学研究, 2003（00）：223-227.

图3-133 国清寺"隋梅"
来源：王可达摄

南陈太建七年（575年），金陵高僧智顗入天台山考察，在僧人定光"所住之北峰"[1]，"聿创草菴，树以松果。数年之间，造展相从，复成衢会"。[2]自此，智顗在天台山修行十一年，说《法华经》，弘传佛教，而且在此开辟放生池，成为寺院放生池制度的先河。

据说，在智顗游历天台、卜地建寺之际，遇到一位老僧（也有说就是定光托梦）。智顗询问：如今的形势，要在这里立一片茅草屋都很困难，何时我才能建成寺院呢？老僧告诉他说：现在国家分裂，不是兴建佛寺的好时候。等南北一统，"当有贵人为禅师立寺，堂宇满山矣"[3]，而且"寺若成，国则清"。[4]

南朝陈至德二年（584年），陈后主召智顗回金陵说法。不久，隋师南下，晋王杨广渡江，逼降陈后主，又下岭南，统一全国。其间，为避战乱，智顗辗转浔、扬州、庐山、衡山、荆州等地，中途在扬州为杨广授菩萨戒，而杨广赠智顗以"智者"称号。[5]

开皇十二年（592年），智者在荆州说法，"百越边僧，闻风至者，累迹相造"，影响广泛，于是在当阳玉泉山开创精舍，"敕给寺额"，即后来的当阳玉泉寺。此后，智者大师留在当阳说法，讲经内容后来集为《法华玄义》和《摩诃止观》。

开皇十五年（595年），智者大师经扬州为杨广讲经后回到天台，这时，"寺旧所

① （隋）灌顶. 隋天台智者大师别传. 大正藏：T. 2050.

② （唐）道宣撰. 续高僧传·卷十七. 国师智者天台山国清寺释智顗传三. 大正藏：T. 2060.

③ 同上.

④ 《表国清启第八十八》. （隋）灌顶. 国清百录·卷三. 大正藏：T.1934. 以下建寺始末的梳理，均参考自：可潜. 国清寺的创建[J]. 佛学研究, 2010（00）：319-327.

⑤ （隋）灌顶. 隋天台智者大师别传. 大正藏：T. 2050.

图 3-134 柳公权手书"大中国清之寺"摩崖照片与拓片
来源：王可达摄

荒废，凡一十二载，人踪久断，竹树成林"。①智顗一方面整顿旧寺遗迹，同时又感到圆寂之期不远，对众人说："吾当卒此地矣，所以每欲归山。"②次年冬，杨广再次召智者大师出山，行至天台西门石城（今新昌），"知命在此"，留下遗书，请杨广在天台山下"更立伽蓝"③，这就是国清寺。之后，就在天台山大石像前端坐入定了。

国清寺建于天台县北十里、佛陇峰下，这一选址是由智者大师亲自指定的。在其圆寂之前，已开始寻找寺址。将国清寺指画在这里，是因为此地风水"非常之好"④，"五峰围绕，两溪夹泻"⑤："正北曰八桂，东北曰灵禽，东南曰祥云，西南曰灵芝，西北映霞，前有双涧合流，南注大溪。"⑥今天国清寺墙北山腰约百米处，有一片人工的平地，东西宽约40m，南北深约20m。此地东壁镌有柳公权书"大中国清之寺"六个大字，而平地中又有唐代瓦当出土⑦，可知这片基地大概就是隋唐国清寺的范围（图3-134）。

（二）隋唐国清寺的选址与营造

由于今寺与隋唐寺址相去不远，所以游览今寺，也能体会到当年智者大师选定寺址的妙处（图3-135）。

---

① （隋）灌顶. 隋天台智者大师别传. 大正藏：T. 2050.
② （唐）道宣撰. 续高僧传·卷十七. 国师智者天台山国清寺释智顗传三. 大正藏：T. 2060.
③ （隋）智顗. 遗书与晋王第六十五；（隋）灌顶. 国清百录·卷三. 大正藏：T1934.
④ 同上.
⑤ 《敕造国清寺碑文第九十三》.（隋）灌顶. 国清百录·卷四. 大正藏：T1934.
⑥ "五峰"是哪五峰呢？上述答案见于：（清）陈梦雷辑. 钦定古今图书集成. 方舆汇编. 第一百二十一卷：天台山部汇考一.
⑦ 葛如亮. 天台山国清寺建筑[J]. 同济大学学报，1979（4）：10-22.

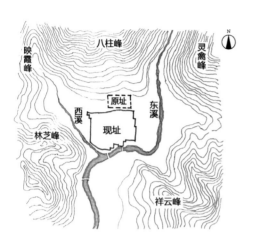

图 3-135　隋寺与今寺位置关系示意图
来源：郦卡，陈楚文，刘琪琪.天台宗影响下的中国国清寺和日本延历寺历史变迁与景观特征之异同 [J]. 中国园林,2019,35(3):140-144.

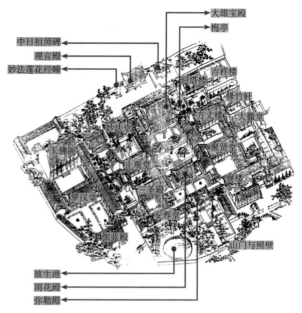

图 3-136　今国清寺伽蓝布局示意图
来源：郦卡，陈楚文，刘琪琪.天台宗影响下的中国国清寺和日本延历寺历史变迁与景观特征之异同 [J]. 中国园林,2019,35(3):140-144.

　　一方面，寺院五峰环绕，特别是北部诸峰，陡峭高耸。这既是天然的借景，也能抵御寒风。同时，诸峰并不是密不透风，而是错开一些，避免给人以压迫感。东南方向，空出了一个较大的豁口，能在春夏季节引入温暖和煦的海风；而西南方向的山谷又连向一片开阔的水田，这里既是寺僧耕作修行的场地，又遥指西南的县城，形成了一个自然的谒寺通道。更重要的是，隋唐寺址只占了诸峰环绕的山窝北部一小部分，为后世的扩建留足了场地。这是很有预见性的，到南宋以后，国清寺果然发展成了一个比隋代大了十几倍的大寺（图3-136）。

　　寺院东西两溪环绕，既有利于疏导山洪，又是僧众生活用水的水源，而且构成了寺院天然的边界。东溪水质清澈，西溪水质浑浊，所以在寺前交汇时，形成清浊合流的景观。宋代以后，随着寺院的扩展，这处"双涧回澜"[1]的景致，被设计成了一个动人心魄的寺院入口空间（图3-137）。

① 黄双璐.天台山国家级风景名胜区寺庙园林造园意匠研究[D]. 杭州：浙江农林大学, 2019.

336

图 3-137　国清寺入口处的双溪与丰干桥
来源：王可达摄

　　智者大师圆寂之后，遗书由弟子送到杨广手中。杨广"跪对修读"[①]，"当建缮造，一遵本意"。[②]开年，先是应智者要求，延请若干当阳玉泉寺僧，和天台当地的僧人一起，形成新寺僧团的人员基础，以及废寺水田，作为新寺的经济基础。完成这些前期工作的同时，派遣司马王弘入台"创建伽蓝"，作为建筑工程的负责人。那么，这一新寺的设计者是谁呢？我们看到，智者给杨广的遗书中，一并有"寺图并石像、发愿疏"[③]，而司马王弘也确实是"依图造寺"[④]，可见新寺的建筑设计是以智者的"寺图"为基础的。

（三）妙手：国清寺塔与参谒道

　　新寺的营造工程，至仁寿元年（601年）讫事，历时三年余。隋寺的格局，能从文献中略知一二。《智者大师别传》载，建成后的寺院"山寺秀丽，方之释宫"。[⑤]寺院竣工时，僧众上表说，寺院"堂殿华敞，房宇严秘"，"既兴塔庙，故现灵奇"。[⑥]

　　这里说是"塔庙"，提示新寺初建时已经有佛塔了。今天国清寺参谒道的终点处，有一座矮小的木鱼山，山坡上有一座高59.6m的楼阁式砖塔。这就是国清寺塔，人称"隋塔"（图3-138、图3-139）。

---

① 《王答遗旨文第六十六》.（隋）灌顶. 国清百录·卷三. 大正藏：T.1934.

② 同上.

③ （隋）智顗. 遗书与晋王第六十五；（隋）灌顶. 国清百录·卷三. 大正藏：T.1934.

④ （隋）灌顶. 隋天台智者大师别传. 大正藏：T. 2050.

⑤ 同上.

⑥ 《天台众谢造寺成启第七十三》.（隋）灌顶. 国清百录·卷三. 大正藏：T.1934.

图 3-138 　国清寺塔远望
来源：张剑葳摄

唐李邕《国清碑》提到"广殿磴于重岩，周廊庑于绝巘，峰台纳景于下视，雁塔排云于中休"，这既说明隋寺与
如今的国清寺一样，是沿山坡排列的，而且多有廊院（这是隋唐佛寺的特征）；也说明寺塔的高度很高，是一个
显著的地标，这也与今塔相符。寒山子说："雁塔高排出青嶂。"

图 3-139 　"隋塔"
近观
来源：张剑葳摄（左）；
王可达摄（右）

338

民国24年（1935年）国清寺雇工修理"隋塔"，在第二层内壁发现了"导师、弥勒、药王、文殊、普贤、观世音、大势至"七尊线刻造像，均为石质，每尊高130cm，七像前上方均镌有菩萨名，其中"观世音菩萨"未避"世"讳，而且保留着男性化的特征。这组雕像造型时代特征明显，后来郑振铎亦将其断为隋物，如今镶嵌于国清寺三圣殿两厢。[①]这组造像的发现，也更增强了人们称呼此塔为"隋塔"的信念。

然而，观察塔身的形制，我们认为，至少此塔现在暴露的外观，不可能是宋以前的。金祖明等先生也注意到，塔二层内外壁上铭文砖甚多，上有"叶杨甲""钱珀甲""曹田甲"等铭文，而"甲"这一户口编制是宋熙宁变法以后才出现的。[②]

尽管此塔可能不是隋代原貌，但其位置和规模应能与初建时相仿，多少可以反映隋寺初建时设计的意匠。

国清寺塔位于国清寺参谒道末端山坡上。站在塔基的位置看，两溪汇流而成的赭溪、寺院西南的灵芝峰正好夹成了一个喇叭口形的区域。喇叭口之间，是国清寺的寺田，而塔正处在收口位置（图3-140）。对于朝圣者来说，此塔是一个数里外就可看

图3-140　自参谒道远眺国清寺塔
来源：王可达摄
塔从数里外就清晰可见，然而却又只能看到一座孤塔，看不到塔后被群山环抱的寺院本身。这既让人安心：寺院就在不远处；又让人急切地好奇：国清寺究竟是什么样？于是，不自觉地加快了脚步。

① 徐三见. 天台国清寺塔发现之隋代线刻菩萨像研究[J]. 东南文化, 1992（Z1）：148-156.
② 金祖明, 周琦, 任林豪. 试论天台山国清寺塔的建筑年代[J]. 东南文化, 1990（6）：149-151.

图 3-141　从国清寺回望国清寺塔
来源：王可达摄
寺院地势较高，又隔着两百多米的山坡，隋塔即成了一个显著、却不让人感到压迫的对景，像是一场大型的音乐会后，平静却画龙点睛的"安可"。

到的航标，象征着即将到达国清寺的境域；步行将近，喇叭口般的稻田和背后的山屏陡然汇聚，而塔正是山脊线之间的点缀。

　　走过隋塔，终于入寺，这时塔从视线中消失了。直到拾级而上，过了正殿，再回头望去，塔才再次出现（图3-141）。如同一个陪伴了很久的向导，在到达目的地以后与旅人"再会"。

　　虽然只是一座塔，但却能在参拜道的不同阶段，起到远景（导向）、借景、隔景（吸引）、对景的不同作用，正是巧妙适应地形，又与建筑主题遥相配合的妙笔。

　　新寺初建成时，"权因山名"①，称为天台寺。大业元年（605年）杨广即位，是为隋炀帝。同月，隋炀帝集江都名僧，谈道"天台寺"只是权且用之的名称，希望僧人更拟寺额。这时，智者的徒弟智璪正带着智者大师《行状》来扬，恰巧遇到这场讨论，就向炀帝奏报智者大师生前提及的"寺若成，国即清"预言。隋炀帝听后

---

① 《敕造国清寺碑文第九十三》.（隋）灌顶. 国清百录·卷四. 大正藏：T.1934.

图 3-142　国清寺内供奉的天台宗根本经典——《妙法莲华经》幢
来源：王可达摄
由日本僧团捐建。

图 3-143　国清寺山门外"教观总持"影壁
来源：王可达摄
这是智者大师对修行的主张。

大为振奋，下敕云："此是我先师之灵瑞，即用！即用！敕取江都宫大牙殿榜，填以雌黄，书以大篆，付使人送安寺门！"[①]之后，又宣敕扩大寺院规模，"筑四周土墙，造门屋五间，设一千僧斋物二千段米一千斛"[②]等。山门五开间，此时国清寺等级已经很高了。

　　国清寺在炀帝一朝备受支持，地位迅速提升。此时智者大师虽然已经圆寂，但是他住世时的教示，在弟子们的弘扬下，以天台山为中心传播开来，影响极其广泛，这就是传承至今的天台宗（图3-142）。

　　智者的天台体系建立在四处辗转、奔波、隐居、修行、讲学的经历之上。南北朝时期的佛教，北重禅修，南重经论，各有偏重。而智者所讲授的天台宗希望结合两者，既注重教理，又注重止观（止禅、内观），这就是所谓的"教观总持"（图3-143）。这种注重止观的思想，对于后世的天台宗佛教，特别是对于后世国清寺教团的修行乃至国清寺的建筑，都有深远的影响。

三、江南山刹天台山

（一）天台佛教的毁废与重建

　　会昌五年（845年），唐武宗下诏"天下废寺"，这就是"会昌灭法"。以国清寺

---

①　《表国清启第八十八》.（隋）灌顶. 国清百录·卷四. 大正藏：T.1934.
②　《敕度四十九人法名第八十九》.（隋）灌顶. 国清百录·卷四. 大正藏：T.1934.

为首的天台诸寺亦在被废之列，国清寺建筑悉被拆除，还遭到焚烧。国清寺"隋塔"可能也是在这期间受到破坏的。

灭法中，天台宗的经典大多散失、焚毁，"零编断简，本折枝摧"。[①]国清寺所藏"隋炀帝与大师真迹"，也已是"煨烬之中，仅存一二"。[②]唐宣宗即位后，天下诸寺逐渐恢复，大中五年（851年），国清寺重建[③]，位置大致在隋寺原址处；前述东壁柳公权"大中国清之寺"六字，就是此时镌刻的。然而，天台宗的经典却一直未能还原。五代时期的天台宗十五祖义寂搜集教典，仅得金华古藏《净名疏》。[④]

这时，在唐代传播到海外的天台宗种子反而"生根发芽"了。义寂听说日本、朝鲜的天台教典十分完整，于是建议吴越王钱俶遣使寻求原典。[⑤]另外，还有吴越王遣使从高丽朝鲜求得教典的记载。这就是《佛祖统纪》所说的"网罗教典，去珠复还"[⑥]——唐代天台宗的广泛传播，为之后的"续灯"留下了火种。此后，陆续还有经籍回流。[⑦]

（二）东亚世界的天台祖庭

天台宗和国清寺能够废而复兴，与天台山与海外的密切交流有很大的关系。方其盛时，天台宗的教典与僧人传播到东亚各地；寺院毁坏，经籍离散，又自海外回流重建。这与天台宗的理念有关，但更重要的是天台山的地理位置。天台与明州只有一百公里之遥，距离扬州、苏州亦不遥远，舟车往来都很便利。特别是自9世纪初开始，明州府治移至三江口，同时遣唐使路线开始南移，这样，明州港成为唐与海外交流最重要的港口。受此影响，惠萼、圆载、圆珍等中晚唐的渡唐僧人都将天台作为求法的目的地。

海外僧人来到天台，不只学习、求法，而且深度地参与了天台寺刹的建设。《国清寺止观堂记》载，会昌废寺、大中重兴之后，日本僧人圆珍鉴于"佛殿初营，僧房未

---

① （北宋）赞宁. 宋高僧传·卷七. 大正藏：T.2061.

② （清）释传灯. 天台山方外志[M]. 卷四. 佛陇真觉寺藏版，光绪甲午重刊.

③ 同上.

④ （宋）志磐撰. 佛祖统纪·卷八. 大正藏：T.2035.

⑤ 日本《皇朝类苑》载，"自吴越王处越海带来一信，谈及天台智者教五百卷中缺失多卷，据闻日本存书完整无缺，钱俶遂令客商出金五百两购求该钞本，以献国王"。日朝廷遂令延历寺天台座主觉庆抄写经典，送归天台，义寂遂在天台山佛陇道场、国清寺"相继讲训"。

⑥ （宋）志磐撰. 佛祖统纪·卷八. 大正藏：T.2035.

⑦ 如宋咸平六年（1003年），日本寂照入宋，携三祖南岳慧思《大乘止观》二卷入台. 相关事迹见：张云江. 義寂法师与宋初天台宗往高丽、日本求取教籍事略论[J]. 五台山研究, 2018（2）：44-48；方炳星. 十世纪中期的东亚佛教交流[D]. 济南：山东大学，2019；张风雷. 高丽义通与宋初天台宗之中兴[J]. 佛学研究, 2007（00）：247-262.

置"①，于大中十年（856年）建成止观堂，不久后即东归日本。《嘉定赤城志》载，"寺前有新罗园，唐新罗僧悟空所基"。②再如南宋的禅僧道元，参与了万年寺山门、两庑、智者大师塔等处的重建项目。

五代北宋时期，江南地区佛教迅速扩张兴盛的大背景，也是国清寺得以迅速恢复元气的原因之一。前文提到，日本天台经籍回流，吴越王钱镠就是背后的出资人。实际上，五代时期的吴越国，寺塔之盛，"倍于九国"③，例如杭州，更是成了"海内都会，未有加于此也"④的佛国。吴越国时期是天台建寺的顶峰，此后直至两宋也未能超越。

寺院既已重建，经籍又多"锡赉扶桑，杯泛诸夏"⑤，国清寺在北宋初年再次复兴。宋景德二年（1005年），真宗以年号敕改寺名为"景德国清寺"，而且"前后珍赐甚夥，合三朝御书数百卷，有御书阁。"⑥天台山其他诸寺，如高明寺、万年寺，也有在这一时期更名的记载，可能规模也随之有所扩大。另外，咸平二年（999年），明州市舶司成立⑦，而北方诸港口又已衰落，明州港遂成为东亚的航运枢纽，来天台朝圣的外僧（主要是日本僧人）就再次增多了。

（三）教演天台，行归净土

虽然这一时期来台巡礼的日本僧人中仍然有不少天台宗的僧人，例如宋真宗赐封为"圆通大师"的寂照⑧、撰写《参天台五台山记》的高僧成寻⑨等，但禅宗、净土宗僧人的比例也在不断增加。

这实际上是中唐以来全国范围内佛教大环境变化的一个反映。一方面，唐代早中期开始，净土宗迅速发展，上至皇室、士冑，下至民间，都取得了广泛的影响力，"几专言冥报净土"⑩，"盖当时士大夫根本之所以信佛者，即在作来生之计，净土之发

---

① 《国清寺止观堂记》国内早佚，后《唐文续拾》自《日本邻交征书》中辑回。参见占骅. 宋代七佛塔研究[D]. 杭州：浙江大学，2014：107.

② （宋）陈耆卿. 嘉定赤城志·卷二十八. 寺观门二[M]. 北京：中国文史出版社，2005：290.

③ （清）朱彝尊《曝书亭集》卷四六《书钱武肃王造金涂塔事》，《文渊阁四库全书》本.

④ （明）田汝成撰. 西湖游览志余·卷十四.

⑤ 大乘止观法门·卷三第一. 大正藏：T.1924.

⑥ （宋）陈耆卿. 嘉定赤城志·卷二十八. 寺观门二[M]. 北京：中国文史出版社，2005.

⑦ （清）宋会要辑稿[M]. 职官四四之三. 上海：上海古籍出版社，2014.

⑧ 寂照求法事迹见（元）脱脱撰. 宋史[M]. 北京：中华书局，1977：14136；并见《杨文公谈苑》[载于（宋）江少虞《皇朝类苑》].

⑨ （日）成寻. 参天台五台山记. 大正藏：B.0174.

⑩ 汤用彤. 隋唐佛教史稿[M]. 北京：北京大学出版社，2010：158.

达以至于几独占中华之释氏信仰"。①况且，净土宗的修行方法，本身就与天台宗有一定的渊源。天台宗的来源之一就是北方的禅法，而昙鸾提倡的"念佛三昧"当时已在北方流行；因而智者在修行与典籍中，都重视念佛法门。会昌以后，天台经籍散失，"五代与宋代活跃的僧人们经常无法理解自己宗派祖师们流传作品当中出现的一些重要概念"②，天台僧人遂有转向注重实践、简便易行的净土修行方法的倾向，以至于"天台之行者，多修念佛，以期往生西方"。③这样，到北宋开始，"教演天台、行归净土"④可能已是国清寺天台宗僧人普遍的现象了。

（四）宋室南渡与国清寺的修复

北宋靖康二年（1127年），汴京城破。赵构先渡淮，复渡江，沿浙东一路逃窜，最终径由台州章安（即灌顶大师籍贯）至温州出海流亡，而金兵一路入海急追。这一过程中，国清寺遭到严重毁坏，只有"智𫖮所题莲经（按：即《妙法莲华经》）与西域贝多叶经一卷，及隋旃檀佛像佛牙仅存"。⑤

建炎二年（1128年），国清寺开始重修。据南宋《嘉定赤城志》详细描述：

"建炎二年重新之，寺左右有五峰、双涧，号四绝之一（按：天台山全志引《元丰九域志》：齐州灵岩、润州栖霞、荆州玉泉并国清为四绝）；上有三贤堂（谓丰干、拾得、寒山也）、锡杖泉、香积厨，有诃罗大神像，寺前有新罗园，唐新罗僧悟空所基；东南有祥云峰、拾得岩；东有清音亭，其最高处有更好堂；寺后岩有瀑布，循涧而上，尤为奇胜。僧徒虑人至，植丛棘以障之。"⑥

《天台山全志》补充：这次修缮后，寺"上方有兜率台""双涧合流，浮图插汉，及振锡、回澜二桥""有清音、雨花亭；殿后有雷音堂、振奎阁，阁后无畏室，室后更好亭，并有云顶庵、古竺院、栖云楼诸胜，前有解脱门，门外有止观亭，隋时所建。"⑦

即使仅看南宋志文，寺院的规模也比隋唐显著扩大，原有的基地恐怕不足以敷用；加上作为地区性的高等级禅寺，各地的朝拜者一定人数极多。可以猜想，这一时期，寺院的范围一定向南（下坡）扩张了许多。何以判断？文中一开头描述了寺院的

---

① 汤用彤. 隋唐佛教史稿[M]. 北京：北京大学出版社，2010：158.
② （美）斯坦利·威斯坦因. 唐代佛教[M]. 张煜，译. 上海：上海古籍出版社，2010：161.
③ 蒋维乔. 中国佛教史[M]. 上海：上海世纪出版集团，2007：228.
④ 蒋维乔先生为谛闲法师所写像赞。参见赵俊勇. "教演天台行归净土"四分期说初探[J]. 法音，2017（3）：17-23.
⑤ （清）释传灯. 天台山方外志[M]. 卷四. 佛陇真觉寺藏版，光绪甲午重刊.
⑥ （宋）陈耆卿. 嘉定赤城志[M]. 卷二十八. 北京：中国文史出版社，2005.
⑦ （清）张联元辑. 天台山全志·卷三. 北京大学图书馆藏本.

图 3-144　国清寺西路沿山而上的院落
来源：王可达摄

图 3-145　今国清寺照壁外入口空间
来源：王可达摄

南宋时期国清寺的重建，均已不存，但如今站在寺院西路沿山而上的院落中，仍能想象当时国清寺廊庑环绕、高低错落的面貌。

四界，即上方、左右、下方的边界，"双涧合流""振锡、迥澜二桥"正在其列。今天的国清寺山门照壁外，也有双涧合流、二桥并立的景观。如果位置没有发生过大的移动，那么，南宋国清寺的范围已经接近今寺的南界了（图3-144、图3-145）。

原文提到"双涧合流，浮图插汉"，自然让我们想到双涧外不远处的"隋塔"。这条记载，结合前文所述的塔砖铭文及其形制特征，都让我们怀疑这座"隋塔"就是在建炎二年（1128年）的修缮中重建的。

不过，在这次重建中竖立的"浮图"，可能还不止这一座。在隋塔所立的木鱼山下、寺山门照壁对面，一行阐释冢前，排列着七座造型像是脊刹的多宝塔，上面依次镌刻着七世佛名。这组宝塔看起来很新，实际上是1968年毁坏后，在1973年重建的。[①]由于毁而复建间隔时间不长，所以基本还能参考历史照片还原毁坏前的形制：底部是六边形、须弥座式的塔座，上有覆莲座（新塔用枭混的六棱台代替），承高椭球形的塔身（据说原塔身是中空的，以供奉经文等），再上有曲线圆和的六角攒尖顶、相轮五重、宝珠（图3-146、图3-147）。

《天台山志》载，这组塔是"明天顺年间建造"，然而晚明王思任已经说，"七佛塔立山门千余年矣"[②]。实际上，这种七佛塔在浙东、浙南分布广泛（图3-148），现存

① （日）坂田邦洋. 论国东塔与中国天台山宝塔的关系[J]. 丁琦娅. 东南文化, 1990（6）：244-250. 原载别府大学《亚洲历史文化研究所报》1988年第7号。

② （明）王思任. 天台山记. 见《钦定古今图书集成》方舆汇编第一百二十三卷.

图 3-146　天台山国清寺前七佛塔
来源：张剑葳摄

图 3-147　1910 年的国清寺七佛塔
来源：坂田邦洋,丁琦娅译.论国东塔与中国天台山宝塔的关系[J].东南文化,
1990(6): 244. 原载别府大学《亚洲历史文化研究所报》1988 年第 7 号

图 3-148　温州乐清真如寺七佛塔
来源：占翀.宋代七佛塔研究[D].杭州：浙江大学,2014: 16.

图 3-149　国东塔结构说明
来源：《国東塔の魅力　~最も国東らしい
文化財~》,大分県豊後高田市官方网站

最早的原构见于乐清真如寺、瑞安灵鹫寺（今灵山寺）、兴福寺，年代均在两宋之间；
而天台山上方广寺、万年寺前，也曾有类似形象的宝塔。[①]另外，日本大分县分布有
"国东型塔"，形制亦源于浙东七佛塔，而其年代能追溯到镰仓时代后期（相当于宋
末元初）（图3-149）。可见，国清寺七佛塔应当也是始创于建炎二年（1128年）的，
可能明天顺年间只是一次修缮。

<hr />

① 占翀.宋代七佛塔研究[D].杭州：浙江大学,2014.

（五）跻身十刹：国清寺的禅宗化

既然国清寺在建炎二年（1128年）的修缮中得到了大规模的扩建，那么，以此为祖庭的天台宗，是否也借此机会在南宋再次振作了呢？情况恰恰相反，修缮开始后不久的建炎四年（1130年），国清寺"诏易教为禅"①，而且改名为"景德国清禅寺"。天台宗的祖庭本身竟然改换门庭，成为禅寺，可想而知，这是天台宗严重衰微的征候。

然而，我们知道，禅宗对佛寺格局的见解和传统宗派有很大不同，反对以佛殿为中心的佛殿格局，排斥偶像经教，主张"不立佛殿，惟树法堂"②。那么，它又是如何与国清寺的格局兼容的呢？

实际上，这是因为入宋以后，禅宗寺院本身的格局发生了很大的改变。北宋中期开始，佛殿再次在禅寺中出现；到了南宋，佛殿已经反过来成为禅寺伽蓝布置的中心，法堂置于佛殿之后，而祖师堂、伽蓝堂也普遍从法堂两侧移到佛殿两侧。③

此外，佛殿"左伽蓝、右祖师"，中轴"左厨库、右僧堂"，山门外"左钟楼、右轮藏"④，像这样轴对称地布置一系列纪念空间和居住、贮藏用的功能空间（院落），也已成为定制。志文中反映建炎国清寺以佛殿为中心，前后及两侧布置着一系列堂、厨、园、室、阁、庵、院、楼，虽然方位并不明确，但已是一个典型的宋中后期禅寺的格局了（图3-150）。

至于供奉寒山、拾得、丰干的"三贤堂"（图3-151），更是一个典型的禅宗色彩的空间，因为在南宋时期，寒山等人已经被纳入禅宗的体系，其事迹也在《景德传灯录》《五灯会元》中得到了梳理，愈发传奇化、禅宗化了。在宋人的印象中，寒山等人已经是典型的禅僧了。

虽然国清寺已经"易教为禅"，但影响力仍然未减。南宋理宗绍定间史弥远"奏立五山十刹"，形成了禅宗"五山十刹"的品第，"为诸刹之纲领"⑤，而天台国清寺即列于"十刹"第十位。

---

① （清）释传灯. 天台山方外志[M]. 卷四. 佛陇真觉寺藏版, 光绪甲午重刊.

② （宋）道诚辑. 释氏要览·卷三. 大正藏：T.2127.

③ 例如《五山十刹图》中天台山万年寺伽蓝配置，详见张十庆. 五山十刹图与南宋江南禅寺[M]. 南京：东南大学出版社, 2000：37；更多讨论见：张十庆. 中国江南禅宗寺院建筑[M]. 武汉：湖北教育出版社, 2002：72.

④ 张十庆. 中国江南禅宗寺院建筑[M]. 武汉：湖北教育出版社, 2002：91. 按《天童寺志》引《奉敕撰朝元阁碑》，天童寺至正再建新阁："屋中为七间，两偏四间。左鸿钟，右轮藏，下为三间，以通出入。梁栋云飞，柱石山积，棕题修敞。崇十又三丈，遂十丈，广廿又五丈。用人力以工计则十万，用粟以石计万又奇，铸万铜佛置阁中。"

⑤ （明）田汝成辑撰. 西湖游览志[M]. 上海：上海古籍出版社, 1980：30.

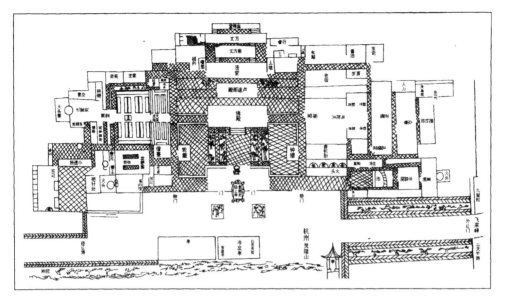

图 3-150　东福寺本灵隐寺伽蓝配置
来源：张十庆 . 五山十刹图与南宋江南禅寺 [M]. 南京：东南大学出版社，2000：42.
虽然宋代国清寺未留下平面图，但时代相近的灵隐寺的伽蓝布置可供参考。

图 3-151　后世重建的三贤堂
来源：王可达摄

"五山十刹"制度的建立，背后是南宋禅寺的官寺化和世俗化，其最显著的特征就是"五山十刹"几乎全部分布在江南地区。虽然这些寺刹大多建立在山中，但它们大多距离临安行在相去不远。由于建炎南渡之后，"闽浙反为天下之中"①，"冠带诗书，翕然大盛，人才之盛，遂甲天下"。②这样，虽然国清寺本身的位置没有移动，但由于江南的兴盛，它距离政治中心的距离却是越来越近了。至于此时偏居僻地的道场，如少林、黄梅，反而"不与其间，其去古也益远矣。"③

禅宗既然在江南取得了压倒性的优势，南宋以后的入台日本僧人，就基本上是禅宗门下了，例如明庵荣西、禅僧道元等。对于日本佛教史而言，这一批僧人最重要的作用，莫过于将禅宗介绍到日本，为临济、曹洞两个最重要的禅门开山。④而从东亚建筑史的视角来说，同样重要的是这批渡宋僧留下的《五山十刹图》绘卷。为了记录宋土禅寺的制度，并在日本仿建禅宗伽蓝，这些渡宋僧详细地考察、记录、测绘了江南山刹的寺额、平面格局、建筑细节，乃至小木装修和家具陈设。这批最早形成与宋末淳祐八年（1248年）的材料，不仅被日本诸禅寺视为珍宝，成为此后禅宗建筑的蓝本，而且成为我们了解"几乎湮灭之南宋禅院建筑"⑤最重要的图像资料。

《五山十刹图》之于建筑史的意义，怎么描述都不为过，这里只谈谈它对认识天台山格局的意义。从最微观的角度来说，《五山十刹图》能帮助我们确认一些细微的建筑布置，例如《天童寺伽蓝配置》一图记载了天童寺山门前池中七塔并列的做法，可以帮助我们推测前述国清寺七塔的原貌（图3-152、图3-153）。

方志中提到了许多堂、厨、室、庵、院，具体的排列方式却不是很清楚。国清寺的伽蓝配置，《五山十刹图》未载，但参考其绘制的三座寺院（天童寺、灵岩寺、万年寺）的伽蓝配置，我们可以推测南宋国清寺也大致遵循着"山门—佛殿—法堂—方丈"的中轴线格局（图3-154），所谓的"三贤堂"可能就是中轴线上端一个纪念性的僧堂，香积厨、更好堂这些厨库、僧堂，大致是分布在中轴线的左右两侧位置，而古竺院、新罗园这些院落形制的空间，可能在更偏远的方位；振奎阁可能是经藏性质的建筑，或许对应于后世所说的"御书阁"，等等。

---

① 南宋朱熹语。见（明）丘浚. 大学衍义补[M]. 北京：京华出版社，1999：756.
② 转引自（宋）吴孝宗. 容斋四笔·卷五. 饶州风俗. 吴孝宗，江西人，王安石舅。
③ 转引自（明）宋濂. 护法录. 引《住持净慈禅寺孤峰德公塔铭》。
④ 天台日僧详情见：卢秀灿，周琦. 天台山与日本文化交流[J]. 东南文化，1990（6）：204-222.
⑤ （日）田边泰. 大唐五山诸堂图考[M]. 梁思成，译.《中国营造学社汇刊》第三卷第三期。

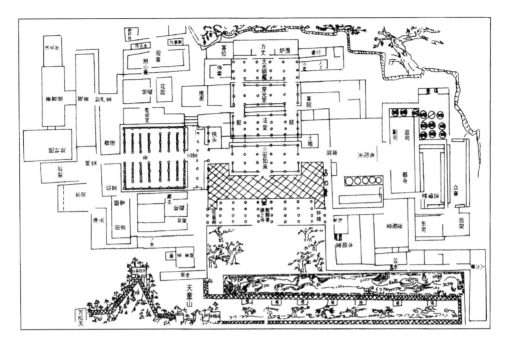

图 3-152　东福寺本天童寺伽蓝配置
来源：张十庆.五山十刹图与南宋江南禅寺[M].南京：东南大学出版社，2000：38.

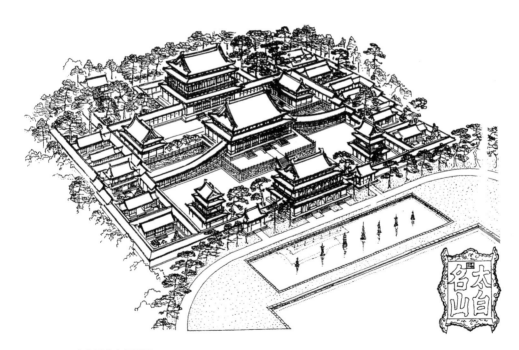

图 3-153　南宋天童寺复原图
来源：傅熹年据王蒙《太白山图》绘，见：傅熹年建筑画选《古建腾辉》

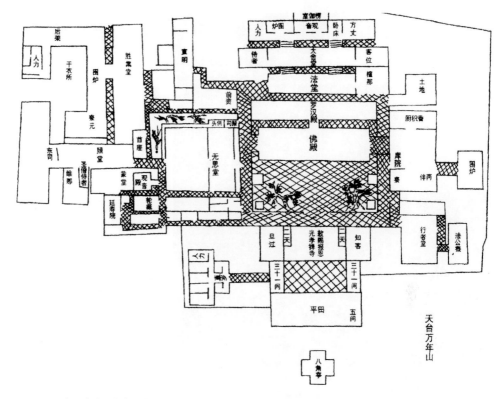

图 3-154　东福寺本万年寺伽蓝配置

来源：张十庆.五山十刹图与南宋江南禅寺[M].南京：东南大学出版社，2000：44.

四、名山景观天台山

（一）从祖庭大刹到名胜之地

国清寺虽然已在建炎四年（1130年）钦定为禅寺，之后又名列禅宗十刹，但是，寺内天台宗的传统却并未完全断绝。元灭南宋之后，禅宗与天台宗的竞争再次浮出水面，"攻击斗讼"，一派说智者大师是天台宗的开山祖师，一派则说智者也是禅宗的始祖，因而寺院是禅寺也合乎情理。最终，由浙僧观无我裁定为禅寺。即使如此，争议也未平息。至正元年（1341年），有"邑人胡荣甫建山门，有僧影宗冕来主法席，于旧址建雨华亭、方丈，筑万工池"（图3-155），但不久后就因为"寺僧相攻"而废弃了。[①]

----

① （清）释传灯.天台山方外志[M].卷四.佛陇真觉寺藏版，光绪甲午重刊.

图 3-155　今国清寺山门一侧的
放生池——鱼乐国
来源：王可达摄
它的位置和过去的"万工池"并不
完全相同。

明洪武十七年（1384年），由于暴风雨（可能是台风），方丈、佛殿、御书阁、钟楼也都被摧毁，只有土地堂、雨花亭、山门尚存。虽然洪武三十一年（1398年）开始，又有人"为丈室以居"，而此后僧人又"相继少稍稍补葺"，但终究是"非盛时比矣"。此后，雨花亭毁于嘉靖三十九年（1560年），隆庆四年（1570年）重建；然而隆庆年间，大雄宝殿又被毁坏。至此，国清寺的早期建设，几乎已经荡然无存了。[①]

在经历多次毁废，到万历年间开始，天台山才逐渐振作。万历十四年（1586年），传灯大师入天台高明寺，募修寺宇，印造藏经。万历二十三年（1595年），"本府节推刘启元、临海乡宦王士嵩、本寺僧会性芳，致书请杭州灵隐寺法师如通，命徒性省、

---

① （清）释传灯. 天台山方外志[M]. 卷四. 佛陇真觉寺藏版，光绪甲午重刊.

如楷、真逊辈募缘重建，本邑耆民许榜捐百金为助资。"①万历三十年（1602年），"内官党礼赉赐御经一藏、饭僧银一千两、建藏阁银五百两，僧性冲护藏建阁"②，又恢复一些。

今天的天台诸寺，例如国清寺、善兴寺、护国寺、大慈寺，主要是雍正十一年（1733年）再修后的面貌了，事见今鱼乐国北侧的乾隆御碑（图3-156）：

"古贤旧迹，一旦即于湮废，爰发帑金，易其旧而重新之，乃命专官往董□事鸠工庀材，经始于雍正十一年癸丑八月，越乙卯岁八月乃告成功，层檐列栋，金碧辉煌，盖顿还旧观，长存胜迹矣。"③

今天当我们来到天台山，无论是在国清寺，还是在方广寺、高明寺、万年寺等著名古刹，我们所能看到的大多数建筑都是清中期以后，甚至是近代的了。

（二）绵延千年的人文景观

天台山可以被看作一个绵延千余年的人文景观的综合体，值得我们反复重访（图3-157~图3-159）。晚期的天台山建筑，有两

图3-156 国清寺乾隆御碑
来源：王可达摄

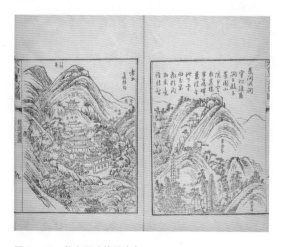

图3-157 依山而建的国清寺
来源：（清）齐召南.天台山方外志要[M].首一卷图《寒岩夕照》，齐氏息园订刊本，清乾隆丁亥（1767），哈佛大学燕京图书馆藏本

① （清）释传灯.天台山方外志[M].卷四.佛陇真觉寺藏版，光绪甲午重刊.
② 同上.
③ 此碑今仍存原址，王可达录文.

353

图 3-158　天台山著名景观：石梁飞瀑
茶漠　（宋刚摄影）
石梁右侧曾有一座明代天启年间造的小铜殿，现已挪到方树的殿中

图 3-159　天台山小铜殿
来源：张剑葳摄

方面的突出价值，值得我们注意：

第一，是这些寺刹道观的设计意匠。虽然其木构很晚，但其基地却早已有之。由于这些寺观大多依山而建，所以其地形格局一定还滞存着一些早期的特征。另外，这些寺院虽然有完全毁圮、再完全重修的情况，但大多是"忒修斯之船"式的渐进式修缮，所以，在晚期建筑上可能保留着其早期版本的信息。

第二，是这些晚期的寺刹道观在天台地方社会之中的关系。明清以来的社会史料极为丰富，而田亩、道路、寺址、水系的情况也变动较少。因为这两方面的原因，在20世纪后半叶以后，天台山重新回到了学术界的视野之中。

六朝时期，天台山是一个只有贵族和修道者栖居的神秘隐居地；然而到明清时期，天台山已经与浙东的民间社会高度耦合，成为一个香火旺盛、寺观如云的旅游胜地。

在此过程中，天台山经历了几个层面的变化：

首先是日常化。天台山诸寺经历了教寺—禅寺—讲寺的转变，修行方式也越来越大众化，从原先注重止观、研习经籍的天台祖庭，到后来兼收禅宗和净土宗的法门，对于大众而言，其接受的门槛也就随之降低了。

其次是可达化。随着江南地区的兴盛，以及明州日益成为海运枢纽，加之水陆交通的发展，人们到达天台山越来越便利。吴越国、南宋时期，官僚世家云集两浙，天台也在这一时期达到鼎盛。寺院日益向山下挪动，例如国清寺，经历了一个显著的南移（下移）的过程。

再次是公共化。随着寺院的增加、寺产的扩大、僧道人数的增加，天台寺观与浙东社会的经济联系也越来越密切。在禅宗化后的数百年间，天台诸寺的规模，特别是居住、贮藏之类的生活空间有所扩大，这给各国各地僧人、信众来台游历、借宿提供了条件。

最后是庶民化。天台山最早的建设者和资助者是六朝贵胄、隋唐皇室，其门槛无疑是很高的。建炎之后，不少南渡的官僚家族加入了这一行列。及至明清，随着这些大家族的衰落，寺观的经济更多地依赖于广泛吸收民间普通信众的舍田和捐金，这就日益拉近了天台诸寺与平民社会的联系。

天台山的建筑景观，既有随着这种变化而不断调整的适应性设计，也有从开始就已考虑余量的前瞻性设计。具体的建筑布局（伽蓝配置），以两宋之际的禅宗化为分水岭，可以分为两个阶段：在成为禅寺之后的数百年间，国清寺为首诸寺的规模显著扩大，特别是大量增加了祖师的纪念空间，主要在中轴线后端；以及供僧人生活的居住、学习、贮藏空间，主要在中轴线两侧。

这些空间大多依山布置，以廊连接，院内遍植花木，气候宜人，极为宜居，也能很好地容纳外来的求法者和信众；后者也深度地参与了这些空间的扩建。另外，往往能利用寺观地形，形成若干"寺中之园"，在方寸之内营造出令人感动的情感体验。

天台山是修行者的终点。寒山子据说最终就消失在天台山中，"退入岩穴，其穴自合，莫可追之"①。

然而，天台山又并不是与世隔绝的幻境；天台与主流社会之间，一直保持着密切的联系。天台的山水与建筑，并非虚无缥缈、超凡脱俗，也并不试图模仿净土、

---

① 引自"朝议大夫使持节台州诸军事守刺史上柱国赐绯鱼袋闾丘胤撰"《寒山子诗集序》，见《寒山子诗集》卷首（本文选用哈佛大学燕京图书馆藏明万历本）。

须弥山，或者兜率天宫。天台山的景观是世俗的，是日常生活化的，带有一番清澈的、平和的气度。在它身上，有一种使人会心一笑的幽默感，就像一位和蔼的年迈禅师。

索引

359

参考文献

[1] （汉）司马迁. 史记[M]. 北京：中华书局，1982.

[2] （梁）释慧皎. 高僧传[M]. 北京：中华书局，1992.

[3] （唐）李吉甫. 贺次君校. 元和郡县图志[M]. 北京：中华书局，1983.

[4] （日）圆仁撰. 顾承甫，何泉达点校. 入唐求法巡礼记[M]. 上海：上海古籍出版社，1986.

[5] （唐）徐灵府. 天台山记[M]. 南京：江苏古籍出版社，1985.

[6] （宋）李昉. 太平御览[M]. 北京：中华书局，1960.

[7] （元）刘大彬编，（明）江永年增补，王岗点校. 茅山志[M]. 上海：上海古籍出版社，2016.

[8] （明）徐弘祖. 徐霞客游记[M]. 上海：上海古籍出版社，1980.

[9] （明）杨尔增撰《新镌海内奇观》，见：《续修四库全书》编纂委员会编. 续修四库全书第721册[M]. 上海：上海古籍出版社，2002.

[10] （明）萧协中著，赵新儒校勘注释. 新刻泰山小史[M]. 泰山：泰山赵氏校刊，民国21年.

[11] （明）查志隆. 孟昭水点校. 岱史[M]. 济南：山东人民出版社，2019.

[12] （明）傅梅. 嵩书[M]. 卷十八. 明万历刻本.

[13] （明）张辅等监修. 明太宗实录，见：明实录[M]. 南港：中央研究院历史语言研究所，1962.

[14] （明）释德清. 憨山老人梦游集. 见：《续修四库全书》编纂委员会编. 续修四库全书[M]. 1377册. 上海：上海古籍出版社，2002.

[15] （明）周应宾. 普陀山志[M]. 上海：上海书店出版社，1995.

[16] （清）张廷玉. 明史[M]. 北京：中华书局，1974.

[17] （清）胡聘之. 山右石刻丛编[M]. 清光绪二十七年刻本，太原：山西人民出版社，1988.

[18] （清）孔贞瑄. 泰山纪胜[M]. 上海：商务印书馆，1936.

[19] （清）金棨. 泰山志[M]. （清）嘉庆十三年刊本.

[20] （清）宋思仁. 泰山述记. 卷二[M]. 泰安：泰安衙署藏板，乾隆五十五年.

[21] （清）聂钦. 泰山道里记[M]. 台北：成文出版社，1968.

[22] （清）李榕荫. 华岳志[M]. 国家图书馆藏华麓杨翼武清白别墅刻本，清道光十一年.

[23] （清）毕沅. 关中胜迹图志 [M]. 哈佛大学图书馆藏乾隆影印本.

[24] （清）董涛. 重修曲阳县志[M]. 清光绪三十年刻本.

[25] （清）张崇德. 浑源州志[M]. 乾隆二十八年刻本.

[26] （清）张崇德，等. 恒岳志[M]. 清顺治十八年刻本.

[27] （清）李元度纂修，（民国）王香余，欧阳谦增补，刘建平点校. 南岳志[M]. 长沙：岳麓书社，2013.

[28] （清）黄绶芙，谭钟岳. 新版峨山图志[M]. 费尔朴，译. 香港：香港中文大学出版社，1974.

[29] （清）蒋超.（康熙）峨眉山志. 见：故宫珍本丛刊第268册[M]. 影印道光七年刻本，海口：海南出版社，2001.

[30] 谢凝高.中国的名山[M]. 上海：上海教育出版社，1987.

[31] 李零. 思想地图：中国地理的大视野[M]. 北京：生活·读书·新知三联书店，2016.

[32] 饶权，李孝聪. 中国国家图书馆藏山川名胜舆图集成·第四卷：山图·五岳、佛教名山[M]. 上海：上海书画出版社，2021.

[33] （美）段义孚. 浪漫地理学：追寻崇高景观[M]. 陆小璇，译. 南京：译林出版社，2021.

[34] 萧驰. 诗与它的山河：中古山水美感的生长[M]. 北京：生活·读书·新知三联书店，2018.

[35] 国家文物局. 中国文物地图集·山西分册[M]. 北京：中国地图出版社，2006.

[36] 张剑葳. 中国古代金属建筑研究[M]. 南京：东南大学出版社，2015.

[37] 汤用彤. 隋唐佛教史稿[M]. 北京：北京大学出版社，2010.

[38] 张十庆. 中国江南禅宗寺院建筑[M]. 武汉：湖北教育出版社，2002.

[39] 张十庆. 五山十刹图与南宋江南禅寺[M]. 南京：东南大学出版社，2000.

[40] 韩理洲. 华山志[M]. 西安：三秦出版社，2005.

[41] 陕西省考古研究所. 西岳庙[M]. 西安：三秦出版社，2007.

[42] 清华大学建筑学院. 中国古建筑测绘十年：2000—2010清华大学建

筑学院测绘图集（下）[M]. 北京：清华大学出版社，2011.

[43] 郑州市嵩山古建筑群申报世界文化遗产委员会办公室. 嵩山历史建筑群[M]. 北京：科学出版社，2008.

[44] 杨振威，张高岭. 嵩岳寺塔[M]. 北京：科学出版社，2020.

[45] 《恒山志》标点组. 恒山志[M]. 太原：山西人民出版社，1986.

[46] 傅熹年. 中国古代城市规划、建筑群布局及建筑设计方法研究[M]. 北京：中国建筑工业出版社，2001：124.

[47] 湖南省南岳管理局. 南岳衡山文化遗产调研文集 [M]. 长沙：湖南省南岳管理局印制，2008.

[48] 薛垲. 青城山原生树木建筑营造研究[D]. 南京：东南大学，2010.

[49] 王纯五. 青城山志[M]. 成都：四川人民出版社，1989.

[50] 王雪凡. 青城山宫观建筑空间与环境特色研究[D]. 重庆：重庆大学，2017.

[51] 吴保春. 龙虎山天师府建筑思想研究[D]. 厦门：厦门大学，2009.

[52] 潘一德，杨世华. 茅山道教志[M]. 武汉：华中师范大学出版社，2007.

[53] 刘大彬. 茅山志[M]. 上海：上海古籍出版社，2016.

[54] 中国武当文化丛书编纂委员会. 武当山历代志书集注（一）[M]. 武汉：湖北科学技术出版社，2003.

[55] 湖北省建设厅. 世界文化遗产——湖北武当建筑群[M]. 北京：中国建筑工业出版社，2005.

[56] 韩坤. 峨眉山及普贤道场研究[D]. 成都：四川省社会科学院，2007.

[57] 林建曾. 世界三大宗教在云贵川地区传播史[M]. 北京：中国文史出版社，2002.

58 李晓卉. 峨眉山伏虎寺建筑群研究[D]. 重庆：重庆大学，2017.

[59] 周晓瑜. 五台山文殊信仰研究[D]. 太原：山西大学，2009.

[60] 张帆. 非人间、曼陀罗与我圣朝：18世纪五台山的多重空间想象和身份表达[J]. 社会，2019（6）：149–186.

[61] 梁思成. 记五台山佛光寺建筑[J]. 中国营造学社汇刊，1944，7（1）（2）.

[62] 王亨彦. 普陀洛迦新志[M]. 上海：上海国光印书局，1927.

[63] 印光法师. 峨眉山志[M]. 上海：国光印书局，民国23年秋月.

[64] 释德森. 九华山志[M]. 见：白化文，张智. 中国佛寺志丛刊第十三册[M]. 扬州：广陵书社，2011.

[65] 安徽九华山志编纂委员会. 九华山志[M]. 合肥：黄山书社，1990.

[66] 陈甲林. 天台山游览志[M]. 上海：中华书局，1937.

[67] 王铭铭，文玉杓，大贯惠美子. 东亚文明中的山[J]. 西北民族研究，2013（2）：69–78.

[68] 魏斌. "山中"的六朝史[J]. 文史哲，2017（4）：115–129，167–168.

[69] 圣凯. 明清佛教"四大名山"信仰的形成[J]. 宗教学研究，2011（3）：80–82.

[70] 郭黛姮. "天地之中"的嵩山历史建筑群[J].中国文化遗产，2009（3）：10–18.4，6.

[71] 王子今.《封龙山颂》及《白石神君碑》北岳考论[J]. 文物春秋，2004（4）：1–6.

[72] 杨博. 从嘉靖《北岳庙图》碑初探明代曲阳北岳庙建筑制度[C]//科学发展观下的中国人居环境建设——2009年全国博士生学术论坛（建筑学）论文集，2009：355–359.

[73] 张立方. 五岳祭祀与曲阳北岳庙[J]. 文物春秋，1993（4）：58–62.

[74] 叶茂林，樊拓宇. 四川都江堰市青城山宋代建福宫遗址试掘[J]. 考古，1993（10）：916–924，935，967–968.

[75] 周沐照. 龙虎山上清宫沿革建置初探——兼谈历代一些封建帝王对龙虎山张天师的褒贬[J]. 江西历史文物，1981（4）：75–83.

[76] 陶金. 茅山神圣空间历史发展脉络的初步探索[J]. 世界宗教文化，2015（3）：137–147.

[77] 张剑葳. 明代密檐率堵波铜塔考[M]//陈晓露. 芳林新叶——历史考

古青年论集（第二辑），上海：上海古籍出版社，2019：339–364.

[78] 李林东. 峨眉山万年寺砖殿复原研究[J]. 建筑史，2019（1）：52–62.

[79] 崔海亭. 关于华北山地高山带和亚高山带的划分问题[J]. 科学通报，1983，28（8）：494–497.

[80] 曹燕丽，崔海亭，等. 五台山高山带景观的遥感分析[J]. 地理学报，2001（3）：297–306.

[81] 李智君. 中西僧侣建构中土清凉圣地的方法研究[J]. 学术月刊，2021（9）：187–202.

[82] 张振山. 九华山建筑初探[J]. 同济大学学报，1979（8）：24–25.

[83] 葛如亮. 天台山国清寺建筑[J]. 同济大学学报，1979（4）：10–22.

[84] Wolfgang Bauer, trans. Michael Shaw, China and the Search for Happiness: Recurring Themes in Four Thousand Years of Chinese Cultural History[M]. New York: Seabury Press, 1976.

[85] Mircea Eliade. The Sacred and the Profane: The Nature of Religion[M]. translated by Willard R. Trask, New York: Harper Torchbooks, 1961.

[86] Émmanuel-Édouard Chavannes. Le T'ai Chan: Essai de Monographie D'un Culte Chinois[M]. Paris: Ernest Leroux Éditeur, 1910.

[87] Ernst Boerschmann. Die Baukunst und religiöse Kultur der Chinesen, Band 1: "P'u T'o Shan: die heilige insel der Kuan Yin, der göttin der barmherzigkeit."[M]. Berlin: Druck und verlag von Georg Reimer, 1911.

[88] Edward C. Baber. Travels and researches in western China[M]. London: John Murray, 1882.

[89] Virgil C. Hart. Western China: a journey to the great Buddhist centre of Mount Omei[M]. Boston: Ticknor and Company,1888.

[90] Archibald J. Little. Mount Omi and Beyond: A Record of Travel on the Thibetan Border[M]. London: William Heinemann, 1901.

后记

　　感谢丛书主编王贵祥先生、陈薇先生邀请，使我有机会进入"大美中国系列丛书"的出版计划。

　　我对山与建筑的兴趣始于研究生求学阶段，当时为了研究中国古代的铜殿，需要时常攀登大山去寻找它们，例如武当山、鸡足山、峨眉山、五台山等，还有许多区域性的名山。缘起正是因为导师陈薇先生从武当山回来，说上边的金殿有意思，你去看看。从武当开始，我就开始去不同的山上考察古建筑。

　　爬山很费体力，更不用说在山顶建造房屋了。这样一件困难的事，古往今来人们为何乐此不疲？被这个问题牵引，在博士后研究阶段，我又专门开启了"山顶建筑"这样一个课题，着眼于全国的山，但爬山与调查行动主要先在太行山一带。我把每座山头看作一个信仰中心，各自辐射点亮一圈特定区域：天下九州，大小山头，有的光环大，有的光点小，是不同层级的精神中心；它们之间还通过香路相互连接或与城镇连接，在城市网络之外，又编织成一张山的网络；建筑则是大网中的人工痕迹节点。这张"山的大网"我可以逐渐、长久地去编织。2014年初的一个夜晚，在北大红湖考古楼阁楼，我在合作导师杭侃先生的读书组会上汇报了这个研究设想。当时还有些忐忑，觉得这个题目或许过于浪漫主义（不靠谱）。感谢杭老师，他说：从大格局着眼，做系统性研究。立意不错，做下去！

　　中国地形自东向西大致可以分为三级阶地，台阶交界的褶皱处就是一道道深山，蕴含着丰富的自然与人文景观。我们叹服古人克服万难在山顶留下建筑，也感慨道路崎岖也阻隔不了帝王对大山的封祀、民众对进香的坚持，但最让我久久不能忘怀的，是在陕北的黄土高坡上见到的四千年以来不同时代的建筑。感谢陕西省考古研究院的孙战伟先生，2016年，我随他带领的考古调查队攀上清涧县的一座山峁上，看见一间小庙的石砌残垣，它的屋顶早已塌毁不见，老乡说它"在这里立了一百年咧"。我们用洛阳铲勘探，从钻探出来的优质夯土可以明确判断，这里曾有商代大型夯土建筑，而在峁顶略低处还叠压有更早的龙山时代石砌工程——从新石器时代晚期到商代再到近代，人们不断地上山、建筑，循环往复。不论用黄土、石块、木材甚至铜铁，到山上来造建筑竟然是四千多年以来绵延未断的传统。

后来，不论在哪里登上一座山，我都会想起陕北峁顶那夯筑密实的黄土与垒砌整齐的石块。不同时代的人们，他们对山、对建筑的执着是否一样？

本书并不算是对山与建筑课题的成果汇报，而希望能向更大范围的读者分享一些读山、读建筑的感悟与阶段性思考——我更愿意定义为"人文写作"。学术研究需要将题目限定在一定范围，以求别出心裁、有所创新；人文写作则不能过于专精，也无需信息量爆炸，而应让读者通过阅读获得一些具有代表性的感受和印象。因此本书涉及的山，都是最著名和重要的山，所写之建筑也并不局限于山顶那些尚待关注的建筑。人文写作并不容易：虽然未必能呈现多少新发现，但对书中所传达知识的准确、思考角度的敏锐、感受感悟的真诚，却都有着相当高的要求；对谋篇布局、图文呈现，以及语流信息量的运筹，要求甚至更高于学术写作。

交卷铃响了，忽然明白题怎么做了——道理是我在写作接近尾声时才逐渐开始明白的。限于能力，本书远没有达到上述目标，诚惶诚恐，许多不尽如人意之处尚需读者多多包涵。人文写作的目标只能当作长期目标再继续努力。

　　本书的基本框架、主要内容、选图、合稿都由我完成，部分章节由我课题组的博士生、硕士生完成或与我共同完成。在此向参与写作的高勇、赵雅婧、周钰、王卓、田雨森、王可达、鲁昊等同事和同学表示衷心感谢！也感谢王小溪协助制作了索引，文中如有不准确之处，均应由我负责。

　　感谢好友陕西省文化遗产研究院张磊女士、清华大学建筑设计研究院陶金先生、成都市文物考古研究院李林东先生协助踏查或提供重要图片，俞莉娜、薛垲、朱岩、雅诺、孙静、梦雪等师友也慷慨提供了图片。在此一并致以诚挚谢意！特别感谢本书的责任编辑李鸽博士，她以极大的耐心，鞭策我完成了本书；也感谢责任编辑陈小娟女士的悉心编校。最后，要感谢我的家人对我一如既往的支持和宽容。

张剑葳

2022 年 8 月 1 日于福州怡山

2022 年 8 月 25 日改定于燕园

参与编写者名单

导　言　张剑葳

第一章
第一节　张剑葳
第二节　张剑葳　高　勇
第三节　高　勇　张剑葳
第四节　张剑葳　赵雅婧
第五节　赵雅婧　张剑葳

第二章
第一节　张剑葳　王　卓
第二节　田雨森　张剑葳
第三节　张剑葳　田雨森
第四节　张剑葳

第三章
第一节　张剑葳
第二节　张剑葳
第三节　张剑葳　鲁　昊
第四节　周　钰　张剑葳
第五节　王可达

图书在版编目（CIP）数据

名山建筑=Building on Great Mountains/张剑
葳等著．—北京：中国城市出版社，2022.12
（大美中国系列丛书/王贵祥，陈薇主编）
ISBN 978-7-5074-3522-1

Ⅰ.①名… Ⅱ.①张… Ⅲ.①古建筑－介绍－中国
Ⅳ.①TU-092.2

中国版本图书馆CIP数据核字（2022）第166339号

丛书策划：王莉慧
责任编辑：陈小娟　李　鸽
书籍设计：付金红　李永晶
责任校对：王　烨

大美中国系列丛书
The Magnificent China Series
王贵祥　陈薇　主编
Edited by WANG Guixiang，CHEN Wei

名山建筑
Building on Great Mountains

张剑葳　等　著
Written by ZHANG Jianwei et al.

*
中国建筑工业出版社、中国城市出版社出版、发行（北京海淀三里河路9号）
各地新华书店、建筑书店经销
北京方舟正佳图文设计有限公司制版
北京雅昌艺术印刷有限公司印刷
*

开本：787毫米×1092毫米　1/16　印张：$23\frac{1}{2}$　字数：414千字
2022年12月第一版　　2022年12月第一次印刷
定价：**248.00**元
ISBN 978-7-5074-3522-1
　　（904533）